機械学習による分子最適化

数理と実装

梶野 洸 ── 著

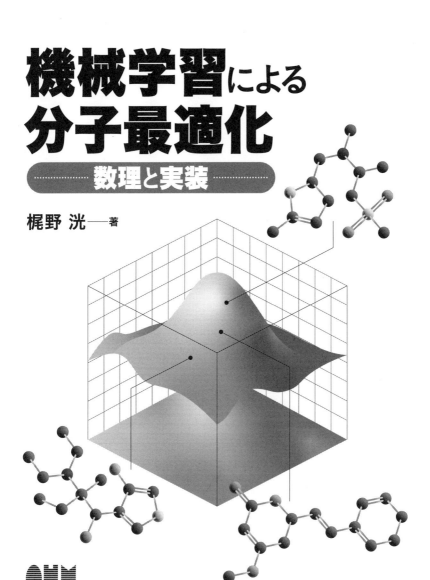

Ohmsha

まえがき

　本書は，機械学習を用いた新規分子構造の生成や最適化にまつわる技術について，基礎理論から実装まで一気通貫して解説するものである．これらの技術は創薬や新規材料開発に応用することができるため，それらの分野における研究者や技術者に対する需要が高い一方で，理解には，通常の機械学習だけでなく，最適化や強化学習，さらにはプログラミングにいたるまで，幅広い知識が必要であり，初学者にとって独学が難しい分野となっている．

　本書では，理工系の大学学部レベルの線形代数，確率・統計，最適化やプログラミングの知識を仮定したうえで，機械学習の初学者であっても分子構造の生成モデルや分子構造の最適化手法を理解できるように，機械学習の基礎から分子構造の生成モデルや最適化手法にいたるまでに必要な知識を体系的にまとめることを試みた．また，機械学習に関する技術は，プログラミングを通じて実践することでより理解が深まるものであるため，数理的な内容だけではなく適宜 Python による実装を織り交ぜて説明することとした．このようなアプローチにより，分子構造の生成モデルや最適化手法に関する基礎知識を得られるだけでなく，それらを実践に活かすことができるようになると期待する．

　また，本書は機械学習の研究者が分子構造を取り扱った研究を始めたい場合にも有用であろう．本書を読むことで，分子構造を取り扱うための手法を理解することができるほか，この問題設定特有の事情（例えば 3.6.2 項 (4) で取り上げるデータセットの分割方法や，3.9 節で取り上げる適用範囲など）についても概要をつかむことができる．

　本書で取り上げた分子構造の生成モデルや最適化手法の多くは基礎的なものである．一方で，実際の業務に応用するためには，業務の要件を満たすような，より発展的な手法を用いる必要が出てくることもあるだろう．その際には，機械学習の学会（NeurIPS, ICML, ICLR など）やケモインフォマティクスに関する雑誌（*Journal of Cheminformatics* など）を参照して最先端の情報を参照してほしい．その際に，本書が皆様の一助となれば，著者にとってこの上ない喜びである．

本書に掲載しているコードについては，以下の GitHub リポジトリにまとめている．

https://github.com/kanojikajino/ml4chem

最後に，本書の執筆にあたって多くの方々の支援をいただいた．特に，株式会社オーム社 編集局には，本書の企画段階や執筆に関する支援から，原稿の校正にいたるまで多大な支援をいただいた．この場を借りて感謝を申し上げたい．

2023 年 10 月

梶野　洸

目　次

本書ご利用の際の注意事項

　本書で解説している内容を実行・利用したことによる直接あるいは間接的な損害に対して，著作者およびオーム社は一切の責任を負いかねます．利用については利用者個人の責任において行ってください．

　本書に掲載されている情報は，2023年10月時点のものです．将来にわたって保証されるものではありません．実際に利用される時点では変更が必要となる場合がございます．特に，Pythonおよびそのライブラリ群は頻繁にバージョンアップがなされています．これらによっては本書で解説している内容，ソースコード等が適切でなくなることもありますので，あらかじめご了承ください．

　本書の発行にあたって，読者の皆様に問題なく実践していただけるよう，できる限りの検証をしておりますが，以下の環境以外では構築・動作を確認しておりませんので，あらかじめご了承ください．

　本書に掲載されているライブラリのインストールによりPythonの環境が改変される可能性があります．仮想環境を利用するなど，隔離された環境内で実行することをお勧めします．

Ubuntu 20.04.5 LTS（CPU：Intel(R) Xeon(R) CPU E5-2690 v4 @ 2.60 GHz，メモリ：128 GB，GPU：NVIDIA Tesla P100）

　また，上記環境を整えたいかなる状況においても動作が保証されるものではありません．ネットワークやメモリの使用状況および同一PC上にあるほかのソフトウェアの動作によって，本書に掲載されているプログラムが動作できなくなることがあります．併せてご了承ください．

第1章

分子生成モデルと分子最適化

　まず，本書で取り扱う 2 つの問題設定を導入する．1 つは，分子構造の
データセットが与えられた下で，データセットの分子に似た新たな分子構
造を生成するモデルを学習する問題設定で，分布学習問題と呼ばれる．も
う 1 つは，ユーザが指定する目的関数を最適にするような分子を生成する
問題設定で，分子最適化問題と呼ばれる．

　本章では，これら 2 つの問題設定の定式化をしたうえで，それらの問題
を解く手法の概要までを説明する．また，本書で用いる記法や基礎的な数
学の概念についても説明する．

1.1　分子最適化

　機械学習（machine learning）は，データからその背景にある規則を統計的
に推定する（これを**学習**（learning）と呼ぶ）ための技術である．その中でも，
深層学習（deep learning，ディープラーニング）は，大量のデータを用いて巨
大な**ニューラルネットワーク**（neural network）と呼ばれるモデルを学習する
技術群であり，2010 年ごろから画像認識をはじめとして，音声認識，自然言語
処理などさまざまな分野で革新的な成果を上げている．この結果，「画像を分
類する」などといった比較的単純なタスクの性能ばかりでなく，画像や文章な
どの複雑なデータを生成できる**生成モデル**（generative model）の性能まで格
段に上がることとなり，人間が見ても違和感のない画像を大量に生成できるよ
うになった．

　また，これらの分野で示された革新的な成果に触発されて，さまざまな応用
分野に深層学習を適用していくという試みが行われている．本書で取り上げる
分子生成モデルもそのうちの 1 つである．従来，コンピュータ上で新規の分子
構造をつくるという試みは，コンピュータ支援付き医薬設計（computer-aided

drug design; CADD) や *de novo* 医薬設計 (*de novo* drug design) の分野で 1990 年代から研究されている[58] が，この分野に深層学習が導入されたのは 2016 年に公開された Gómez–Bombarelli *et al.*[21] のプレプリントがおそらく初出であろう（詳細については 5.3 節で取り上げる）．この論文により，深層学習を用いて分子構造の生成モデル（分子生成モデル）をつくり，さらにはそのモデルを用いて所望の性質をもつような分子を探索する**分子最適化** (molecular optimization) を実現する道筋が与えられ，それ以来，分子生成モデルは機械学習や創薬，材料科学などさまざまな分野で多様な技術を取り込みつつ発展を遂げてきた．

1.2　分子生成に関する問題設定

　分子生成を数理的に取り扱うには，その問題設定を数理的に記述する必要がある．以下では，特に機械学習の分野で研究されている分子生成の問題設定について説明したうえで，それらの問題設定と実問題との対応関係について述べる．

　一般に，分子生成に関する問題設定では，次に定義される**分子生成モデル**を得ることを 1 つの目標とする．

定義 1.1（分子生成モデル）

　分子全体の集合を $\mathcal{M}$ とし，$\mathcal{M}$ 上の確率分布全体の集合を $\Delta(\mathcal{M})$ とする．

　このとき，$p \in \Delta(\mathcal{M})$ で，サンプリングが効率的にできるものを，**分子生成モデル**と定義する．

　ここで，サンプリングとは，確率分布にしたがう確率変数の実現値をコンピュータで得ることを指す．定義 1.1 ではサンプリングが効率的にできることのみを要求しており，その確率分布上での分子の確率質量を求めることなど，ほかの操作ができるかどうかについては要求していないことに注意してほしい．一般に機械学習のモデルは，モデルの種類によって可能な操作が異なるた

め，用途に応じて可能な操作を個々に指定する必要がある[注1]．

また，分子生成モデルの学習問題は大きく分けて 2 つあり，本書ではそれぞ
れ**分布学習問題**（distribution learning），および，**分子最適化問題**（molecular optimization）と呼ぶ．分布学習問題は，興味のある分子を集めてつくった
データセットを入力として，そのデータセットに含まれる分子に近い新規の分
子を生成できるような分子生成モデルを学習することを目的とする．一方，分
子最適化問題は，ユーザが指定した目的関数（例えば特定のタンパク質への結
合のしやすさなど）を最適化するような分子を生成することを目的とする．以
下，それぞれについて詳しい定式化を述べる．

1.2.1 分布学習問題

分布学習問題は次のように定式化される．ここでの目的は，有限個の分子か
らなる集合（これを**データセット**（dataset）あるいは**サンプル**（sample）と
呼ぶ）が与えられた下で，それらと似た分子を生成する分子生成モデルを学習
することである．

問題 1.1（分布学習問題）

興味のある分子全体の集合を $\mathcal{M}$ とし，$\Delta(\mathcal{M})$ を $\mathcal{M}$ 上の確率分布の集
合とする．分子空間 $\mathcal{M}$ 上の任意の確率分布 $p^\star \in \Delta(\mathcal{M})$ に，それぞれ独
立にしたがう分子の集合 $\mathcal{D} = \{m_1, m_2, \ldots, m_N\} \subset \mathcal{M}$ が与えられたと
する．この集合 $\mathcal{D}$ を用いて，$p^\star$ になるべく近い分子生成モデルを学習す
る問題を**分布学習問題**と呼ぶ．

上記の分布学習問題を解くことができると，真の分布 $p^\star$ に近く，サンプリン
グが可能な分布が手に入るため，手もとのデータセットに近いが，それとは異
なる分子を大量に生成できるようになる．この応用先の 1 つとして，例えば医
薬品における**バーチャルスクリーニング**（virtual screening）の代替が考えら

注1　例えば，敵対的生成ネットワーク (generative adversarial network; GAN) と呼
　　　ばれる手法では，サンプリングは可能だが確率質量や確率密度の計算はできない．し
　　　たがって，これを分子生成モデルとして利用することはできるが，確率質量や確率密
　　　度の計算が必要な用途に用いることはできない．

れる．バーチャルスクリーニングは，バーチャルライブラリと呼ばれる非常に大きな化合物群をコンピュータ上でふるいにかけて，所望の性質をもつ化合物をしぼり込む技術を指すが，バーチャルライブラリの構築の過程において数え上げなどが必要になり，膨大な計算時間が必要になるうえ，バーチャルライブラリでカバーできる範囲も限られてしまうという問題があった．このかわりに分子生成モデルを用いれば，少ない計算資源で，多岐にわたる種類の分子を生成できるうえ，さらに分子最適化と組み合わせることで所望の性質をもつと期待される分子を狙い撃ちして生成できる．

1.2.2　分子最適化問題

いまユーザによって，分子のよさを定量化する何かしらの関数 $f^\star : \mathcal{M} \to \mathbb{R}$ が定義されているとする．これを本書では**評価関数**と呼ぶ．なお，評価関数は大きいほどよいという関数であるとする．

例えば，何かしらの標的の働きを阻害する分子を見つけたい場合，pIC$_{50}$ の値を評価関数 $f^\star$ とすることが考えられる．ここで，IC$_{50}$（50% inhibitory concentration，50%阻害濃度／半数阻害濃度）は対象とする標的の 50% の働きを阻害するのに必要な分子 $m \in \mathcal{M}$ の濃度で，pIC$_{50} = -\log \mathrm{IC}_{50}$ という関係にある．したがって，pIC$_{50}$ が大きいほど，その分子 m の有効性（阻害力）が高いと考えられる．

分子最適化問題は，評価関数 $f^\star$ に関して与えられる情報や目的に応じて，複数のバリエーションが考えられる．その分類を**図 1.1** に示し，詳細について以下に述べる．まず分子最適化問題を分類する 1 つの軸として，$f^\star$ に関する知識の量が考えられる．$f^\star$ に関してすべて既知，つまり，任意の分子 $m \in \mathcal{M}$ に対して $f^\star(m)$ の値がわかる場合を**オンライン**（online）の設定と呼ぶ．対して，$f^\star$ の関数形が未知で，有限個の分子に対する $f^\star$ の値のみが与えられている場合，つまり，$f^\star$ に関する情報として

$$\mathcal{D} = \{(m_n, f^\star(m_n))\}_{n=1}^N$$

というデータセットのみが与えられている場合を**オフライン**（offline）の設定と呼ぶ．また，実応用では，$f^\star$ の値はわかるが，その評価コストが無視できない場合がある．その場合，オンラインの設定よりは $f^\star$ に関する情報が制限されるが，（特にデータセットを併用した場合）オフラインの設定よりは情報が

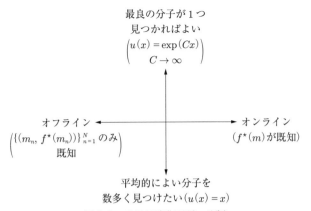

図 1.1 分子最適化問題の分類

（目的関数に関して手に入る情報の違い（横軸）や，達成したい目標（縦軸）によって，さまざまな問題設定が考えられる）

得られていることが一般的である．これは両者の間の問題設定と解釈できる．

　上記とは別に，分子最適化問題を分類するもう 1 つの軸として，最適化問題を解いて求めたいものに関する軸がある．すなわち，分子最適化問題では評価関数を最大にする分子を 1 つ見つければよいという場合もあれば，平均的によい分子を大量に生成したいという場合もある．この軸は，**効用関数**（utility function）と呼ばれる関数 $u\colon \mathbb{R} \to \mathbb{R}$ を用いることで，統一的に定式化できる．

　以上の 2 軸をまとめると，分子最適化問題は以下のように定式化できる．

問題 1.2（分子最適化問題）

　$u\colon \mathbb{R} \to \mathbb{R}$ をユーザが与える効用関数とする．また，評価関数を $f^{\star}\colon \mathcal{M} \to \mathbb{R}$ とする．このとき，次のような，最適化問題の最適解となる分子生成モデル $p^{\star} \in \Delta(\mathcal{M})$ を求める問題を，分子最適化問題と呼ぶ．

$$p^{\star} = \underset{p \in \Delta(\mathcal{M})}{\mathrm{argmax}}\ \mathbb{E}_{M \sim p} u\big(f^{\star}(M)\big) \tag{1.1}$$

　ここで特に，$f^{\star}$ の評価が可能な場合の分子最適化問題を**オンライン分子最適化問題**（online molecular optimization）と呼ぶ．対して，$f^{\star}$ の評価は不可能で，そのかわりデータセット

$$\mathcal{D} = \{(m_n, f^{\star}(m_n))\}_{n=1}^{N}$$

が与えられる場合の分子最適化問題を**オフライン分子最適化問題**（offline molecular optimization）と呼ぶ.

　例えば，平均的によい分子を生成する分子生成モデルがほしい場合には，効用関数として，$u(x) = x$ という恒等関数を用いるとよい. また，少数でもよいので評価関数を大きくする分子を見つけたい場合には，効用関数として，$u(x) = \exp(Cx)$ $(C > 0)$ という関数を用いるとよい. ここで最も極端には $C \to \infty$ とすることで，評価関数を最大にする分子のみを生成する分子生成モデルを得ることができる. このとき，最適な分子生成モデルと，評価関数を最大にする分子は等価なものとなるため，以下のように，分子最適化問題を，分子空間上の最適化問題という等価な問題に置き換えることができる.

問題 1.3（分子最適化問題（$C = \infty$））
　評価関数を $f^\star : \mathcal{M} \to \mathbb{R}$ とする. 次のような最適化問題の最適解となる分子 $m^\star \in \mathcal{M}$ を求める問題を，分子空間上の分子最適化問題と呼ぶ.

$$m^\star = \operatorname*{argmax}_{m \in \mathcal{M}} f^\star(m)$$

　以上のように，分子最適化問題は評価関数に関する知識の違いや定式化の違いによって，さまざまな派生形が考えられる.
　本書では既存研究の多くにならい，主にオンライン分子最適化問題を取り扱う. というのも，データセットで学習した予測器で評価関数を置き換えることで，多くの場合，オフライン分子最適化問題は形式上，オンライン分子最適化問題に帰着できるからである. つまり，データセット

$$\mathcal{D} = \{(m_n, f^\star(m_n))\}_{n=1}^{N}$$

を用いて，分子 m_n からその評価関数値 $f^\star(m_n)$ を予測するように予測器 $\widehat{f} : \mathcal{M} \to \mathbb{R}$ を学習したとする. このとき，予測器を用いると，低コストで評価関数値の近似値を得ることができるため，$\widehat{f}$ を $f^\star$ とみなすことで，オンラ

イン分子最適化問題の解法を用いることができる[注2].

　また，本書では問題 1.2 と問題 1.3 のどちらの問題設定も取り扱うが，これらの間で実用上（特にオフラインの場合）の取り扱いやすさが異なることにも注意したい．これを理解するため，評価関数 $f^\star$ に関する情報が有限個の事例 $\{(m_n, f^\star(m_n))\}_{n=1}^N$ のみしか手に入らず，$f^\star$ のかわりに予測器 $\widehat{f}$ を使う場合を考えてみよう．このとき，予測器 $\widehat{f}(m)$ は統計的に推定するものなので，予測器の出力する予測値は「平均的には」正しい値となることが期待できるが，ある特定の分子 $m^\star$ に対する予測値 $\widehat{f}(m^\star)$ の正確性について保証することは，より難しい．そのため，平均的な評価関数の値を考える問題 1.2 と，ある 1 点での評価関数の値を考える問題 1.3 とでは，前者のほうが取り扱いやすいと考えられる．よって，オフライン分子最適化問題を取り扱う場合には，主に問題 1.2 の設定のほうが取り扱いやすい．

1.3　分子生成モデルの構成要素

　ここまでで，分子生成モデルやその学習にまつわる問題設定をみてきた．一方，分子生成モデルや分子最適化手法は，1 つのモデルだけで記述できることが少なく，複雑な構成となる．さらに，分子生成モデルと分子最適化手法が一体化している場合もある．したがって，個々の技術をみるだけでは全貌がつかみにくいため，本節ではまず分子生成モデルの大まかな構成について説明するとともに，各構成要素を簡単に紹介する．

1.3.1　分子構造の表現

　分子構造をコンピュータで扱ううえで，分子構造を数学的に表現する必要がある．その際，分子構造のすべての情報を含んだ表現をつくることはできないため，ある特定の要素に注目して表現をつくる必要がある．これを一般にモデル化と呼ぶ．本書では分子の立体構造は考慮せず，原子どうしの結合関係に注目した表現を採用する．そのため，分子構造は**グラフ**（graph）と呼ばれる数

注2　ただし，7.4 節や 8.3 節で説明するように，オフライン分子最適化問題には特有の解決困難な問題がある．それらの問題は，たとえオンライン分子最適化問題に帰着しても解決できない．

図 1.2　本書で用いるさまざまな分子構造の表現

(本書では，分子のグラフ表現を基本とするが，コンピュータや機械学習で，より取り扱いやすくするために，SMILES や SELFIES と呼ばれる文字列表現（2.2 節，2.3 節参照），分子記述子やフィンガープリントと呼ばれるベクトル表現（2.4 節，2.5 節参照），グラフニューラルネットワークを用いたデータから学習するベクトル表現（3.8 節参照）を用いることもある)

学的な構造を用いて表現する，これは，構造式を用いて分子を表現することと等価である．また，分子のグラフ表現を直接使うほか，それを用途に合わせて変換，あるいは簡略化した表現を用いることもある．ここでは，そのような表現を紹介する（**図 1.2**）．

　1 つは，SMILES や SELFIES と呼ばれる，分子構造のテキスト表現で，分子構造をコンピュータに入力したり，保存したりするために開発された表現である．例えば SMILES を使うと，環状の構造をもつベンゼンは，c1ccccc1 のように，数字を補助的に用いてテキストで表現できる．また，テキスト表現にすることで，自然言語処理（テキストデータをコンピュータ上で処理する技術を研究する分野）の技術を適用できるようになるという利点もある．実際，初期の分子生成モデルは，これらの分子構造のテキスト表現に対して，テキスト生成モデルを学習させたものになっている．

　また，分子のベクトル表現を用いることもある．いま分子の特性を反映した固定長のベクトルとして分子を表現できたとすると，既存の機械学習技術と組み合わせることで，物性値の予測モデルなどをつくることができる．このようなベクトル表現には大きく分けて 2 種類ある．1 つは，分子記述子（molecular descriptor）やフィンガープリント（fingerprint）と呼ばれるベクトル表現で，事前に設計された固定の表現であることが特徴である．もう 1 つは，予測に有用そうなベクトル表現をデータから学習するタイプのベクトル表現で，例えばグラフニューラルネットワークなどがあげられる．

　以上のように，分子構造を機械学習で取り扱う場合，分子をグラフ表現で表すだけでなく，用途に合わせてテキスト表現やベクトル表現などを使い分ける．

1.3.2　分子生成モデル

　定義 1.1 のとおり，分子生成モデルは分子のしたがう確率分布であり，かつ，効率的にサンプリング可能なものである．分子生成モデルは確率分布のあり方を決める**パラメタ**（parameter）と呼ばれる変数で特徴付けることができる．いいかえれば，適切なパラメタをデータセットから学習することで，所望の分子生成モデルを得ることができる．ここで，分子生成モデルを得るだけのデータセットとしては分子の集合 $\{m_n \in \mathcal{M}\}_{n=1}^N$ を用いればよく，個々の分子の物性値などは必ずしも必要ではないことに注意したい．

　分子生成モデルの構成は，テキスト生成モデルにもとづくものと，グラフを直接生成するものとに大別される（**図 1.3**）．以下，それぞれについて簡単に紹介する．

(1)　テキスト生成モデルにもとづく分子生成モデル

　テキスト生成モデルにもとづく分子生成モデルでは，分子のテキスト表現を用いることが特徴である．前述の分子のテキスト表現を用いると，分子生成モデルの学習問題をテキスト生成モデルの学習問題に帰着できる．これについて，具体的に説明する．

　機械学習によるテキスト生成では，**系列モデル**（sequential model）と呼ばれる確率モデルが多く使われている．系列モデルは，テキストなどの系列データを入力すると，その系列の続きを予測するモデルである．一般に系列データは，系列長が可変であるため，それを確率モデルの入力とするには工夫が必要となる．

　系列モデルを用いた SMILES 系列の生成を具体的にみてみよう（図 1.3 (a)）．例えば，現時点で c1ccccc というテキストを生成できているとする．このテキストの続きを生成するために，系列モデルにこのテキストを入力すると，次の文字として 1 を予測するとしよう．ここで得られた予測を入力系列に足して c1ccccc1 という系列をつくり，さらにテキストの続きを生成するために，系列モデルで予測をさせる．このような手続きを繰り返して SMILES 系列を

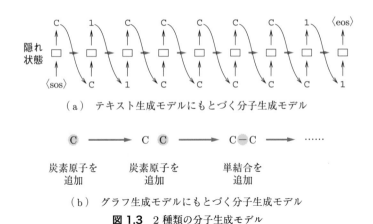

（a）　テキスト生成モデルにもとづく分子生成モデル

（b）　グラフ生成モデルにもとづく分子生成モデル

図 1.3　2 種類の分子生成モデル

生成する．最終的に，次の文字として〈eos〉（end of string の略）という特別な記号を予測した時点で生成を終了し，ここまでで得られたテキストである c1ccccc1 を返す．このように，分子のテキスト表現と系列モデルを組み合わせることで，分子生成モデルをつくることができる．

（2）　グラフ生成モデルにもとづく分子生成モデル

　また，発展的なモデルとしては，分子のグラフ表現を直接生成するモデルもさまざま提案されている．これらの多くは，原子や結合を追加していき分子グラフを成長させるようなモデルとなっており，使える原子の集合や結合の集合から原子や結合を選択する際に，ニューラルネットワークを用いて選択している（図 1.3（b））．つまり，現時点で得られている分子のグラフ表現を入力として，どの原子を追加するのか，どの結合で現時点の分子とつなげるのかなどを出力するニューラルネットワークを学習しておき，これを各時点で適用していくことで分子グラフを生成する．

　以上のように，分子生成モデルは，内部で用いる分子の表現によって 2 つに大別されるが，本書では，テキスト表現を用いた分子生成モデルを中心にその数理を説明し，さらに Python での実装を紹介する．また，実装では分子のテキスト表現として SMILES 記法（2.2 節参照）を用い，系列モデルとして長・短期記憶（long short-term memory; LSTM）と呼ばれる再帰型ニューラルネットワークを用いて分子生成モデルを構築する．なお，より発展的なモデルについては簡単に触れるにとどめ，それらの実装については本書では取り扱わ

ないこととする.

1.3.3 変分オートエンコーダを用いた分子最適化

　1.3.2 項で紹介した分子生成モデルは，分子の生成は可能であるが，同じ分布からのサンプリングしかできない．一方，分子最適化問題では，必ずしも訓練データがしたがう分布からのサンプリングが求められているわけではない．それよりむしろ，評価関数の値が大きくなるような分子に偏ったような分布からサンプリングをすることが望ましい．よって，分子最適化問題に取り組む1 つのアプローチとして，学習後にサンプリングする分布を偏らせることができる調節弁のようなものを備えた分子生成モデルをつくることが考えられる．このような分子生成モデルがあれば，ユーザが評価関数を与えると，それに応じて調節弁を動かし，評価関数の値を大きくするような分子を生成できるようになる.

　このように分子生成を制御できるように改良されたモデルとして，**図 1.4** に示すような変分オートエンコーダ（variational auto-encoder; VAE）による分子生成モデルがある．変分オートエンコーダは，図 1.4 (a) に示すように，エンコーダ（encoder, 符号化器）とデコーダ（decoder, 復号化器）と呼ばれる 2 つのニューラルネットワークからなるモデルである．エンコーダは，分子を入力として，その分子のベクトル表現 $\mathbf{z} \in \mathbb{R}^H$（これを潜在ベクトル（latent vector）と呼ぶ）を出力するという入出力関係をもち，デコーダは，潜在ベクトル $\mathbf{z} \in \mathbb{R}^H$ を入力として，分子を出力する．ここで，デコーダとして図 1.3 で示したような分子生成モデルで，ベクトル $\mathbf{z}$ を入力できるように改変したものを用いる.

　変分オートエンコーダを使う目的は，これらのエンコーダ・デコーダを使って，分子のグラフ表現と，それに対応するベクトル表現の行き来をすることである．この目的を達成するために，まず分子の集合 $\mathcal{D} = \{m_n \in \mathcal{M}\}_{n=1}^N$ を用いて変分オートエンコーダを訓練する必要がある．変分オートエンコーダを訓練する際には，図 1.4 (a) に示したように，ある分子 $m \in \mathcal{D}$ をエンコーダに入力して，出力として得られた潜在ベクトル $\mathbf{z}$ を，さらにデコーダに入力して分子 $\tilde{m}$ を得るという手続きを行う．このようにして得られた分子 $\tilde{m}$ と，はじめに入力した分子 m が同じになるようにエンコーダとデコーダのニューラル

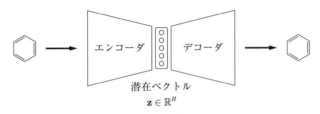

(a) 入力と出力の分子が同じになるようにエンコーダとデコーダの対を学習する.
デコーダには分子生成モデルを用いる

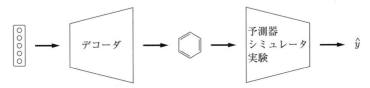

(b) デコーダと予測器を組み合わせると, 潜在表現 $z \in \mathbb{R}^H$ から評価関数値への関数をつくることができる. これを最適化することで, 最適な潜在表現 $z^\star \in \mathbb{R}^H$ を得ることができ, それをデコードすることで, 最適な分子を得ることができる

図 1.4　変分オートエンコーダを用いた分子最適化手法の概念図

ネットワークを訓練することで, 潜在ベクトルの空間と分子空間とがうまく対応するようにできる.

　以上によって求められた変分オートエンコーダのうち, デコーダ[注3]を制御可能な分子生成モデルとして用いる. すなわち,「潜在ベクトル z を何らかの確率分布にしたがって生成し, それをデコーダに入力する」という手続きを踏むことで, 分子生成モデルを得る. この z のしたがう確率分布を変えれば, さまざまな偏りをもった分子生成モデルをつくることができる.

　例えば, 潜在ベクトルを $z \sim \mathcal{N}(\mathbf{0}_H, I_H)$ にしたがって生成すると, 訓練に使ったデータの分布を再現でき, 分布学習問題を解くことができる.

　一方, 分子最適化の文脈では, 潜在ベクトル z を標準正規分布以外の偏った確率分布にすることで, 所望の性質を満たす分子を狙い撃ちして生成することを目指す. ここで, 図 1.4 (b) に示すように, デコーダで生成された分子に対

注3　変分オートエンコーダのエンコーダは, 分子をベクトルに変換するものであるため, 分子生成モデルでは使われないが, 分子のベクトル表現を求めるために使うこともできる. そのベクトル表現を用いると, 分子の性質を予測するモデルをつくることができる.

する評価関数値（例えば，pIC_{50} の値など）を測定，計算，または予測するモジュールを用いると，全体としては

> 潜在ベクトルのしたがう確率分布のパラメタ
>
> → 潜在ベクトルのしたがう確率分布
>
> → z →（デコーダ）→ 分子 →（測定／計算／予測器）→ 評価関数の値

$$(1.2)$$

という情報の流れができる．式 (1.2) は，潜在ベクトルのしたがう確率分布のパラメタが入力で，評価関数の値が出力となる関数とみなすことができる．この関数に対して，パラメタを入力すると，評価関数の値が出力されるが，それ以上の情報（例えば，この関数の微分など）は自明に得られない．このような関数のことをブラックボックス関数と呼ぶ．ブラックボックス関数を最適化する技術は，**ブラックボックス最適化**（black-box optimization）として知られており，これを使うことで最適なパラメタを求めることができ，分子最適化問題のうち，最適な分布を求める問題である問題 1.2 を解くことができる．

また，式 (1.2) の z 以降を切り出してみると，潜在ベクトル z から評価関数の値への関数とみることができる．この関数の最大化または最小化を行って最適な潜在ベクトル $z^\star$ を求めることができたとすると，それをデコードして最適な分子 $m^\star$ を得ることができるため，分子最適化問題のうち最適な分子を求める問題である問題 1.3 を解くことができる．

以上のように，潜在ベクトル z という調整弁の付いた分子生成モデルを用いることで，いずれの分子最適化問題も解くことができることがわかる．

ただし，評価関数の値を計算する際に予測器を使う場合，事前にその予測器を学習しておく必要がある．ここで**予測器**（predictor）は，分子のグラフ表現を入力として，評価関数の値の予測値を出力するもので，実数値ベクトルである特徴量ベクトルを計算する特徴量抽出器と，その特徴量ベクトルを入力として予測値を返す関数とを組み合わせて[注4]つくられる（**図 1.5**）．

[注4] 特徴量抽出器を含めて予測器という場合もあれば，特徴量抽出器を分けて，後段の関数部分のみを予測器という場合もある．

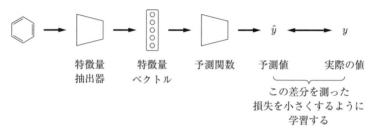

図 1.5　教師あり学習の概念図

(分子のグラフ表現から特徴量抽出器を用いて特徴量ベクトルを求め，それを予測器に入
力して予測値を得る．そして，予測値と実測値との差分を測った損失を小さくするように
予測器を（学習できる特徴量抽出器の場合はそれも）学習する)

1.3.4　強化学習を用いた分子最適化

　ここまでで説明した手法では，まず分子生成モデルをつくり，それを固定し
たうえで，分子最適化問題を解いていた．しかし，このような 2 段階の手法の
欠点として，はじめにつくった分子生成モデルによって，分子の探索範囲が制
約されるということがあげられる．つまり，分子生成モデルは学習に用いる
データセットを再現するように学習されるから，もとのデータセットから大
きくかけ離れた分子を生成することは難しいのである．また，この手法は問
題 1.2 を直接解いているわけではないので，最適な手法である保証もない．以
上の理由から，直接問題 1.2 を解く手法が望まれることになる．

　このような問題 1.2 を直接解いて，最適な分子生成モデルを学習する手
法として，強化学習を用いた手法があげられる．強化学習（reinforcement
learning）は，図 1.6 のように，各時刻 $t = 0, 1, 2, \ldots$ で環境とエージェン
トが相互作用する中で，エージェントが環境から得られる報酬の和を最大にす
るように行動を選択する指針を学習していく枠組みである．ここで，1 つひと
つ原子を追加するなどして分子を組み立てていく環境を考え，最大化したい評
価関数を報酬にすると，問題 1.2 と同等の最適化問題を強化学習を用いて表現
でき，問題 1.2 を直接解くことができる．

　エージェントとしては，図 1.3 で示したような分子生成モデルを用いるこ
とが多いが，分子生成モデルとしての訓練方法と強化学習にもとづく訓練方
法は異なるため，異なる性質のモデルが得られることに注意してほしい．問
題 1.1 を解く際には，分子の集合を再現するように分子生成モデルを訓練す

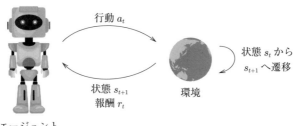

図 1.6 強化学習の概念図

(時刻 t における環境の状態を s_t としたとき，エージェントはそれをもとに行動 a_t を選び，環境に作用する．その行動を受けて環境は状態 s_{t+1} に遷移し，エージェントに報酬 r_t を与える．この手続きを繰り返していく中で，エージェントは，報酬の和を最大にするような行動を選択するように学習する)

る．一方，強化学習を用いて問題 1.2 を解く際には，より報酬が高い，つまり，より好ましい分子をより再現するように分子生成モデルを訓練する．このように，同じモデルであっても，訓練の方法によって異なる問題に対処できる．実際，本書で詳しく扱う最も簡単な強化学習による手法は，分子生成モデルの学習による手法と類似しているが，報酬を高くする方向により重きを置いて学習を進めていくことが明らかなアルゴリズムであり，この 2 つの問題設定の違いにもとづくアルゴリズムの違いを垣間見ることができる．

1.4　本書の構成

　以上の問題設定や各手法の概略を踏まえたうえで，本書の構成を示す．

　第 2 章では，分子構造をコンピュータで扱うための表現について説明する．特に，図 1.2 であげた表現のうち，SMILES や SELFIES と呼ばれるテキスト表現や分子記述子，フィンガープリントといったベクトル表現など，学習の必要がない，事前に設計された分子の表現方法について述べる．また，Python を用いてこれらの表現により実際に計算する方法を示す．

　続く，第 3 章では，教師あり学習を例として機械学習を理解し，利用するうえでの基礎について説明する．図 1.5 で示したように，教師あり学習は「いままでに経験した損失を最小化する」（経験損失最小化）という枠組みで定式化されることが標準的である．これにもとづいて教師あり学習を導入し，また予測モデルの評価方法について詳しく述べる．さらに，ニューラルネットワーク

を組み合わせることがほとんどであるため，ニューラルネットワークやそれを学習するためによく用いられる誤差逆伝播法，確率的勾配降下法についても説明する．また，発展的な手法として，グラフの特徴量ベクトルをデータから学習するモデルであるグラフニューラルネットワークについて説明する．最後に，物性値の予測モデルを構築する問題を取り扱い，その Python での実装を示す．

　第 4 章では，系列モデルについて説明し，それを用いた分子生成モデルについて述べる．図 1.3 で示したように，基礎的な分子生成モデルではテキスト生成モデルを用いて分子の生成を行うため，テキスト生成に使われる代表的な機械学習の手法の 1 つとして，再帰型ニューラルネットワーク（recurrent neural network; RNN）についても説明する．さらに，RNN を用いた手法を Python によって実装し，実際に分子生成モデルを動かして挙動を観察することで，より深い理解につなげることを目指す．

　第 5 章では，分子最適化問題を解くために必要な変分オートエンコーダの基礎について説明する（ただし，ここでは分布学習問題のみを考える）．変分オートエンコーダは，変分ベイズ法と呼ばれる機械学習の手法にもとづくモデルであるため，変分ベイズ法の基礎から始め，それを用いた変分オートエンコーダの導出を行う．そして，変分オートエンコーダについて Python によって実装し，その挙動を確かめる．

　次に，第 6 章では，分子生成モデルを用いた分子最適化手法について説明する．なかでも特に，第 5 章で説明する変分オートエンコーダを用いて分子最適化する手法について詳しく説明する．というのも，前述のように変分オートエンコーダのデコーダは明示的な制御機構があり，利用しやすいからである．一方，一般には制御機構と評価関数値（例えば，最適化したい物性値）間の関係は未知であり，その考慮が必要となる．ここではブラックボックス最適化を用いることでこの問題に対処する．これらの定式化と実装までを説明する．

　第 7 章では，強化学習を用いた分子最適化手法について説明する．第 6 章までの分子最適化手法は，まず分子生成モデルを学習し，次にそれを用いて最適な分子を探索するという 2 段階の手法であった．これを一気通貫させて，最適な分子を生成するモデルを直接学習できるような手法をつくる方法が強化学習を用いた分子最適化手法である．一方，強化学習は通常の機械学習と異なるため，その問題設定や基礎的な手法から説明する．また，第 6 章で導入した分子

生成モデルをもとに，強化学習で分子最適化問題を解く 1 つの手法について詳しく述べ，その実装を与えるとともに，その挙動についても詳しくみていく．

最後に，第 8 章では，発展的な手法について説明する．第 7 章までに説明した手法は，いずれも「ただ目的関数をよくする分子や分子生成モデルを出力すればよい」という単純な問題設定を取り扱っており，実応用を見据えると不十分なことが多い．また，SMILES を用いた分子生成モデルは実際のところ「正しい」分子の生成に失敗することが多く，生成されたモデル自体の改良が必要である．2010 年代後半よりこのような課題に対処するようなさまざまな手法や新たな問題設定が提案されており，そのうち代表的なものを取り上げる．

1.5　記　法

本書で用いる記法について説明する．基本的な記号については，**表 1.1** にまとめた．

数式中で定義を行う場合，$A := B$ という記号を用いる．これは，「A という概念を B で定義する」という意味である．同様のことを，$B =: A$ と書くこともある．

表 1.1　本書で用いる記号とその意味

記号	意味
$\mathbb{R}$	実数全体の集合
$\mathbb{R}^D$	D 次元実数ベクトル全体の集合
$\mathbb{R}_{>0}$	正の実数全体の集合
$\mathbb{R}_{\geq 0}$	非負の実数全体の集合
$\mathbb{Z}$	整数全体の集合
$\mathbb{Z}_{\geq 0}$	非負の整数全体の集合
$\mathbb{N}$	自然数全体の集合
$[L]$	$\{0, 1, \ldots, L-1\}$ $(L \in \mathbb{N})$
$\mathbf{x}^\top$	ベクトル $\mathbf{x}$ の転置
$\mathbf{0}_D$	D 次元の零ベクトル
I_D	D 次元の単位行列

定義 1.2（指示関数）

ある条件 condition $\in \{\texttt{True}, \texttt{False}\}$ に対して

$$\mathbb{I}\{\text{condition}\} = \begin{cases} 1 & (\text{condition} = \texttt{True}) \\ 0 & (\text{condition} = \texttt{False}) \end{cases}$$

となる関数 $\mathbb{I}\{\cdot\}$ を**指示関数**（indicator function）という．

定義 1.3（ベクトルに関する微分）

D 次元実ベクトル $\mathbf{x} \in \mathbb{R}^D$ を入力とし，実数値を返す関数 $f \colon \mathbb{R}^D \to \mathbb{R}$ に対し，その $\mathbf{x}$ に関する偏微分を

$$\frac{\partial f}{\partial \mathbf{x}} := \begin{bmatrix} \dfrac{\partial f}{\partial x_1} \\ \vdots \\ \dfrac{\partial f}{\partial x_D} \end{bmatrix}$$

と定義する．また，その転置を $\dfrac{\partial f}{\partial \mathbf{x}^\top}$ と書く．

1.5.1　最適化

最適化に関する基本的な記法について説明する．一般に，**最適化問題**（optimization problem）とは，与えられた関数を最大または最小にする入力を求める問題であり，次のように定義される．

定義 1.4（最大化問題・最小化問題）

関数 $f \colon \mathcal{X} \to \mathbb{R}$ に対する最大化問題は

$$\underset{x \in \mathcal{X}}{\text{maximize}} \quad f(x)$$

と書き，関数 $f \colon \mathcal{X} \to \mathbb{R}$ に対する最小化問題は

$$\underset{x \in \mathcal{X}}{\text{minimize}} \quad f(x)$$

と書く．このとき，関数 f を，最適化問題の目的関数と呼ぶ．

また，最大化問題の解を

$$x^\star \in \underset{x \in \mathcal{X}}{\text{argmax}} \quad f(x) \tag{1.3}$$

と書き，最小化問題の解を

$$x^\star \in \underset{x \in \mathcal{X}}{\text{argmin}} \quad f(x) \tag{1.4}$$

と書く．

ここで，最適解（最適化問題の解）は一般に複数存在しうるため，argmax や argmin は最適解の集合を返すものであり，したがって最適解の 1 つ $x^\star$ は，その最適解の集合に属するものとして表記されていることに注意する．ただし，慣例的に argmin や argmax を，集合ではなく値を返すものとして取り扱い，$\in$ ではなく $=$ を用いて表記することもある．本書では慣例にならい，これらは値を返すものとして取り扱う場合がある．

実問題を数理的に取り扱う際には，上記の最適化問題を用いて定式化することが多い．実際，本書でも，教師あり学習や分子最適化など，多くの問題を最適化問題として定式化する．この理由は，最適化問題として定式化できると，最適化問題の種類に応じて，さまざまな最適化手法を用いて問題を解くことができるからである．例えば，線形計画と呼ばれる種類の最適化問題として定式化できれば，線形計画を解くためのアルゴリズムであるシンプレックス法や内点法などを用いてその問題を解くことができる．このように，最適化問題のような数理的な定式化を用いると，実問題と数理的なアルゴリズムをつなぐことができ，数理的なアルゴリズムを用いて実問題を解くことができる．

本書で取り扱う最適化問題の多くは，目的関数 f として複雑な形のものを用いるため，式 (1.3)，式 (1.4) のような大域的な最適解を厳密に求めることは困難である．このため，大域的な最適解を求めることをあきらめて，「局所的」な最適解を求めることであったり，そもそも局所的な最適解を求めることすらあきらめて，時間の許す限り目的関数が小さくなる方向へ x を更新し続けて得られたものを最適解とみなすことが多い．このように，機械学習の分野では定

式化と実際のアルゴリズムに乖離があることにも注意してほしい.

1.5.2　確率分布

本書では**確率変数** (random variable) は大文字で表し, その実現値を対応する小文字で表す. つまり, 確率変数 X に対して, その実現値を x と書く. また, 確率変数の期待値を求める作用素を $\mathbb{E}[\cdot]$ と表す. 確率変数の分散を求める作用素を $\mathbb{V}[\cdot]$ と表す. 確率変数 X が x という実現値をとる確率を, $\mathbb{P}[X = x]$ と書く.

特別な場合を除き, 確率質量関数や確率密度関数は $p(\cdot)$ と書く. さらに, 確率変数 X に関する確率密度関数や確率質量関数では $p_X(x)$ のように, 下付き添字で確率変数を併記することもある. 確率変数 X が p_X という確率質量関数または確率密度関数をもつとき. $X \sim p_X$ と書く. また, 確率変数 X の実現値を x としたとき, $X \sim p_X$ を $x \sim p_X$ と書くこともある.

> **定義 1.5 (確率ベクトル, 確率単体)**
>
> 　非負の D 次元ベクトルで, 要素の和が 1 となるベクトルを**確率ベクトル** (probability vector) と呼び, その集合を**確率単体** (probability simplex) と呼ぶ. また, D 次元の確率単体を
> $$\Delta^D := \left\{ \mathbf{p} \in [0, 1]^D \,\middle|\, \sum_{d=1}^{D} p_d = 1 \right\}$$
> と定義する.

> **定義 1.6 (確率分布の集合)**
>
> 　空間 $\mathcal{S}$ 上に定義される確率分布の集合を $\Delta(\mathcal{S})$ と書く.

> **定義 1.7 (経験分布)**
>
> 　サンプル $\mathcal{D} = \{x_1, x_2, \ldots, x_N\} \subseteq \mathcal{X}$ に対して, **経験分布** (empirical distribution) $\widehat{p}_X(x; \mathcal{D}) \in \Delta(\mathcal{X})$ を

$$\widehat{p}_X(x; \mathcal{D}) := \frac{1}{N} \sum_{n=1}^{N} \delta_{x_n}(x)$$

と定義する．ここで，$\delta_{x_n}(x)$ はデルタ関数であり，任意の関数 $f\colon \mathcal{X} \to \mathbb{R}$ に対して

$$\int_{\mathcal{X}} \delta_{x_n}(x) f(x) \, \mathrm{d}x = f(x_n)$$

を満たす．

定義 1.8（期待値のサンプル近似）

確率変数 X の実現値からなるサンプル $\mathcal{D} = \{x_1, x_2, \dots, x_N\}$ を用いて，期待値のサンプル近似を行う作用素を，$\widehat{\mathbb{E}}_{X \sim \mathcal{D}}[\cdot]$ と書く．これによって，例えば，確率変数 X の期待値である $\mathbb{E}[X]$ のサンプル近似は

$$\widehat{\mathbb{E}}_{X \sim \mathcal{D}}[X] := \frac{1}{N} \sum_{n=1}^{N} x_n$$

と書ける．また，条件付きサンプル近似を $\widehat{\mathbb{E}}_{X \sim \mathcal{D}}[\cdot|\cdot]$ と書く．これによって，例えば，$\mathbb{E}[X \mid X \geq 0]$ のサンプル近似は

$$\widehat{\mathbb{E}}_{X \sim \mathcal{D}}[X \mid X \geq 0] := \frac{1}{N} \sum_{n=1}^{N} \mathbb{I}\{x_n \geq 0\} x_n$$

と書ける．

確率分布どうしの近さを測るために，以下で定義される**カルバック−ライブラー情報量**（Kullback–Leibler divergence，**KL 情報量**）を用いる．

定義 1.9（カルバック−ライブラー情報量）

同じ空間 $\mathcal{X}$ 上に定義された 2 つの確率分布 $p, q \in \Delta(\mathcal{X})$ に対して

$$
\mathrm{KL}(p \parallel q) := \begin{cases} \displaystyle\sum_{x \in \mathcal{X}} p(x) \log \left(\frac{p(x)}{q(x)} \right) & (\mathcal{X} \text{ が離散集合の場合}) \\[3mm] \displaystyle\int_{x \in \mathcal{X}} p(x) \log \left(\frac{p(x)}{q(x)} \right) \, \mathrm{d}x & (\mathcal{X} \text{ が連続集合の場合}) \end{cases}
$$

と定義される量をカルバック–ライブラー情報量（KL 情報量）という.

　KL 情報量は情報理論の観点から直感的に理解することができる. すなわち, KL 情報量を

$$
\mathrm{KL}(q \parallel p) = \mathbb{E}_{Z \sim q} \left[- \log p(Z) \right] - \mathbb{E}_{Z \sim q} \left[- \log q(Z) \right]
$$

のように変形すると, この第 1 項, 第 2 項ともに確率分布 q にしたがって生成されるデータを符号化するときの符号長と解釈ができる. 特に, 第 1 項は確率分布 p に対して最適な符号化方法で符号化したとき, 第 2 項は確率分布 q に対して最適な符号化方法で符号化したときの符号長に相当する. このとき, 確率分布 q にしたがってデータが生成されるので, （第 1 項の符号長）≥（第 2 項の符号長）となり, $p = q$ のときのみ（第 1 項の符号長）＝（第 2 項の符号長）となる. これは KL 情報量では

- $\mathrm{KL}(q \parallel p) \geq 0$
- $p = q$ のときのみ $\mathrm{KL}(q \parallel p) = 0$ が成り立つ

という, 距離の公理の一部が成り立つことを示している. 一方, 一般には $\mathrm{KL}(q \parallel p) \neq \mathrm{KL}(p \parallel q)$ であり, また三角不等式も成り立たないため, KL 情報量はこれらの距離の公理は満たさない.

定義 1.10（多変量正規分布）

　平均 $\boldsymbol{\mu} \in \mathbb{R}^D$, 共分散行列 $\Sigma \in \mathbb{R}^{D \times D}$ の**多変量正規分布**（multivariate normal distribution）の確率密度関数を

$$
\mathcal{N}(\mathbf{x}; \boldsymbol{\mu}, \Sigma) = \frac{1}{\sqrt{(2\pi)^D |\Sigma|}} \exp \left[-\frac{1}{2}(\mathbf{x} - \boldsymbol{\mu})^\top \Sigma^{-1} (\mathbf{x} - \boldsymbol{\mu}) \right]
$$

と書く.

定義 1.11（ベルヌーイ分布）

パラメタ $p \in [0, 1]$ の**ベルヌーイ分布**（Bernoulli distribution）の確率質量関数を

$$
\mathrm{Bern}(x;\, p) = \begin{cases} p & (x = 1) \\ 1 - p & (x = 0) \end{cases}
$$

と書く．

定義 1.12（カテゴリカル分布）

パラメタ $\mathbf{p} \in \Delta^D$ の**カテゴリカル分布**（categorical distribution）の確率質量関数を

$$
\mathrm{Cat}(x;\, \mathbf{p}) = p_x \ (x \in [D])
$$

と書く．

1.6 プログラミング環境

機械学習のプログラムではさまざまなプログラミング言語の中でも特に **Python** がよく用いられるため，本書でも Python を用いた実装を取り上げる．ここでは，本書で用いるプログラミング環境の設定について説明する．

Python のインストールは，公式ホームページ（https://www.python.org/（2023 年 10 月確認））を参照してほしい．複数のバージョンの Python を使い分ける場合には，pyenv（https://github.com/pyenv/pyenv（2023 年 10 月確認））などのツールを使うとよい．以下説明するライブラリをインストールする際には，Mac や Linux であればターミナル，Windows であればコマンドプロンプトや WSL などを用いてコマンドを実行することを想定している．Python で化合物のデータを用いる際には **RDKit**（https://www.rdkit.org/（2023 年 10 月確認））というライブラリを用いる．RDKit は

```
pip3 install rdkit
```

というコマンドでインストールできる（2023 年 10 月現在）.

　Python でニューラルネットワークを設計したり学習したりする際には，PyTorch（https://pytorch.org/（2023 年 10 月確認））というライブラリを用いる．GPU を用いて計算を高速化する際には，CUDA と呼ばれる GPU のプログラミング環境を別途インストールする必要がある．また，GPU を用いるか否かで，PyTorch 自体のインストール方法が変わるが，一般には

```
pip3 install torch
```

というコマンドでインストールできる（2023 年 10 月現在）．自身の環境でのインストール方法については，PyTorch の公式ホームページを参照してほしい.

　機械学習の基礎的な手法や，評価指標などを実装したライブラリとして，scikit-learn（https://scikit-learn.org/stable/（2023 年 10 月確認））というライブラリを用いる．本書では，主に評価指標の計算のために scikit-learn を用いるが，scikit-learn にはほかにも線形回帰，ロジスティック回帰，サポートベクトルマシン，k-means 法など，基礎的な機械学習手法が実装されているため，それらの機能を使ってデータ解析を行うことも多い．scikit-learn は

```
pip3 install scikit-learn
```

というコマンドでインストールできる（2023 年 10 月確認）.

　Python でグラフを描画する際には，Matplotlib（https://matplotlib.org/（2023 年 10 月確認））というライブラリを用いる．これは

```
pip3 install matplotlib
```

というコマンドでインストールできる（2023 年 10 月現在）.

　そのほかのライブラリについては，それぞれ必要な箇所でインストール方法を示す.

　本書のプログラムは，表 1.2 に示す環境で実行を確認した．本書のプログラムを実行する際，これらのバージョン以外でも動作する可能性はあるが，エラーなどで動作しない場合は，表 1.2 のバージョンにそろえて実行したり，ライブラリの仕様変更を調査するために参考にしてほしい.

表 1.2 本書のプログラムの動作確認を行った環境

プログラム／ライブラリ	バージョン
Python	3.10.9
RDKit	2022.09.3
PyTorch	1.12.1
scikit-learn	1.1.2
matplotlib	3.6.0

第**2**章

分子データの表現

　分子をコンピュータ上で扱う際には，目的に応じて適切な表現を用いることが重要である．したがって，本章では，分子のさまざまな表現と，その利用目的を説明する．

　まず一般的によく用いられる分子の表現であるグラフ表現を導入する．次に，グラフ表現から得られる3つの表現（SMILES表現，SELFIES表現，フィンガープリント表現）と，それらの表現の目的について説明する．そして，RDKitと呼ばれるPythonのライブラリなどを用いて各表現による分子データを実際に計算することで，より理解を深めることを目指す．

2.1　分子のグラフ表現

　分子は現実世界に実在する物質であるため，これを仮想的にコンピュータ上で取り扱う際には何らかのモデル化をする必要がある．ここでモデル化とは，現実世界の対象物の興味のある一部分を切り出し，目的に応じて簡潔な表現とすることである．本書では，特に数理的な表現を取り扱う．

　コンピュータ上で分子を表現する目的はさまざまであり，それらに応じてさまざまな分子のモデル化が考えられるが，本書では**構造式**（structural formula）[注1]を用いた表現を基本とし，必要に応じてそれをさらに簡略化した表現を用いる．構造式は，分子を構成する原子どうしの結合関係に注目したモデル化であり，原子間の距離や立体構造などの情報は必ずしも完全には表現されない．このような構造式は，**グラフ**[注2]と呼ばれる数理的構造を用いて記述できる．

注1　本書で用いている構造式は，厳密には**骨格構造式**（skeletal structural formula）と呼ばれるものである．

注2　より厳密にいえば，辺に向きがない無向グラフ（undirected graph）である．

定義 2.1（グラフ）

V を頂点の集合，$E \subseteq V \times V$ を頂点の対で定義される辺の集合とし
たとき，$G = (V, E)$ で定義される数理的構造 G を**グラフ**という．また，
グラフの頂点や辺にラベルが付いたグラフを**ラベル付きグラフ**（labeled
graph）という．

構造式を記述する際には，頂点のラベルを原子に，辺のラベルを結合の種類
に対応させる．あるいは，辺のラベルは用いず，多重辺を許したグラフによ
り二重結合や三重結合などの結合を表す場合もある．このようにして得られ
る構造式のラベル付きグラフ表現が以下で定義される**分子グラフ**（molecular
graph）である．

定義 2.2（分子グラフ）

$\mathcal{L}_V$ を原子の集合，$\mathcal{L}_E$ を結合の集合とするとき，頂点のラベルが $\mathcal{L}_V$
の元で，結合のラベルが $\mathcal{L}_E$ の元となるラベル付きグラフを**分子グラフ**と
いう．

例えば，原子の集合として $\mathcal{L}_V = \{C, O, H\}$，結合の集合として $\mathcal{L}_E =$
$\{ -, = \}$（単結合 $-$ と二重結合 $=$）を考えると，上記の定義にしたがって
C=C や C–C(=O)OH に対応する構造式を分子グラフとして記述できる．た
だし，2.2 節で説明するように，多くの場合，水素原子は省略して表現されるた
め，本書でもそれにならい，以下では水素原子を省略した分子グラフとする．

分子グラフの特徴の 1 つとして**原子価**（atomic valence）に由来する制約が
ある．原子価とは，1 つの原子が何個のほかの原子と結合できるかを表す数で
ある．これについて，炭素の原子価は 4，酸素の原子価は 2 といったように，
元素によって一意に定まるものもあるが，硫黄が典型的（例えば，硫化水素は
H_2S，硫酸鉄は $FeSO_4$）なように必ずしも元素ごとに一意に定まるわけではな
い．分子グラフを生成する際には，このように複雑な原子価の制約を守ってグ
ラフを生成する必要がある．

2.2 SMILES

一般に，データをコンピュータに入力したり保存したりするうえでは，テキストデータであることが望ましい．分子グラフをテキストデータに変換するための文法の1つが **SMILES** (simplified molecular input line entry system)[65] である．SMILES は，当初は分子データのコンピュータへの入力形式として用いられたが，現在では，分子生成モデルにおける分子データの表現としても用いられている．本節では SMILES の基本的な記法について簡単に説明する．なお，立体異性体など，より発展的な記法や，SMILES 表現を求めるためのアルゴリズムについては文献65) や OpenSMILES[注3]などを参照してほしい．

2.2.1 原子と結合

まず，分子グラフの構成要素である原子と結合の SMILES における表現について説明する．

SMILES では，原子は有機元素 B, C, N, O, P, S, F, Cl, Br, I と，それ以外の元素を分けて取り扱う．有機元素の原子で，かつ，結合している水素原子と原子価が「整合的」[注4]な場合は，水素原子は記載を省略することができ，元素記号のみで記載できる．一方，上記の条件に当てはまらない場合は，大かっこで元素記号を括って原子を表現する．例えば，炭素単体は [C]，メタンは C，水は O，硫黄の単体は [S]，硫化水素は S，金は [Au] などと表される．

硫黄の例で整合性をみてみよう．硫黄の標準的な原子価は 2, 4, 6 と定義されている．硫黄単体の場合，結合次数の和は $m = 0$，この m に対する最小の標準的な原子価は $v = 2$ であるが，硫黄に水素原子は結合していないため，整合的ではない．よって，大かっこを付けて表現する必要がある．一方，硫化水素の場合，結合次数の和は $m = 0$，この m に対する最小の標準的な原子価は $v = 2$，水素は 2 つ結合しているため，整合的である．よって，大かっこや水素原子を省略することができる．

また，単結合，二重結合，三重結合はそれぞれ-, =, #で表される．ただし，

注3　http://opensmiles.org/（2023 年 10 月確認）
注4　ある原子 a に対する（水素を除く）結合次数の和を m とし，原子 a のとりうる m 以上の標準的な原子価のうち，最小のものを $v\,(\leq m)$ としたとき，原子 a に水素が $m - v$ 個結合していることを「整合的」ということにする．

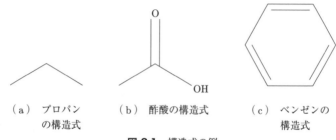

（a）　プロパン
の構造式

（b）　酢酸の構造式

（c）　ベンゼンの
構造式

図 2.1　構造式の例

（直線の両端および屈曲部は炭素原子（C）が対応する．また，重要ではない水素（H）の
記載は省略している）

-は通常，記載を省略する．そのほか，ベンゼン環などにみられる芳香族特有
の結合は：で表されるが，後述のとおり芳香環に含まれる原子を小文字のア
ルファベットで表記することで芳香環であることを明示することが多いため，
：はほとんど使用されない．

2.2.2　線状の構造をもつ分子の場合

最も簡単な分子として，線状の構造をもつ分子の SMILES における表現に
ついて説明する．例えば，**図 2.1** (a) に示すプロパン（CH_3–CH_2–CH_3）を
考える．このような直線状の分子は，一般に端から順に「原子–結合–原子–結
合–…–結合–原子」と並べて表現できるから，CCC という SMILES 系列で表
現できる．プロパンは対称的な形であるため，どちらの端から始めても同じ
SMILES 表現が得られるが，一般にはどちらの端を選ぶかによって得られる
SMILES 表現が異なることになる．しかし，これらは向き（上下左右）が異な
るというだけで，実際は同じ分子グラフを表しているため，分子のデータ表現
という観点では問題とならない．

なお，分子の向きに関する任意性を排除したい場合，グラフに対して一意に
定まる SMILES 系列を実現するものとして，**Canonical SMILES** と呼ばれる表
現を用いることで一意な線形表現とすることができる．

2.2.3 枝分かれをもつ分子の場合

　枝分かれをもつ分子の場合でも，まずは線状の構造をもつ分子の場合と同様に，任意の端の原子から記述を始める．そして，枝分かれに出合ったら，それぞれの枝分かれ先について SMILES 系列をつくり，それらを枝分かれ元の原子の後に，かっこで括って線形表現する．例えば，図 2.1 (b) の酢酸（CH_3–$COOH$）の場合，CH_3 の部分から記述を始めたとすると，その次の炭素原子では O と OH の二手に分かれるが，まず=O の部分を除いて線状の構造をもつ分子の場合と同じように表した後，除いた部分をかっこで括って間に入れて，CC(=O)O と表す．

　この方法で，枝分かれ先で，さらに枝分かれがある場合であっても，同様に表現する．このとき，かっこが入れ子になることに注意する．

2.2.4 環構造をもつ分子の場合

　環構造をもつ分子の場合，環構造を構成する結合の一部を切って木構造に変換する[注5]．例えば，図 2.1 (c) に示すベンゼンの場合，**図 2.2** (a) のように，ベンゼン環の結合を 1 つ切って，図 2.2 (b) のような線状の分子グラフを得る．しかし，結合を切ってしまうだけではもとの分子グラフの重要な情報が失われてしまい，もとの分子グラフを復元できなくなってしまうので，図 2.2 (b) のように，原子の根元で結合を切ることにし，根元の原子と，切った結合の片端を同じ数字で対応付けて，そこが結合で結ばれていたことを表現する．例えば，ベンゼンの場合なら，C1=CC=CC=C1 または C1C=CC=CC=1 として，最後の1 は最初の原子 C1 と対応していることを表す．

　また，複数の環が存在する場合は複数箇所の結合を切る必要があるが，その際には出現順に 1, 2, 3, ... と順番に数字を対応させていく．例えば，**図 2.3**に示すカフェインは CN1C=NC2=C1C(=O)N(C(=O)N2C)C と表される．

注5　実際のアルゴリズムでは，環を切るという操作のかわりに，分子グラフの全域木を求めるという操作を用いて同等の結果を得ている．

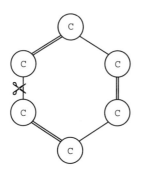 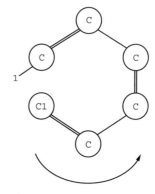

（a）　もとの構造式　　　　　（b）　SMILES で表すための
　　　　　　　　　　　　　　　　　　　準備

図 2.2　環構造をもつ分子を SMILES で表す際のイメージ

（(a) のはさみのある箇所でベンゼン環の結合を切り，(b) のような線状の構造にする．
このとき，切断された結合の片端と，結合していた原子に同じ数字（ここでは 1）を
付与し，結合を再現できるようにする．(b) を単結合を省略せず SMILES で表すと
C1=C-C=C-C=-1 となる．最後の 1 で，はじめの炭素原子 C1 に戻ることを表す）

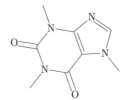

図 2.3　カフェインの構造式
（リスト 2.1 の出力 caffeine.svg として得られる図）

2.2.5　芳香族化合物の場合

　環構造をもつ分子の簡単な例としてベンゼンを取り上げたが，ベンゼンを代
表とする芳香族化合物にはほかにも 2 つの SMILES による表現方法がある．
　1 つは芳香族特有の結合を表す記号 : を使う表現方法で，これを使うとベン
ゼンは C1:C:C:C:C:C:1 と表現できる．もう 1 つは，芳香環に含まれる原子
を小文字で表す表現方法であり，これを使うとベンゼンは c1ccccc1 と表現で
きる．最後の小文字を用いる表現が最も簡便であることから，一般によく用い
られている．

リスト 2.1 カフェインの構造式を描画するプログラム

```
1  from rdkit import Chem
2  from rdkit.Chem import Draw
3  mol = Chem.MolFromSmiles('CN1C=NC2=C1C(=O)N(C(=O)N2C)C')
4  Draw.MolToFile(mol, 'caffeine.svg')
```

2.2.6 RDKit による分子オブジェクトの作成

Python において, RDKit を用いてある分子に対応するオブジェクト (これ を本書では**分子オブジェクト**と呼ぶ) をつくりたい場合, まず, つくりたい分 子を SMILES で表現し, それをデータ入力に用いるのが標準的な方法である. **リスト 2.1** に, カフェインの分子オブジェクトをつくり, その構造式を描画す るプログラムを示す. ここでは, カフェインを SMILES で表現した文字列を 用意して, それを Chem.MolFromSmiles という関数に入力し, カフェインの 分子オブジェクト mol を得ている. さらに, Draw.MolToFile というメソッ ドを使って, 分子オブジェクト mol から構造式を描画してファイルに保存し ている[注6]. このようにして得られた画像を図 2.3 に示す.

2.2.7 SMILES の利点と欠点

ここまでみてきたように SMILES の文法は人間にとっても比較的わかりや すく, 環が入り組んだ構造の分子でなければ, SMILES 系列を直接, 人間が目 で見てその構造を理解することも容易である.

一方, 文法に厳密にしたがわない SMILES 系列や, 原子価の制約を満たさ ない SMILES 系列だとエラーとなり, 分子を復元できないという欠点がある. 例えば, ベンゼン環を c2ccccc2 と書くと, (2 によって結合のつながってい る位置はわかるわけだが)「数字は 1 から順に使わなければいけない」という ルールに違反するためエラーとなる. また, c1ccccc や CC(=OO のように, 本 来対になるべき数字やかっこを間違えて対にならない形で用いた場合も同様に エラーとなる. さらに, C(C)(C)(C)(C)C のように, SMILES の文法は正し いが, 対応する化学構造に誤りがある (はじめの炭素に対して 5 つの結合があ

注6 RDKit の実装の都合上, PNG 形式で保存した場合には, 解像度が低い画像となっ てしまう. 一方, SVG 形式として書き出すと高解像度の画像が得られるため, ここ では SVG 形式で保存している.

る）場合もエラーとなる.

　この欠点は，分子をコンピュータに入力したり保存したりするために SMILES を用いる場合は問題にならないが，SMILES 系列を経由して分子を生成するニューラルネットワークを考える際には問題となる. というのもニューラルネットワークで上記のような厳密な制約を 100％満たして SMILES 系列を生成することは困難だからである. 対策としては，SMILES に頼らず，分子グラフを直接生成するニューラルネットワークとする，あるいは，文法誤り等に頑健な新しい線形記法を用いるなどが考えられる.

　次節では，文法誤り等に頑健な新しい線形記法である SELFIES について説明する.

2.3　SELFIES

SELFIES（self-referencing embedded strings）は，SMILES の欠点を修正した分子データの記述方法である [37].

　前節で述べたとおり，SMILES による表現では，その文法にしたがっていない文字列を分子の構造式に変換できない. また，文法にしたがった文字列であったとしても，対応する分子グラフが原子価の制約を満たしていない場合，分子グラフに変換することができない. SELFIES は，SMILES を用いて生成モデルをつくる際に生じる上記のような問題を解決するためにつくられた記法である.

　SELFIES の特長としては

(1) 任意の SELFIES 系列を必ず正しい分子グラフに変換できる

(2) すべての分子を表現できる

という点があげられる. 実際，SELFIES 系列を変換して分子グラフを得るアルゴリズムでは，原子や結合を 1 つずつ追加して分子グラフを組み上げていくが，組み上げ途中に原子価の制約などで追加できない原子や結合がある場合，その原子や結合を追加できるように自動的に結合次数を調整したり，あるいは追加しなかったりすることで，あらゆる SELFIES 系列に対して必ず正しい分子ができる保証を与えている.

以下，SELFIES の文法を紹介するが，特に SELFIES 系列が与えられたときに，それがどのような分子グラフに対応するのかに注目して説明する[注7]．なお，文法の詳細については文献37) だけでなく，SELFIES ライブラリの公式ドキュメント[注8]も同時に参照することをお勧めする．

2.3.1 文脈自由文法

文脈自由文法（context-free grammar; CFG）は，形式文法の一種で，主に文字列を生成するための規則として使われることが多く，実際 SELFIES でも用いられる．まずその定義を次に示す．

定義 2.3（文脈自由文法）

N を非終端記号の集合，T を終端記号の集合，$S \in N$ を開始記号，P を生成規則の集合として，文脈自由文法は (N, T, S, P) の 4 つ組で定義される．ここで生成規則 $p = (A, R) \in P$ は，非終端記号 $A \in N$ と，非終端記号と終端記号の列 $R \in (T \cup N)^*$ からなり，A を R で置き換えるという操作に対応する．

文脈自由文法を用いると，ある規則（文法）にしたがった記号列を生成することができる．その生成アルゴリズムは，開始記号と呼ばれる特別な非終端記号から始まり，非終端記号を，終端記号と非終端記号からなる文字列に置き換えることを繰り返し，終端記号のみの文字列になった段階で生成を終了するというものである．文脈自由文法の簡単な例と，それを用いた記号列の生成例を次に与える．

例 2.1

次のような文脈自由文法を考える．ここで ε は空文字を表す．

$$N = \{S\}, \quad T = \{a, b, \varepsilon\}, \quad P = \{p_1 = (S, aSb), p_2 = (S, \varepsilon)\}$$

注7　SELFIES で用いられる文法の記号は各バージョンによって異なる．本節では形式文法に則って説明し，2.3.5 項で SELFIES v2.1.0 の文法について説明する．

注8　https://selfies.readthedocs.io/en/latest/index.html
　　　（2023 年 10 月確認）

この文法にしたがって，例えば次のように文字列をつくることができる．

$$S \xrightarrow{p_1} aSb \xrightarrow{p_1} aaSbb \xrightarrow{p_2} aabb \tag{2.1}$$

ここで矢印の上には適用した生成規則を示している．はじめは，S という非終端記号を置き換えるため，p_1 を適用して，S を aSb に変換している．次に，真ん中の非終端記号を置き換えるため，p_1 を適用して，aSb を $aaSbb$ に変換している．最後に，真ん中の非終端記号を消去する（つまり空文字で置き換える）ため，p_2 を適用して，$aaSbb$ を $aabb$ に変換している．ここでは，ある 1 つの文字列 $aabb$ を得る手順を説明したが，生成規則の適用順序を変えることで，さまざまな文字列を生成できる．

式 (2.1) で (p_1, p_1, p_2) という順序で生成規則を適用して文字列 $aabb$ を得ているように，一般に文字列と生成規則の列（これを生成規則列と呼ぶ）とを対応付けることができる．例 2.1 では生成規則列 (p_1, p_1, p_2) を文字列 $aabb$ の別の表現としてみることができるように，一般に生成規則列は，文字列の別の表現として位置付けることができる[注9]．

このような生成規則列を用いた表現の利点として，文法にしたがう文字列のみを容易に取り扱うことができる点があげられる．すなわち，文法を 1 つ与えると，その文法にしたがって生成できる文字列の集合（これを**文脈自由言語**という）を考えることができるが，一般に文脈自由言語に含まれる文字列を文法なしで表現したり生成したりすることは容易ではない．一方，生成規則列を用いると，文脈自由言語に含まれる文字列を容易に生成することができる．というのも，文法的に正しい生成規則列を生成するのは容易であり[注10]，文脈自由言語の定義から，文法的に正しい生成規則列から得られる文字列は必ず文脈自由言語に含まれることが保証されるからである．よって，特に文脈自由言語に含まれる文字列のみを考えたい場合は，文字列をそのまま用いるのではなく，生成規則列による表現を用いるほうがよい．実際，SELFIES では生成規則列

注9　ただし，ある生成規則列に対応する文字列は一意に決まるが，ある文字列を生成できる生成規則列は一意とは限らないことに注意する．

注10　生成途中の毎時点で使用できる生成規則の集合を求めることは容易であるため，使用できる生成規則の集合を求めてその中から 1 つの生成規則を選んで適用する操作を繰り返せばよい．

による表現を採用している.

ここまで用いてきた文脈自由文法の例は，文字列を生成する文法であったが，文字列以外のものを生成する文法を考えることもできる．次に説明するSELFIES は，生成規則列から分子グラフを生成するための手順の列を生成することを通じて分子グラフを生成する文法である．また，8.1.3 項で説明する分子ハイパーグラフ文法は，直感的には非終端記号の原子を導入し，非終端記号の原子を，分子グラフ（その原子は非終端記号のものと終端記号のものを含む）で置き換えていくことでより直接的に分子グラフを生成する文法である.

これらの分子グラフに関する文法の特長として，対応する文脈自由言語（＝分子グラフの集合）に含まれる分子グラフが必ず原子価の制約を満たすことがあげられる．一般に，原子価の制約を満たすグラフを自在に生成することは容易ではないが，上記のような性質をもつ文脈自由文法があれば，その文法の生成規則列を用いて分子を表現することで，原子価の制約を満たすグラフを自在に生成できるようになる.

2.3.2　SELFIES の基本的な考え方

SELFIES では，文脈自由文法 $G = (N, \Sigma, P, S)$ を，分枝関数 B と環関数 R を用いて拡張した文法を用いる.

SELFIES の生成規則は，一般的な文脈自由文法の生成規則と同様に，非終端記号と終端記号からなる記号列を，ほかの非終端記号と終端記号からなる記号列に変換するというものであり，開始記号から順に生成規則を繰り返し適用し，終端記号のみからなる記号列が得られた段階で生成を終了する.

終端記号としては，原子や原子間の結合を表す記号のほか，枝分かれを示す分枝関数や，環状構造を示す環関数も用いられる．SELFIES では，さらにこの終端記号列から分子グラフをつくる機能も提供されているため

生成規則列 → 終端記号列 → 分子グラフ

と順を追って分子グラフをつくることができる．また，このようにして得られる分子グラフは原子価の制約を必ず満たすことが保証される．よって，分子の表現として SELFIES の生成規則列を用いることで，原子価の制約を満たす分子のみを取り扱うことができる．以降，SELFIES の生成規則列のことを，SELFIES 系列と呼ぶ.

2.2 節で述べたように，一般に分子グラフは枝分かれや環構造をもつため，記号列による線形表現が難しい．以下，これらの点をどのように解決しているかに注意しながら SELFIES の文法の各要素について説明する．

2.3.3 非終端記号と終端記号

(1) 非終端記号
SELFIES の非終端記号の集合は

$$N = \{X_0, X_1, \ldots, X_7, Q\}$$

と定義される．ここで，X_0 が開始記号に相当する．X_i $(i = 1, 2, 3, 4)$ は，次の記号で規定される原子との結合次数が i まで許されている状態を表す．また，X_{4+i} $(i = 1, 2, 3)$ は枝分かれ後に使われる非終端記号で，それぞれ枝分かれ先で結合次数が i まで許されている状態を表す．例えば，X_5 は，枝分かれ先で結合次数が $5 - 4 = 1$ まで許されている状態である．Q は，枝分かれ先の長さや環の長さに相当する数を表すために使われる非終端記号で，枝分かれや環構造を生成する際に用いられる．

(2) 終端記号
終端記号には SMILES で使われる原子や結合の記号のほか，次に説明する分枝関数 B や環関数 R が用いられる．

(1) 分枝関数 B

分枝関数は枝分かれの際に使われる記号で，$B(Q, X_{4+i})$ $(i = 1, 2, 3)$ という形で用いられる．ここで，非終端記号 Q は枝分かれ先の長さ（長さ $Q + 1$ となる）を規定し，X_{4+i} は枝分かれ先のはじめの原子で許される結合次数が i であることを表す．

(2) 環関数 R

環関数は環を閉じる際に使われる記号で，$Q + 1$ 個前の原子に結合をつくり，環を閉じる操作を表す．$R(Q)$ という形で用いられる．

2.3.4 生成規則

SELFIES の生成規則は，SELFIES 系列の 1 つひとつのシンボルに対応す

る．そして，SELFIES の 1 つひとつのシンボルは，大かっこ [·] で括って表現される．次に，SELFIES で用いられるシンボル（=生成規則）について説明する．

(1) 原子シンボル

原子シンボルは SELFIES における最も簡単な生成規則である．これは，[C], [=C], [#N] のように原子とその結合が対になったものであり，一般に [<B><A>] の形となる．ここで，<B>は結合に相当する文字である（空文字），/, \, =, #のいずれかをとり（結合が明記されていない場合，単結合に相当する），<A>は SMILES で使われる原子やイオンの記号（C, N など）をとる．

<B>の結合次数を β，原子<A>の原子価を α とする．この生成規則を X_i という非終端記号に対して適用すると，次の規則にしたがって原子とその結合が追加されることになる．

$$X_i \to \begin{cases} \text{<B><A>} & (\alpha = \min\{\beta,\,\alpha,\,i\}\ \text{のとき}) \\ \text{<B><A>}X_{\alpha-\min\{\beta,\alpha,i\}} & (\alpha \neq \min\{\beta,\,\alpha,\,i\}\ \text{のとき}) \end{cases} \quad (2.2)$$

つまり，[<B><A>] という生成規則を適用すると，式 (2.2) にもとづいて，$\min\{\beta,\,i\}$ 重結合が追加される．例えば，[F][=C][=C][#N] という SELFIES 系列が与えられたとき

$$X_0 \to \text{F}X_1 \qquad (\beta,\,\alpha,\,i) = (1,\,1,\,0)$$
$$\to \text{FC}X_3 \qquad (\beta,\,\alpha,\,i) = (2,\,4,\,1)$$
$$\to \text{FC=C}X_2 \qquad (\beta,\,\alpha,\,i) = (2,\,4,\,3)$$
$$\to \text{FC=C=N} \qquad (\beta,\,\alpha,\,i) = (3,\,3,\,2)$$

のように終端記号列が生成される．最後の行では，X_2 に対して [#N] を適用しているが，結合次数が 2 しか残っておらず三重結合をつくることができなかったため，かわりに二重結合をつくっている．この終端記号列は自明に分子グラフへ変換できる．

SELFIES の特長として，このように，常に正しい分子がつくられるように結合次数を調整する点があげられる．

(2)　分枝シンボル

　分枝シンボルは，枝分かれのある分子構造を生成するための生成規則である．これは終端記号列である分枝関数 B と密接に関連したものであるため，まず分枝関数について説明する．

　SELFIES にしたがって分子構造を生成しているときに，鎖状に原子を結合させている状況を考える．その伸ばしている途中の鎖状の構造のことを主鎖と呼ぶ．枝分かれ構造をつくるということは，主鎖を伸ばすほかにも，鎖状の構造を少なくとも 1 つ付け足すことを意味する．その付け足す鎖状の構造のことを側鎖と呼ぶ．

　ここで，主鎖を枝分かれさせるときに，現状の非終端記号が満たしているべき条件や，指定する必要がある変数について考察する．まず，枝分かれさせるときには，主鎖をつくるのに 1 つ以上，側鎖をつくるのに 1 つ以上の結合次数が必要なので，現在の非終端記号の結合次数は合計で 2 以上である必要がある．また，結合次数 $i\ (\geq 2)$ を，主鎖と側鎖に割り振る必要があるため，側鎖のための結合次数として $m \in \{1, 2, 3\}$ というパラメタを用意する必要がある．さらに，側鎖の長さを規定するパラメタ $Q\ (\geq 0)$ も定める必要がある（長さ $Q + 1$ の側鎖ができる）．

　以上より，分枝関数 B を適用すると，非終端記号 X_i は

$$
X_i \rightarrow
\begin{cases}
X_i & (i = 0, 1 \text{ のとき}) \\
B(Q, X_{4+\min\{i-1,m\}})X_{i-\min\{i-1,m\}} & (i \geq 2 \text{ のとき})
\end{cases}
$$

と変換され，次に Q の値，その次に分枝関数の中にある非終端記号 $X_{4+\min\{i-1,m\}}$ に対して生成規則が適用されていき，長さ $Q + 1$ の側鎖がつくられる．ただし，$i = 0, 1$ の場合は側鎖をつくることができないため，分岐関数は無視される．

　以上の考察をもとに，分枝関数に対応する生成規則である分枝シンボルを説明する．側鎖の結合次数 m，長さ $Q + 1$ の側鎖をつくる分枝シンボルを [B_m_Q] と書くことにする[注11]と，例えば，[C][B_1_0][F][Cl] というSELFIES 系列が与えられたとき

[注11]　実際の SELFIES の文法では，分枝関数に相当するシンボルと側鎖の長さ Q に相当するシンボルは分かれており，分枝シンボルの直後のシンボルが Q を定めるが，ここでは両者のシンボルを統合して 1 つのシンボルとして表記している．

$$X_0 \to CX_4 \qquad\qquad (\beta,\, \alpha,\, i) = (1,\, 4,\, 0)$$
$$\to CB(0,\, X_5)X_3 \quad (\min\{i-1,\, m\} = \min\{3,\, 1\} = 1)$$
$$\to CB(0,\, F)X_3$$
$$\to CB(0,\, F)Cl$$

という終端記号列が得られる．これは，C(F)Cl という SMILES 系列で書かれるような分子構造に対応する終端記号列である．

(3)　環シンボル

環シンボルは，環構造を生成するための生成規則で，環関数 R に相当する．環関数を適用するには，環の長さを規定するパラメタ Q と，環を閉じる際に使う結合の種類を規定するパラメタ β（ここでは簡単のため結合次数と解釈する）を決める必要がある．ただし，環関数を適用する先の非終端記号には，結合次数は 1 以上あれば十分である．

パラメタ β を定めた下で環関数 R を適用すると非終端記号 X_i は

$$X_i \to \begin{cases} X_i & （i = 0 \text{ のとき}） \\ R(Q)X_{i-\min\{\beta, i\}} & （i \neq 0 \text{ のとき}） \end{cases}$$

と変換される．この段階では，Q は非終端記号であり，具体的な値は入っていない．この次に Q の値を決める生成規則が適用されることで，$Q+1$ 個前の原子と結合 β がつくられ，環構造が形成される．ただし，$i = 0$ の場合は環をつくることができないため，環関数をつくる生成規則は無視される．また，原子価の制約のために，$Q+1$ 個前の原子に結合できない場合にも環関数をつくる生成規則は無視され，環はつくられない．

以上の環関数の説明をもとに，環シンボルを説明する．分枝シンボルと同じように，環シンボルと Q に対する生成規則を統合して表記し，特に結合次数 β で $Q+1$ 個前の分子と結合して環をつくる環シンボルを R_β_Q と書くことにする．例えば [C][C][C][R_2_1][=C] という SELFIES 系列が与えられたとき

$$X_0 \to CX_4 \qquad\qquad (\beta,\, \alpha,\, i) = (1,\, 4,\, 0)$$
$$\to CCX_3 \qquad\qquad (\beta,\, \alpha,\, i) = (1,\, 4,\, 4)$$

$$\rightarrow \mathrm{CCC}X_3 \qquad\qquad (\beta,\,\alpha,\,i) = (1,\,4,\,3)$$

$$\rightarrow \mathrm{CCC}R(2,\,1)X_1$$

$$\rightarrow \mathrm{CCC}R(2,\,1)\mathrm{C} \qquad (\beta,\,\alpha,\,i) = (2,\,4,\,1)$$

いう終端記号列が得られる．これは，C=1CC=1C という SMILES 系列で書かれるような分子構造に対応する終端記号列である．

2.3.5　SELFIES の実装

分枝シンボルと環シンボルで使われるパラメタ Q について，上記の説明では分枝シンボルや環シンボルと統合して，1 つの生成規則として取り扱っていたが，プログラムで用いられる文法では，インデックスシンボルと呼ばれるシンボルを用いて Q を規定するような生成規則を別に適用する必要がある．

例えば分枝シンボルで説明すると，2.3.4 項で説明した記法の [B_1_3] をプログラムで表現するために [Branch1][Branch1] のように，2 つのシンボルを組み合わせる．ここで，はじめの [Branch1] は $m = 1$ の分枝シンボルを表しており，次の [Branch1] は 3 という数字に対応している（シンボルと数値の対応表が別途存在する）．

このような違いに注意しながら，実際の SELFIES のライブラリの使い方を説明する．SELFIES のライブラリは

```
pip install selfies
```

というコマンドでインストールできる．これを使って，2.3.4 項で取り上げた生成規則系列，すなわち

```
[F][=C][=C][#N],

[C][B_1_0][F][Cl],

[C][C][C][R_2_1][=C]
```

をそれぞれ SELFIES v2.1.0 のシンボルで表現したプログラムを**リスト 2.2**に，その実行結果を**リスト 2.3**に示す．

リスト 2.2 の 1 行目で SELFIES をインポートし，2 行目ではライブラリのバージョンを確認している．3 行目以降では，それぞれの SELFIES 系列をデ

リスト 2.2 SELFIES を用いて分子を表現するプログラム

```
1  import selfies as sf
2  print(sf.__version__)
3  print(sf.decoder('[F][=C][=C][#N]'))
4  print(sf.decoder('[C][Branch1][C][F][Cl]'))
5  print(sf.decoder('[C][C][C][=Ring1][Ring1][=C]'))
```

リスト 2.3 リスト 2.2 の出力

```
1  2.1.0
2  FC=C=N
3  C(F)Cl
4  C=1CC=1C
```

コードして分子グラフに変換し, それを SMILES 系列を用いて表示している.

2.3.4 項で取り上げた例のうち

[F][=C][=C][#N]

という SELFIES 系列は, 本書で用いた記法と SELFIES の実際の記法が対応
しているため, リスト 2.2 の 3 行目のように, そのまま sf.decoder メソッド
に渡してデコードすればよい.

一方, ほかの 2 つの例では分枝関数と環関数に相当する生成規則([B_1_0]
や [R_2_2])が使われているため, それらをこのライブラリで用いるには, 前
述のインデックスシンボルを使う必要がある.

リスト 2.2 の 4 行目では, [C][B_1_0][F][Cl] に対応する SELFIES 系列
として

[C][Branch1][C][F][Cl]

を用いている. [B_1_0] は, そもそも単結合 ($m = 1$) かつ長さ 1 ($Q = 0$)
の側鎖をつくる生成規則であったため, まず [Branch1] という記号で $m = 1$
の分枝関数を宣言し, 次の [C] というインデックスシンボルで $Q = 0$ を宣言
することで [B_1_0] を表現している.

5 行目では, [C][C][C][R_2_1][=C] に対応する SELFIES 系列として

[C][C][C][=Ring1][Ring1][=C]

を用いている．[R_2_1] は二重結合（$\beta = 2$）で 2 つ前（$Q = 1$ として $Q + 1$ 個前）の原子に結合して環をつくる生成規則であったため，まず [=Ring1] という記号で $\beta = 2$ の環関数を宣言し，次の [Ring1] というインデックスシンボルで $Q = 1$ を宣言することで [R_2_1] を表現している．

　以上のようなしくみによって，SELFIES 系列を Python で記述したり，それを分子グラフに変換したりすることができる．また，SELFIES のシンボルは必ずしも正確に並べなくても分子グラフに変換できることもわかる（リスト 2.2，3 行目）．よって，SELFIES で使われるシンボルの列を生成するモデルであれば，原子価の制約を必ず満たす分子を生成することができる．

　ただし，実際に系列モデルを訓練するときには，[C][Branch1][C][F][Cl] をそのまま文字列として与える（かっこも 1 文字として与える）のではなく，例えば [C] を 0，[Branch1] を 1，[F] を 2，[Cl] を 3 と割り当てて，[C][Branch1][C][F][Cl] を "01023" と表現したものを用いて訓練する．

2.4　分子記述子

　前節までで，分子をグラフ表現することで，原子間の結合関係をもとに分子をコンピュータ上で表現することができ，またそれを記号列として表現することもできた．しかし，機械学習で扱うデータはベクトルが基本であり，グラフデータや系列データを扱うことは自明ではない．そのため，グラフで表現されている分子をベクトルに変換する手法が必要となる．

　このように分子を数値，またはベクトルとして表現する方法を**分子記述子**と呼ぶ[注12]．本書では分子記述子について細かく説明するというより，RDKit でどのように分子記述子を使うかについて説明する．

　RDKit には，分子記述子を計算する関数がいくつか用意されている．これらの中には，例えば分子量（Descriptors.MolWt）や環の数（Descriptors.Num）のように，正確な値をコンピュータ上で計算する関数もあれば，実験的に求められる値をコンピュータ上でシミュレーションして計算する関数もある．後者の一例として，$\log P$ と呼ばれる，**オクタノール／水分配係数**（octanol-water partition coefficient）の対数をとった値を計算する関数について説明する．

注12　次の 2.5 節で紹介するフィンガープリントも分子記述子の 1 つとして解釈できる．

リスト 2.4 カフェインの $\log P$ を計算するプログラム

```
1  from rdkit import Chem
2  from rdkit.Chem import Descriptors
3  mol = Chem.MolFromSmiles('CN1C=NC2=C1C(=O)N(C(=O)N2C)C')
4  logp = Descriptors.MolLogP(mol)
5  print('logp = {}'.format(logp))
```

$\log P$ は，オクタノールと水を混ぜた液体を溶媒として用いたときの，対象物質それぞれの溶媒中における濃度比の対数をとったもので，対象物質の親水性／疎水性を判断するために使われる．具体的には，$\log P$ が大きいほどオクタノールにおける濃度が水のそれより高いことになるため，その物質は脂溶性が高いことになる．この $\log P$ は本来，実験的に求められる値だが，その値をコンピュータ上で予測するための手法がさまざま研究されており，RDKit では Wildman and Crippen[66] による予測手法を実装している．これは，分子に含まれる各原子の個数でつくった特徴量ベクトルで，分子の $\log P$ を線形回帰[注13]した量である．その計算例を**リスト 2.4** に示す．リスト 2.4 を実行すると，カフェインの $\log P$ が -1.0293 であるという予測が得られる．このような分子記述子を複数用意し，それを並べたベクトルをつくることで，分子を固定長のベクトルとして表現できる．

2.5 フィンガープリント

分子の特徴量ベクトルを求めるもう 1 つの代表的な手法として，**フィンガープリント**（fingerprint），特に **ECFP**（extended-connectivity fingerprint）[57] について説明する．

2.5.1 フィンガープリント計算のアルゴリズム

フィンガープリントは分子を特徴付けるようなベクトルのことであり，2 値ベクトル（各要素が $\{0, 1\}$ をとるベクトル）で表されることが多い．ECFP では，各原子に対して識別子と呼ばれる整数値を割り当て，それを原子のまわりの情報や隣接する原子の識別子を用いて繰り返し更新することで，分子グラフ

注13　線形回帰などの教師あり学習の手法については，第 3 章を参照してほしい．

アルゴリズム 2.1　Extended-Connectivity Fingerprint（ECFP）

- 入力：分子グラフ $G_m = (V_m, E_m)$，半径 R，ビット数 B，原子識別子 $f_0 : \mathcal{L}_V \to \mathbb{Z}$
- 出力：分子グラフ G_m に対する ECFP $\mathbf{v} \in \{0, 1\}^B$

```
 1: v ← 0_B
 2: f, f′ ← 0_{|V_m|}                              ▷ 各原子の識別子を保存するベクトル
 3: for each atom a in V_m do
 4:     f_a ← f_0(a)
 5:     i ← index(f_a, B)
 6:     v_i ← 1
 7: for r = 1, 2, . . . , R do
 8:     for each atom a in V_m do
 9:         f′_a ← hash(r, f_0(a), f_a, [ℓ_{E_m}(a, ā), f_ā]_{ā∈𝒩(a)})
10:         i ← index(f′_a, B)
11:         v_i ← 1
12:     f ← f′
13: return v
```

の構造を数値化したものを用いてこの 2 値ベクトルをつくる．この手続きは，2 つの分子の同型性判定を行う Morgan アルゴリズム[48]の影響を受けたものであることから，**Morgan フィンガープリント**（Morgan fingerprint）と呼ばれることもある．ECFP の具体的な手続きを**アルゴリズム 2.1** に示す．実際のアルゴリズムでは重複する構造を排除する機構を備えているが，本書では説明の便宜上，省略していることに注意してほしい．

アルゴリズム 2.1 では，まずはじめに各原子に対して識別子を計算している．ここで，原子の識別子を計算する関数を f_0 とする．原子の並び順に依存しない限りは，任意の原子に整数を割り当てる関数を f_0 として用いることができる．文献57) では f_0 として Daylight atomic invariants rule を用いている．これは，原子番号，質量数，隣接する原子（水素原子を除く）の数などの，分子内の原子における 6 つの性質を 32 ビットの整数値にハッシュ化[注14]したものである．このようにして得られる識別子 f_a は 32 ビット整数値になるが，これを B ビットベクトル $\mathbf{v}$ に収めるため，さらにハッシュ化したうえで，ベクトル $\mathbf{v}$ の対応する次元に 1 を立てる．

注14　もとの情報を固定長の文字列に変換する決定的な処理をハッシュ化と呼ぶ.

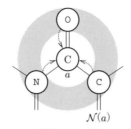

図 2.4 カフェインのある炭素原子の識別子を更新する際の概念図

(炭素原子 a に隣接する原子 $a' \in \mathcal{N}(a)$ の識別子や自身の識別子を用いて，新しい識別子へと更新する)

　続いて，各原子について，隣接する原子の識別子を用いて，その原子の識別子を更新するという操作を R 回繰り返す．すなわち，**図2.4** のように注目する原子を a としたときに，隣接する原子集合 $\mathcal{N}(a)$ の識別子や結合の情報を32 ビットの整数値にハッシュ化して原子 a の識別子を更新していく．また，その識別子を用いてベクトル $\mathbf{v}$ を更新する．これを R 回繰り返すと，f_a には a を中心として距離 R の情報が含まれることになる．このようにして得られたベクトル $\mathbf{v}$ は，半径 R 以下の部分グラフの構造を反映したものだと解釈できる．これを入力分子のフィンガープリントとして出力する．

　上記のフィンガープリントの計算を発展させたものとして，学習可能なパラメタを導入したニューラルネットワークが提案されている[12]．詳細については 3.8 節で述べる．

2.5.2　フィンガープリントの実装

　RDKit を用いると，前項で説明したような分子のフィンガープリントの計算が可能である．**リスト 2.5** の例では，半径 2，長さ 2048 の ECFP を計算している．

　リスト 2.5 の 6 行目で使われている `GetMorganFingerprintAsBitVect` の出力は RDKit 特有のデータ構造なので，7 行目で `torch.tensor` 関数を用いて，取り扱いやすい `torch.Tensor` 型に変換している．

　リスト 2.5 の結果を**リスト 2.6** に示す．リスト 2.6 をみると，得られるフィンガープリントは非ゼロ要素が少ない，いわゆる**スパース**なベクトルであり，2048 個の要素のうち，非ゼロ要素が 25 個しかないことがわかる．このような

リスト 2.5　カフェインの ECFP を計算するプログラム

```
1  import torch
2  from rdkit import Chem
3  from rdkit.Chem.rdMolDescriptors \
4      import GetMorganFingerprintAsBitVect
5  mol = Chem.MolFromSmiles('CN1C=NC2=C1C(=O)N(C(=O)N2C)C')
6  fp = GetMorganFingerprintAsBitVect(mol, radius=2, nBits=2**11)
7  fp_tensor = torch.tensor(fp)
8  fp_idx_tensor = torch.tensor(fp.GetOnBits())
9  print('fp_tensor = {}'.format(fp_tensor))
10 print('shape = {}'.format(fp_tensor.shape))
11 print('non-zero indices: {}'.format(fp_idx_tensor))
```

リスト 2.6　カフェインの ECFP の計算結果

```
1  <rdkit.rdBase._vecti object at 0x12338ac70>
2  fp_tensor = tensor([0, 0, 0,  ..., 0, 0, 0])
3  shape = torch.Size([2048])
4  non-zero indices: tensor([  33,   314,   378,   400,   463,   504,   564
   ,   650,   771,   932,   935,  1024,
5        1057,  1145,  1203,  1258,  1307,  1354,  1380,  1409,  1440,  1452
   ,  1517,  1696,
6        1873])
```

スパースな 2 値ベクトルをコンピュータ上で表現する場合，非ゼロ要素のインデックスを用いることが望ましい．なぜならば，スパースな 2 値ベクトルを通常の形式で表現すると，ベクトルのそれぞれの要素の値にかかわらず 2048 個の数字を保持するためのメモリやディスク容量を消費するが，非ゼロ要素のインデックスを用いると，非ゼロ要素の数だけの数字を保持すればよく，消費するメモリやディスク容量が小さくなることが多いからである．

　実装上では，得られたフィンガープリント fp に対して GetOnBits() というメソッドを適用すれば非ゼロ要素のインデックスが返されるので，これをもとに torch.Tensor 型のオブジェクトをつくれば，大きなテンソルをつくらずとも必要十分な情報を保持できる．

2.5.3　フィンガープリントを用いた分子間類似度

　フィンガープリントは分子の特徴量ベクトルとしても使われるほか，分子どうしの類似度を定義するためにも使われる．本節ではその一例を実装とともに

紹介する.

ECFP は通常,2 値ベクトルであるが,2 値ベクトルどうしの類似度として
は,以下に定義する**谷本類似度**(Tanimoto similarity)が使われることが多い.

定義 2.4（谷本類似度）

ベクトルの次元を $D \in \mathbb{N}$ とする.2 値ベクトル $\mathbf{x} \in \{0, 1\}^D$,
$\mathbf{y} \in \{0, 1\}^D$ に対して

$$\mathrm{sim}(\mathbf{x}, \mathbf{y}) = \frac{\mathbf{x}^\top \mathbf{y}}{\mathbf{1}^\top \mathbf{x} + \mathbf{1}^\top \mathbf{y} - \mathbf{x}^\top \mathbf{y}} \tag{2.3}$$

で表される量を**谷本類似度**という.

また,式 (2.3) は,それぞれの 2 値ベクトルのうち 1 となるインデック
スの集合として表現した

$$\begin{cases} \mathcal{X} = \{i \in [D] \mid x_i = 1\} \\ \mathcal{Y} = \{i \in [D] \mid y_i = 1\} \end{cases}$$

を用いると,次のようにも書ける.

$$\mathrm{sim}(\mathcal{X}, \mathcal{Y}) = \frac{|\mathcal{X} \cap \mathcal{Y}|}{|\mathcal{X} \cup \mathcal{Y}|} \tag{2.4}$$

上記の定義より,任意の $\mathbf{x}, \mathbf{y}$ に対して $0 \leq \mathrm{sim}(\mathbf{x}, \mathbf{y}) \leq 1$ が成り立ち,$\mathbf{x}$
と $\mathbf{y}$ が似ているほど谷本類似度も大きくなることがわかる.

RDKit では,`rdkit.DataStructs.FingerprintSimilarity()` というメ
ソッドを使ってフィンガープリントどうしの谷本類似度が計算できる.その実
装例を**リスト 2.7** に,計算結果を**リスト 2.8** に示す.これは類似した構造をも
つカフェインとテオフィリン（**図 2.5**）の谷本類似度を計算したものである.

リスト 2.7　ECFP を用いてカフェインとテオフィリンの谷本類似度を計算するプログラム

```
1  import torch
2  from rdkit import Chem
3  from rdkit.Chem.rdMolDescriptors \
4      import GetMorganFingerprintAsBitVect
5  from rdkit import DataStructs
6  caffeine = Chem.MolFromSmiles('CN1C=NC2=C1C(=O)N(C(=O)N2C)C')
7  theophylline = Chem.MolFromSmiles('Cn1c2c(c(=O)n(c1=O)C)[nH]cn2')
8  fp_c = GetMorganFingerprintAsBitVect(caffeine,
9                                       radius=2,
10                                      nBits=2**11)
11 fp_t = GetMorganFingerprintAsBitVect(theophylline,
12                                       radius=2,
13                                       nBits=2**11)
14 print('Tanimoto similarity: {}'.format(
15     DataStructs.FingerprintSimilarity(fp_c, fp_t)))
```

リスト 2.8　谷本類似度の計算結果

```
1  Tanimoto similarity: 0.45714285714285713
```

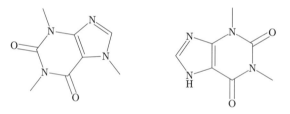

（ a ）　カフェインの構造式　　　（ b ）　テオフィリンの構造式

図 2.5　リスト 2.7 で用いた分子の構造式

第 **3** 章

教師あり学習を用いた物性値予測

　教師あり学習とは，入力・出力の対を複数与えられた下で，その入出力
関係を推定する技術であり，機械学習の最も基本的なタスクの 1 つである．
本章では，特にニューラルネットワークを用いた教師あり学習とその実装
を通じて，機械学習の基本的な考え方や実装方法を紹介する．また，教師
あり学習の 1 つの応用として，物性値予測を取り上げる．

3.1　教師あり学習

　本節では**教師あり学習**（supervised learning）について説明する．抽象的な
定義に入る前に，まず具体例を用いて教師あり学習の主な目的を述べる．具体
例としては，物性値予測問題を一貫して用いる．

　物性値予測問題とは，分子のとある物性値 y を，分子の情報 x から予測する
ような**予測器** $\hat{y}$ を求める問題である．ここで，分子の情報 x としては，例え
ば 2.4 節で説明した分子記述子や，2.5 節で説明したフィンガープリントを想
定すればよい．このように，分子構造から容易に計算できる情報を x とする．
また，一般に物性値とは，例えば特定のタンパク質に対する分子の結合親和性
のような値であり，実験や大規模なコンピュータシミュレーションを行わなけ
れば測定できない値である．しかし，予測器があれば，コストをかけて物性値
を測定するかわりに，多少の誤差はあってもほぼコストなしで分子の物性値の
予測値 $\hat{y}(x)$ を得られる．このように，ある程度の誤差が許される応用であれ
ば，コストを削減できるのが予測器を用いる利点である．

　教師あり学習では，上記の予測器を構成するにあたって，分子の情報 x とそ
の分子の物性値 y との対を集めてつくる**訓練データ**（training data）を用い
る．ここで，$n = 1, 2, \ldots, N$ に対して，x_n を n 番目の分子の情報，y_n をそ
の分子の実際の物性値としたとき，訓練データは

$$\mathcal{D} = \{(x_n, y_n)\}_{n=1}^N \tag{3.1}$$

と書ける．1 つひとつの対 (x_n, y_n) を**事例**（example）と呼ぶ．また，x は**説明変数**，y は**目的変数**と呼ばれる．式 (3.1) は，例えば過去の実験データなどを用いて作成できる．

訓練データの各事例について

$$y_n \approx \widehat{y}(x_n) \qquad (n = 1, 2, \ldots, N)$$

となるように予測器 $\widehat{y}$ をつくることができれば，未知の分子に対しても，その物性値をうまく予測できることが期待できる．このような期待の下で，訓練データ $\mathcal{D}$ から予測器 $\widehat{y}$ を構成することが教師あり学習である．

上記の例を抽象化して，教師あり学習を定式化する．予測器の入力の空間を $\mathcal{X}$，出力の空間を $\mathcal{Y}$ とする．多くの場合，$\mathcal{X}$ を多次元実数値ベクトルの空間とする一方で，$\mathcal{Y}$ は予測したい対象によって異なる空間を用いる．例えば実数値を予測したい場合には $\mathcal{Y} = \mathbb{R}$ とするが，2 値ラベルを予測したい場合には $\mathcal{Y} = \{0, 1\}$ とする．

教師あり学習を，実際に解くことができる問題として定式化するためには，いくつかの数学的な仮定を置く必要がある．

1 つは，入出力の対がしたがう確率分布

$$p_{X,Y} \in \Delta(\mathcal{X} \times \mathcal{Y})$$

が存在するという仮定である．これによって，統計手法を用いて教師あり学習を定式化することができる．

もう 1 つは，訓練データ

$$\mathcal{D} = \{(x_n, y_n) \in \mathcal{X} \times \mathcal{Y}\}_{n=1}^N$$

に含まれる事例 (x_n, y_n) は，分布 $p_{X,Y}$ に独立にしたがうとする仮定である．これを

$$\mathcal{D} \overset{\text{i.i.d.}}{\sim} p_{X,Y}$$

と表す[注1]．これによって，各事例の間の相関を考慮する必要がなくなり，より

注1 　i.i.d. は independent and identically distributed の略で，独立に同一分布にしたがうことを指す．

簡単な問題として定式化できるようになる.

　ここまでで導入した用語で説明すると，教師あり学習は，訓練データ $\mathcal{D} \overset{\text{i.i.d.}}{\sim} p_{X,Y}$ が与えられた下で，未知の入力 $x \sim p_X$ に対応する出力 $y \sim p_{Y|X}(\cdot \mid x)$ を「うまく」予測できる予測器 $\widehat{y}: \mathcal{X} \to \mathcal{Y}$ をつくることである．機械がこのような予測器を得ることを**学習**[注2]という.

　ここでは予測器 $\widehat{y}$ をつくるために，$\theta \in \Theta$ をパラメタとする $p_\theta(y \mid x)$ というパラメトリックな[注3]条件付き確率分布を用いる．これを本書では**予測分布**と呼ぶ．予測分布のパラメタ θ を変えることでさまざまな確率分布を表現できるため，$p_\theta(y \mid x)$ が $p_{Y|X}(y \mid x)$ に近くなるように，訓練データを用いて適切に θ を求める問題として教師あり学習を定式化できる．また，予測分布があると，例えば

$$\widehat{y}(x) \in \underset{y \in \mathcal{Y}}{\operatorname{argmax}} \; p_\theta(y \mid x)$$

とすることで，決定的な[注4]予測器 $\widehat{y}(x)$ を導出できる．したがって以下では，予測器 $\widehat{y}$ のかわりに，条件付き確率で表される予測分布 $p_\theta(y \mid x)$ を考えることとする.

　予測分布を学習するためには，「予測のよさ」の定量化が必要である．これには，予測分布から得られる $\mathcal{X} \times \mathcal{Y}$ 上の分布 $p_\theta(y \mid x)\, p_X(x)$ と，真の分布 $p_{X,Y}(x, y)$ の近さを測り，近いほど予測がよいとする方法が考えられる．確率分布間の近さは定義 1.9 の**カルバック–ライブラー情報量（KL 情報量）**で測ることができる．すなわち，KL 情報量によって，予測分布 $p_\theta(y \mid x)$ のよさを

$$
\begin{aligned}
& \mathrm{KL}(p_{X,Y} \parallel p_X p_\theta) \\
&= \mathbb{E}_{(X,Y) \sim p_{X,Y}}\left[\log\left(\frac{p_{X,Y}(X, Y)}{p_\theta(Y \mid X)\, p_X(X)}\right)\right] \\
&= \mathbb{E}_{(X,Y) \sim p_{X,Y}}\left[\log\left(\frac{p_{Y|X}(Y \mid X)}{p_\theta(Y \mid X)}\right)\right]
\end{aligned}
\tag{3.2}
$$

注2　一方，人間が機械の学習を手助けすることを**訓練**するという．いずれもデータを入力すると予測器が出力されることを指すため，本書ではこの 2 つの用語は使い分けないものとする.

注3　有限次元のパラメタ θ によって特徴付けられていることをパラメトリック（parametric）であるという.

注4　最適解が複数存在する場合は，適当なルールで最適解を 1 つ選べばよい.

と定義できる．この値が小さいほど 2 つの分布が近いということになるため予測がよいと判断できる．

式 (3.2) をパラメタ θ に関して最小化して得られたパラメタを $\theta^\star$ とすると，$\theta^\star$ を用いた予測分布 $p_{\theta^\star}(y \mid x)$ は，KL 情報量を最も小さくできるという意味で最適な予測分布である．このように，教師あり学習は KL 情報量を最小にする最適化問題として定式化することができる．

さらに，最適なパラメタ $\theta^\star$ を求めるという目的の下では，KL 情報量の最小化問題の最適解のみがわかればよいので，KL 情報量のうち，θ に関連する項のみを目的関数とすることができる．式 (3.2) から θ に関する項のみを取り出してみると

$$L(\theta) := \mathbb{E}_{(X,Y) \sim p_{X,Y}} \left[-\log p_\theta(Y \mid X) \right] \tag{3.3}$$

となる．よって，学習を行うためには，式 (3.3) で与えられる目的関数を最小化すればよいことになる．ここで，$L(\theta)$ は**期待損失**（expected loss），または**リスク**（risk）と呼ばれる．

ただし，式 (3.3) で定義される期待損失は，未知の確率分布 $p_{X,Y}$ を含むため，実際には計算することができない．このため，教師あり学習では，未知の確率分布 $p_{X,Y}$ のかわりに，その確率分布にしたがう訓練データ $\mathcal{D} \overset{\text{i.i.d.}}{\sim} p_{X,Y}$ が得られる状況を想定し，その下で式 (3.3) を最小化するパラメタを統計的に推定する．

以上を踏まえると，教師あり学習は次のように定義できる．

定義 3.1（教師あり学習）

データのしたがう分布を $p_{X,Y} \in \Delta(\mathcal{X} \times \mathcal{Y})$ とし，予測分布の集合を $\{p_\theta(y \mid x) \mid \theta \in \Theta\}$ とする．このとき，訓練データ $\mathcal{D} \overset{\text{i.i.d.}}{\sim} p_{X,Y}$ を受け取って，予測分布のパラメタ $\widehat{\theta} \in \Theta$ を返すアルゴリズムで，訓練データのサイズが大きくなるにしたがって，$\widehat{\theta}$ が期待損失を最小化する最小化解

$$\theta^\star \in \underset{\theta \in \Theta}{\arg\min}\ L(\theta)$$

に近づいていくようなアルゴリズムを構成する問題を，**教師あり学習**という．

3.2 経験損失最小化にもとづく教師あり学習

次に定義 3.1 の教師あり学習を実現するためのアルゴリズムを説明する．これは，訓練データ $\mathcal{D}$ を用いて，期待損失（式 (3.3)）を最小にするようなパラメタを推定するものとなる．

訓練データ $\mathcal{D}$ は $p_{X,Y}$ に独立同一分布にしたがうサンプルであるから，期待損失の定義に含まれる期待値作用素 $\mathbb{E}_{(X,Y)\sim p_{X,Y}}$ を $\widehat{\mathbb{E}}_{(X,Y)\sim\mathcal{D}}$ と置き換えて期待損失をサンプル平均で近似すると，期待損失を近似的に計算できる．つまり，期待損失を

$$\mathbb{E}_{(X,Y)\sim p_{X,Y}}[-\log p_\theta(Y\mid X)]$$
$$\approx \widehat{\mathbb{E}}_{(X,Y)\sim\mathcal{D}}[-\log p_\theta(Y\mid X)]$$
$$= \frac{1}{|\mathcal{D}|}\sum_{(x,y)\in\mathcal{D}}[-\log p_\theta(y\mid x)]\ (=: L(\theta;\mathcal{D})) \tag{3.4}$$

と近似すると，式 (3.4) は訓練データを用いて実際に計算できる．これを**経験損失**（empirical loss），または**経験リスク**（empirical risk）と呼び，$L(\theta;\mathcal{D})$ と表す．期待損失を最小化するかわりに，この経験損失を最小化することで

$$\widehat{\theta}\in\underset{\theta\in\Theta}{\operatorname{argmin}}\ L(\theta;\mathcal{D}) \tag{3.5}$$

と予測分布のパラメタを推定することができる．これによって，教師あり学習を行うことができる．式 (3.5) を通じて教師あり学習（定義 3.1）を行うことを，**経験損失最小化**（empirical risk minimization; ERM）という．

いま，訓練データ $\mathcal{D}$ が確率分布 $p_{X,Y}$ に独立にしたがっていると仮定しているため，直感的には，期待値を上記のような教師データを用いたサンプル平均で近似するという経験損失最小化の考え方は適切に思える．実際，θ を固定すれば $L(\theta;\mathcal{D})$ は $L(\theta)$ のモンテカルロ近似となるため，サンプルサイズ $|\mathcal{D}|$ が大きくなるにしたがって $L(\theta)$ に近づいていくことを証明することができる．

しかし，経験損失を最適化問題の目的関数として使うためには，それぞれの θ で別々に近似になっているだけでは不十分であることが知られている．この理由は，簡単にいうと，期待損失の値は小さくないような $\widetilde{\theta}\in\Theta$ で，たまたま経験損失が期待損失と乖離して非常に小さい値をとり，かつ，それが経験損失の最適解となってしまう可能性が排除できないからである．この $\widetilde{\theta}$ は，経験損

失は小さくできるが期待損失は小さくできないため，もともと解きたかった期待損失最小化の近似解として相応しくない.

　このような問題を回避して，期待損失のかわりに経験損失を最適化問題の目的関数として使うための十分条件は，「θ の定義域 Θ 全体で，$L(\theta; \mathcal{D})$ が $L(\theta)$ に一様に収束する」ことだと知られている. これを一様収束と呼ぶ. 一様収束は，Θ を大きくし過ぎないこと，つまり，予測分布として複雑過ぎないものを用いることを意味する. 直感的には，パラメタ空間 Θ が大きければ大きいほど，上で例にあげたような，たまたま経験損失の値が小さくなってしまうパラメタ $\widetilde{\theta}$ が存在する確率が高まるため，一様収束しにくくなる. 一方，一様収束が成り立つ下では，どの θ で経験損失を評価しても，その値と期待損失との誤差が一定程度に抑えられるため，$L(\theta)$ を最小化するかわりに $L(\theta; \mathcal{D})$ を最小化することが正当化される. より詳細については機械学習の理論に関する教科書[60] などを参照してほしい.

3.3　予測分布

　ここまでは，予測分布を条件付き確率分布を用いて $p_\theta(y \mid x)$ のように抽象的に表現しており，その条件付き確率分布の具体的な数式には触れていなかった. 本節では，予測分布の具体的な構成について説明する.

　本書で用いる予測分布の全体の構成を**図 3.1** に示す. 多くの場合，条件付き確率分布 $p_\theta(y \mid x)$ は，次の 3 つの部品を直列につないで定義される. 1 つ目は，入力 x を，**関数近似器** (function approximator) と呼ばれるパラメタ θ で特徴付けられた決定的な関数

$$g_\theta : \mathcal{X} \to \mathbb{R}^C$$

である. 2 つ目は，**活性化関数** (activation function) と呼ばれる決定的な関数

$$\sigma : \mathbb{R}^C \to \bar{\mathcal{Y}}$$

である. これは，1 つ目の関数近似器の出力として得られた実ベクトルを入力として受け取る. そして，3 つ目は，**条件付き確率分布** (conditional probability distribution)

$$\bar{p}(y \mid \bar{y})$$

条件付き確率分布

$$x \longrightarrow g_\theta \longrightarrow \sigma \longrightarrow \bar{p}(y \mid \bar{y}) \longrightarrow y$$

関数近似器　活性化関数

図 3.1　予測分布 $p_\theta(y \mid x)$ の構成

（出力空間 $\mathcal{Y}$ に応じて活性化関数と損失関数を使い分けるが，関数近似器 g_θ については実数値または実数値ベクトルを出力するものを使い回す．ここで，関数近似器のみ，パラメタ θ に依存している）

である．これは，2 つ目の活性化関数の出力として得られた実ベクトル $\bar{y} \in \bar{\mathcal{Y}}$ を入力として受け取り，y のしたがう確率分布を出力するものである．

以上をまとめると，予測分布は

$$p_\theta(y \mid x) := \bar{p}(y \mid \sigma(g_\theta(x))) \tag{3.6}$$

という構造をとる．式 (3.6) は

(1) 関数近似器のみパラメタに依存し，活性化関数や条件付き確率分布はパラメタに依存しない

(2) 関数近似器は，出力空間 $\mathcal{Y}$ によらず，実数または実数値ベクトルを出力する

という特徴をもつ．後にみるように，実数値ベクトルを出力する関数近似器をつくるのは比較的容易であるため，出力空間によらず，同じ関数近似器を使い回す一方で，活性化関数や条件付き確率分布を出力空間によって使い分けることで，さまざまな出力空間に対応する予測器を簡単につくることができる．

また，式 (3.6) のような構成を用いると，目的関数，つまり経験損失は

$$L(\theta; \mathcal{D}) = \widehat{\mathbb{E}}_{(X,Y) \sim \mathcal{D}} \left[-\log \bar{p}(Y \mid \sigma(g_\theta(X))) \right] \tag{3.7}$$

と表すことができる．ここで，$-\log \bar{p}(y \mid \bar{y})$ は予測値 $\bar{y}$ と実測値 y との乖離を測る関数であり，**損失関数**（loss function）と呼ばれる．このように，最尤推定の枠組みの中では条件付き確率分布と損失関数は 1 対 1 に対応するため，本書では $\bar{p}$ を損失関数と呼ぶこともある．以下，それぞれの構成要素（関数近似器，活性化関数，条件付き確率分布）について，具体例を交えながら説明する．

3.3.1　関数近似器

関数近似器 g_θ は出力の空間 $\mathcal{Y}$ にかかわらず実数，または実数値ベクトルを出力する関数であり，パラメタ θ で特徴付けられる．最も単純な線形の関数近似器を例に説明する．これは，入力の空間 $\mathcal{X} \subseteq \mathbb{R}^D$ に対して，パラメタ $\theta = \{\mathbf{w} \in \mathbb{R}^D, b \in \mathbb{R}\}$ として

$$g_\theta(\mathbf{x}) = \mathbf{w}^\top \mathbf{x} + b \tag{3.8}$$

と定義される．ここで $\mathbf{w}$ は重み，$\top$ はベクトルの転置記号，b はバイアス項と呼ばれるパラメタである．式 (3.8) で，入力ベクトルを $\widetilde{\mathbf{x}} = \begin{bmatrix} \mathbf{x}^\top & 1 \end{bmatrix}^\top \in \mathbb{R}^{D+1}$ とし，重みを $\widetilde{\mathbf{w}} = \begin{bmatrix} \mathbf{w}^\top & b \end{bmatrix}^\top \in \mathbb{R}^{D+1}$ とすると

$$\mathbf{g}_\theta(\mathbf{x}) = \widetilde{\mathbf{w}}^\top \widetilde{\mathbf{x}} \tag{3.9}$$

のようにバイアス項なしの線形モデルとして書くこともできる．式 (3.8) と式 (3.9) は数学的に等価であるため，表記の簡単さを優先して式 (3.9) のようにバイアス項がない関数近似器の式を使うことがある．

$C\ (\in \mathbb{N})$ 次元の実数値ベクトルを出力する必要がある場合は，重みベクトル $\mathbf{w} \in \mathbb{R}^D$ のかわりに重み行列 $W \in \mathbb{R}^{C \times D}$ を用い，バイアス項 $b \in \mathbb{R}$ のかわりにバイアスベクトル $\mathbf{b} \in \mathbb{R}^C$ を用いて

$$g_\theta(\mathbf{x}) = W\mathbf{x} + \mathbf{b}$$

とすればよい．上記と同様に，バイアスベクトルを省略した表記とすることもできる．

一方，複雑な入出力関係を記述するためには，非線形の関数近似器の使用が不可欠である．非線形な関数近似器を定義する方法はいくつかあるが，本書では，最も一般的な**ニューラルネットワーク**による方法を用いる（3.4 節参照）．

3.3.2　活性化関数

活性化関数は，出力の空間 $\mathcal{Y}$ の種類に応じて次のようなものを使い分ける．

例 3.1　実数値ラベル

$\mathcal{Y} = \mathbb{R}$ のとき，恒等関数 $\sigma(z) = z$ を活性化関数として用いる．

例 3.2　2 値ラベル

$\mathcal{Y} = \{0, 1\}$ のとき

$$\sigma(z) = \frac{1}{1 + \mathrm{e}^{-z}} \tag{3.10}$$

と定義される**シグモイド関数**（sigmoid function）を活性化関数として用いる．

例 3.3　多値ラベル

$\mathcal{Y} = \{0, 1, \ldots, C-1\}$ のとき

$$\sigma_c(\mathbf{z}) = \frac{\mathrm{e}^{z_c}}{\sum_{c=0}^{C-1} \mathrm{e}^{z_c}} \qquad (c = 0, 1, \ldots, C-1)$$

として

$$\boldsymbol{\sigma}(\mathbf{z}) = \begin{bmatrix} \sigma_0(\mathbf{z}) & \sigma_1(\mathbf{z}) & \ldots & \sigma_{C-1}(\mathbf{z}) \end{bmatrix}^{\top} \tag{3.11}$$

と定義される**ソフトマックス関数**（softmax function）を活性化関数として用いる．ここで，式 (3.11) は $\boldsymbol{\sigma} \colon \mathbb{R}^C \to \Delta^C$ という定義域と値域をもつ関数であることに注意する．つまり

$$\sum_{c=0}^{C-1} \sigma_c(\mathbf{z}) = 1$$

が成り立つ．

3.3.3　条件付き確率分布

条件付き確率分布も，活性化関数と同様に，出力空間に応じて異なるものを使い分ける．式 (3.7) でもわかるように，条件付き確率分布と損失関数は密接な関係にあるため，ここではその両者の具体例を示す．

例 3.4　実数値ラベル

$\mathcal{Y} = \mathbb{R}$ の場合，中間的な出力空間を $\bar{\mathcal{Y}} = \mathcal{Y}$ として

$$\bar{p}(y \mid \bar{y}) = \mathcal{N}(y; \bar{y}, 1)$$

という条件付き確率分布を用いることが多い．このとき，経験損失関数は

$$L(\theta; \mathcal{D}) = \widehat{\mathbb{E}}_{(X,Y) \sim \mathcal{D}} \left[\frac{1}{2} (Y - f_\theta(X))^2 \right] \tag{3.12}$$

となる．式 (3.12) 右辺かっこ中の関数を**平均 2 乗損失**（mean squared error loss; **MSE loss**）と呼ぶ．

例 3.5　2 値ラベル

$\mathcal{Y} = \{0, 1\}$ の場合，中間的な出力空間を $\bar{\mathcal{Y}} = [0, 1]$ として

$$\bar{p}(y \mid \bar{y}) = \mathrm{Bern}(y; \bar{y})$$

という条件付き確率分布を用いる．

ここで，$\mathrm{Bern}(y; \bar{y})$ は定義 1.11 で定義したベルヌーイ分布であり，$\bar{y}$ は，$y = 1$ となる確率に相当する．このとき，経験損失関数は

$$L(\theta; \mathcal{D}) = \widehat{\mathbb{E}}_{(X,Y) \sim \mathcal{D}} \left[-Y \log f_\theta(X) - (1 - Y) \log(1 - f_\theta(X)) \right] \tag{3.13}$$

となる．式 (3.13) 右辺かっこ中の関数を **2 値交差エントロピー損失**（binary cross entropy loss; BCE loss）と呼ぶ．

例 3.6　多値ラベル

$\mathcal{Y} = \{0, 1, \ldots, C - 1\}$ の場合，中間的な出力空間を $\bar{\mathcal{Y}} = \Delta^C$ として

$$\bar{p}(y \mid \bar{\mathbf{y}}) = \mathrm{Cat}(y; \bar{\mathbf{y}})$$

という条件付き確率分布を用いる．ここで，$\mathrm{Cat}(y; \bar{\mathbf{y}})$ は定義 1.12 で定義したカテゴリカル分布で，$\bar{\mathbf{y}}$ の各要素 $\bar{y}_c$ $(c = 0, 1, \ldots, C - 1)$ は，$y = c$ となる確率に相当する．このとき，目的関数は

$$L(\theta; \mathcal{D}) = \widehat{\mathbb{E}}_{(X,Y) \sim \mathcal{D}} \left[-\mathbf{1}_Y \cdot \log \mathbf{f}_\theta(X) \right] \tag{3.14}$$

となる．式 (3.14) 右辺かっこ中の関数を**交差エントロピー損失**（cross entropy loss）と呼ぶ．

3.3.4　PyTorchでの実装

　ここまで，予測分布の構成要素について簡単に説明した．また，関数近似器の一例として最も簡単な線形モデルを説明し，活性化関数と条件付き確率分布については，出力空間に応じたものをそれぞれ説明した．本節では，Pythonの深層学習ライブラリであるPyTorchを用いた予測分布の実装について説明する．

　PyTorchでは，上記のそれぞれの構成要素がnn.Moduleクラスを継承したクラスで定義される．このnn.Moduleクラスとは，PyTorchでひとまとまりの数学的な関数を実装する際に使われるクラスである．モジュールという名のとおり，これはPyTorchでの部品の1単位となっており，ほかのモジュールと直列につないだり，ほかのモジュールの部分的な構成要素として使用することで，複雑な構造の関数近似器をつくったり，図3.1のような予測分布や，損失関数[注5]をつくったりすることができる．

　nn.Moduleクラスを使ってモジュールを定義する際には，__init__メソッドとforwardメソッドを実装する必要がある．__init__メソッドでは，実装したい関数の内部で使いたい要素，特にパラメタや，パラメタをもつモジュールを宣言する．例えば，線形関数などの基礎的なモジュールを内部で使用して新しいモジュールをつくりたいときには，そのモジュールを__init__メソッドの内部で宣言する．このように基礎的なモジュールを__init__メソッド内で宣言することで，その基礎的なモジュールのパラメタを，実装したい関数のパラメタとして登録することができ，後述の誤差逆伝播法を簡単に適用できるようになる．forwardメソッドでは，このクラスで表現したい計算を手続き的に書く．

　PyTorchでは，関数近似器，活性化関数，損失関数のそれぞれについて，さまざまな関数が標準で実装されている．したがって，すでに実装されたモジュールを組み合わせて，予測分布をつくったり，損失関数の値を計算するようなプログラムを作成したりすることができる．**リスト3.1**にプログラム例を，**リスト3.2**にその出力結果を示す．ここでは，関数近似器として線形モデル，活性化関数と損失関数には2値ラベルに対するものを用いている．以

[注5]　実装上は $\bar{p}(y \mid \bar{y})$ を条件付き確率分布として用いることは少なく，損失関数として用いることがほとんどであるため，ここでは損失関数と呼ぶ．

リスト 3.1　$\mathcal{X} = \mathbb{R}^5, \mathcal{Y} = \mathbb{R}$ に対応する線形モデルをつくるプログラム

```
 1  import torch
 2  from torch import nn
 3
 4  torch.manual_seed(46)
 5  m = nn.Linear(in_features=5, out_features=1)
 6  print('model weight: {}'.format(m.weight))
 7  print('model bias: {}'.format(m.bias))
 8
 9  x = torch.ones(5)
10  y = m(x)
11  print('input: {}'.format(x))
12  print('output: {}'.format(y))
13
14  X = torch.arange(10, dtype=torch.float).reshape(2, 5)
15  Y = m(X)
16  print('input: {}'.format(X))
17  print('output: {}'.format(Y))
18
19  activation = nn.Sigmoid()
20  Y_bar = activation(m(X))
21  print('output: {}'.format(Y_bar))
22
23  target1 = torch.tensor([0., 1.])
24  target2 = torch.tensor([1., 0.])
25  loss_func = nn.BCELoss()
26  loss1 = loss_func(Y_bar.reshape(-1), target1)
27  loss2 = loss_func(Y_bar.reshape(-1), target2)
28  print('target: {}\tloss: {}'.format(target1, loss1))
29  print('target: {}\tloss: {}'.format(target2, loss2))
```

リスト 3.2　リスト 3.1 の実行結果

```
 1  model weight: Parameter containing:
 2  tensor([[ 0.1441, -0.3936,  0.0156, -0.3044,  0.2281]], requires
       _grad=True)
 3  model bias: Parameter containing:
 4  tensor([0.3032], requires_grad=True)
 5  input: tensor([1., 1., 1., 1., 1.])
 6  output: tensor([-0.0070], grad_fn=<AddBackward0>)
 7  input: tensor([[0., 1., 2., 3., 4.],
 8          [5., 6., 7., 8., 9.]])
 9  output: tensor([[-0.0600],
10          [-1.6112]], grad_fn=<AddmmBackward0>)
11  output: tensor([[0.4850],
12          [0.1664]], grad_fn=<SigmoidBackward0>)
13  target: tensor([0., 1.])    loss: 1.2283896207809448
14  target: tensor([1., 0.])    loss: 0.4528265595436096
```

下，それぞれの構成要素に注目しつつ，リスト 3.1 の内容について詳しく説明する．

(1) 関数近似器

PyTorch では，線形モデルは nn.Linear というクラスで実装されている．このクラスからインスタンスをつくることで，線形モデルに相当するモジュールを得ることができる．リスト 3.1 では，5 行目で入力次元（in_features）が 5，出力次元（out_features）が 1 の線形モデルをつくっている．また，この線形モデルのパラメタ $(\mathbf{w}, b) \in \mathbb{R}^5 \times \mathbb{R}$ は，乱数で初期化されている．これを確認するために，リスト 3.1 の 6 ～ 7 行目ではパラメタの実際の値を画面上に出力するようにしている．

関数近似器は何かしらの入力に対して出力を返すものであるが，PyTorch では 10 行目のように，関数近似器のインスタンス m に対して m(x) と命令を実行することで，出力 y を得ることができる[注6]．

ここで，上記の線形モデルの入力は，数学的には 5 次元ベクトルである．一方，実装の観点からみると，5 次元ベクトルを複数本同時に入力して，これらを一度に処理できるほうが望ましい．例えば，経験損失を計算する際には複数の入力に対する予測を得る必要があるし，関数呼出しの回数を減らせれば計算時間の削減にもなる（複数の入力を同時に処理できるならば，関数呼出しは 1 回で済む）．

PyTorch では，上記を実現する機能が標準で備わっている．つまり，関数近似器 m は，本来入力として 5 次元ベクトルを 1 本受け取るものだが，これに複数の 5 次元ベクトルをまとめた行列を入力とすることもできるようになっている．実際，リスト 3.1 では，2×5 行列 X を 14 行目で定義し，それを 15 行目で線形モデルに入力している．X は 5 次元ベクトル 2 本をまとめた行列であり，これを入力すると，それぞれのベクトルに対する出力を並べたベクトル Y が出力される．Y は 2×1 の大きさをもつ．

このように，PyTorch では一般に，D_{in} 次元ベクトルを受け取って D_{out} 次元ベクトルを返す関数に対しては，$N \times D_{in}$ 行列を入力することができ，その

注6　この内部では，nn.Linear で実装されている forward 関数が呼ばれている．m.forward(x) と命令を実行しても同様の結果が得られる．

結果，$N \times D_{\mathrm{out}}$ 行列が出力として得られる．

(2)　活性化関数と損失関数

活性化関数も，関数近似器と同様に，nn.Module クラスを継承した nn.Sigmoid クラスで定義されており，リスト 3.1 の 19 行目のようにして活性化関数に相当するオブジェクトをつくることができる．予測関数の出力 m(X) を活性化関数 activation に入力することで，活性化関数を通した値 Y_bar を得ている．実際にシグモイド関数に通してみると，出力が $[0, 1]$ に収まることがわかる（リスト 3.2，11〜12 行目）．

また，損失関数についても nn.Module クラスを継承したクラスで定義されている．2 乗損失（式 (3.12)）は nn.MSELoss[注7]，2 値交差エントロピー損失（式 (3.13)）は nn.BCELoss，交差エントロピー損失（式 (3.14)）は nn.NLLoss で実装されている．ここでは出力空間として 2 値ラベルを考えるため，nn.BCELoss を用いている．

また，PyTorch には標準で，活性化関数と損失関数が一体になったモジュールも実装されている．例えば，nn.CrossEntropyLoss は，ソフトマックス関数（式 (3.11)）と交差エントロピー損失（式 (3.14)）を組み合わせたものである．教師あり学習の場合，出力空間 $\mathcal{Y}$ が決まるとそれに応じて活性化関数と損失関数が決まるので，活性化関数と損失関数は対になる存在である．このため，PyTorch では，nn.CrossEntropyLoss のように対になる活性化関数と損失関数を 1 つにまとめたものを標準で用意している．nn.CrossEntropyLoss は活性化関数と損失関数が一体となっているため，そのインスタンスには活性化関数を通していない実数値を入力する．一方，活性化関数であるソフトマックス関数を通したベクトル，つまり確率ベクトルを入力したい場合には，損失関数のみが実装された nn.NLLoss を使用する．また，2 クラスの場合にも同様のモジュールが用意されている．nn.BCEWithLogitsLoss は，2 値交差エントロピー損失（式 (3.13)）とシグモイド関数（式 (3.10)）を組み合わせたものである．

このように，対になる活性化関数と損失関数をまとめて実装する利点としては，計算の数値的安定性がよくなることがあげられる．例えば，2 値分類では

注7　実装では $\frac{1}{2}$ 倍されていないことに注意．

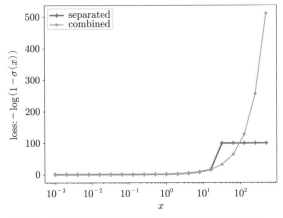

図 3.2 2 値分類で活性化関数と損失関数を別々に計算した場合 (separated) と
まとめて計算した場合 (combined) の比較

シグモイド関数と 2 値交差エントロピー損失を組み合わせる必要があるが，シグモイド関数を数値的に安定してコンピュータで計算するには工夫が必要注8であるうえ，そもそも値域が $(0, 1)$ であるため，正確な値を計算することが難しいという問題がある．例として，活性化関数への入力を x として，真のラベルが 0 のときの損失関数

$$-0 \times \log \sigma(x) - 1 \times \log(1 - \sigma(x)) = -\log(1 - \sigma(x)) \tag{3.15}$$

の挙動をみてみる．式 (3.15) の計算方法には 2 通りある．1 つは，まずシグモイド関数 $\sigma(x)$ を計算した後，その値を 2 値交差エントロピー損失に代入する（PyTorch なら nn.BCELoss と nn.Sigmoid を組み合わせる）方法である．もう 1 つは，式 (3.15) を直接計算する（PyTorch なら nn.BCEWithLogitsLoss を用いる）方法である．

入力 x の値を $2 \times 10^{-10}, 2 \times 10^{-9}, \ldots, 2 \times 10^{9}$ と変化させながら，それぞれの計算方法の出力をプロットすると，**図 3.2** が得られる．これをみると，前者（separated）では，x の値が大きくなるとシグモイド関数 $\sigma(x)$ の値が x の値にかかわらずすべて 1 となってしまい，$-\log(1 - \sigma(x))$ を正しく計算できなくなっている．PyTorch の場合，このような状況では nn.BCELoss は入力にかかわらず 100 を出力するように設定されているため，正確な損失を計算で

注8　具体的には，入力する値に応じて場合分けをして計算する必要がある．

きないことは明白である.

対して,後者 (combined) では

$$-\log(1-\sigma(x)) = -\log\left(\frac{e^{-x}}{1+e^{-x}}\right) = x + \log(1+e^{-x})$$

のようにコンピュータ上で精度よく計算しやすい式に変形してから計算できるため,上記の問題を回避できる.

ただし,学習した予測分布の予測値を計算するときには,活性化関数を通した値を使うほうが便利であるので,活性化関数を通しただけの出力を利用したい状況も存在する.利用目的に応じて数値的に安定な計算方法を利用することが重要である.

3.4 　ニューラルネットワーク

ここまでは,最も簡単な関数近似器である線形モデルを用いてきた.しかし,線形モデルでは,入力 x に対して線形な出力[注9]しか得られないため,簡単な入出力関係しか表現できない.現実のデータはより複雑な入出力関係をもち,入力に対して出力が非線形であるのが一般的である.よって,関数近似器として非線形関数を使用できることが望ましい.非線形の関数近似器の代表例が,**ニューラルネットワーク**である.本節では,ニューラルネットワークの中でも最も基本的な**順伝播型ニューラルネットワーク**(feedforward neural network)または順伝播型ネットワークについて説明する.

3.4.1 　順伝播型ニューラルネットワーク

順伝播型ニューラルネットワークとは,$W \in \mathbb{R}^{D_{out} \times D_{in}}$,$\mathbf{b} \in \mathbb{R}^{D_{out}}$ というパラメタと,ベクトルの要素ごとに作用する**活性化関数** σ を用いて

$$g(\mathbf{x}; W, \mathbf{b}) = \sigma(W\mathbf{x} + \mathbf{b}) \tag{3.16}$$

と表される非線形関数を構成要素とするニューラルネットワークである.このような非線形関数を複数直列につなぐことで,複雑な非線形の入出力関係を表現することができる.

注9 　正確には,入力 x をアフィン変換したものを出力している.

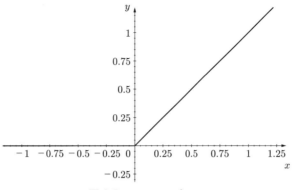

図 3.3　ReLU のグラフ

　ここで，予測分布の後段で用いられる活性化関数（3.3.2 項）と，ニューラル
ネットワーク内部で用いられる活性化関数には，共通した関数が用いられるこ
とが多いが，それぞれ使用目的が異なることに注意してほしい．予測分布の後
段で用いられる活性化関数は，関数近似器の出力を条件付き確率分布の入力に
適合させる目的で使われるが，ニューラルネットワーク内部で用いられる活性
化関数は，非線形関数をつくるために使われる．このような役割の違いから，
それぞれで異なる活性化関数が用いられることがある．例えば，ニューラル
ネットワーク内部では

$$
\mathrm{ReLU}(x) = \begin{cases} x & (x > 0) \\ 0 & (x \le 0) \end{cases}
$$

で定義される **ReLU**（rectified linear unit）[49]）と呼ばれる活性化関数がよく用
いられる．ReLU のグラフを**図 3.3** に示す．このほか

$$
\tanh(x) = \frac{\mathrm{e}^x - \mathrm{e}^{-x}}{\mathrm{e}^x + \mathrm{e}^{-x}}
$$

で定義される **tanh 関数**，または**ハイパボリックタンジェント関数**（hyperbolic
tangent function）と呼ばれる活性化関数もよく使われる[注10]．
　式 (3.16) で定義される非線形関数は，次のような特徴をもつ．

(1)　D_{in} 次元ベクトルを D_{out} 次元ベクトルに変換する

注10　例えば 4.1.4 項で説明する LSTM などで使用される．

(2) パラメタ $(W, \mathbf{b})$ を動かすことで，さまざまな非線形関数を表現できる

(3) 出力 $\mathbf{y} = g(\mathbf{x}; W, \mathbf{b})$ がパラメタについて**微分可能** (differentiable)[注11]
である

　このような特徴は，ニューラルネットワークの学習アルゴリズムをつくるうえで非常に重要な役割を果たす．まず，このような特徴をもつモジュールに対して，次節で述べる誤差逆伝播法とそれを発展させた自動微分，さらに確率的勾配降下法を組み合わせることで，ほぼ自動的に学習アルゴリズムを導出することができる．さらに，このような特徴をもつモジュールをつなげて得られるモジュールも同様の特徴をもつため，既存のモジュールを組み合わせることで得られる所望の機能をもつニューラルネットワークに対しても同様に，ほぼ自動的に学習アルゴリズムを導出できる．ニューラルネットワークが盛んに用いられている背景の 1 つとして，このような実装の容易さがあげられるだろう．

　具体例を順伝播型ニューラルネットワークでみてみよう．いま，自然数 $L \in \mathbb{N}$ に対して，入出力の次元が整合的[注12]な L 個の非線形関数

$$g_l : \mathbb{R}^{D_l} \to \mathbb{R}^{D_{l+1}} \qquad (l = 0, 1, \ldots, L-1)$$

によって

$$g_{0:L} := g_{L-1} \circ g_{L-2} \circ \cdots \circ g_0$$

と表される関数のことを順伝播型ニューラルネットワークと呼ぶ．ここで，$g_{0:L}$ のパラメタを

$$W_{0:L} := \{W_l\}_{l=0}^{L-1}, \quad \mathbf{b}_{0:L} := \{\mathbf{b}_l\}_{l=0}^{L-1}$$

とし[注13]，$\circ$ を関数の合成を表す演算子とする．ただし，予測分布（図 3.1 参照）においてニューラルネットワークを関数近似器として用いるとき，その出

注11　ニューラルネットワークの文脈において，微分可能とは，ほぼ全域で微分が定義できるということだけではなく，多くの領域で微分係数がパラメタや入力に関してなめらかであることを意味する．つまり，微分可能であれば，入力に関する情報が勾配に反映されるため，後述の勾配法による学習がうまく動く．

注12　本書では，l 層目の出力の次元と $l+1$ 層目の入力の次元が同じ場合を，「整合的」ということにする．

注13　「$0:L$」という下付き添字は，0 から L 未満の整数の集合を表している．これは，Python で使われる記法にならったものである．

力は予測分布の後段の活性化関数に入力されるのが普通であるため，ニューラルネットワークの最終層である g_{L-1} では活性化関数を省略することが多い．

このようにして定義された順伝播型ニューラルネットワークも，式 (3.16) と同じように

(1) D_0 次元のベクトルを D_L 次元のベクトルに変換する

(2) パラメタ $W_{0:L}$, $\mathbf{b}_{0:L}$ を動かすことで，さまざまな非線形関数を表現できる

(3) 出力 $\mathbf{y} = g_{0:L}(\mathbf{x}; W_{0:L}, \mathbf{b}_{0:L})$ がパラメタについて微分可能である

という性質をもつ．

ここで，順伝播型ニューラルネットワークのネットワークの大きさ，つまり，L や，中間層の大きさ $\{D_l\}_{l=1}^{L-1}$ については，基本的なアルゴリズムでは学習することができないため，事前に与えておく必要がある．一方，パラメタ $W_{0:L}$, $\mathbf{b}_{0:L}$ は，データから学習することができる（3.5 節参照）．

3.4.2 PyTorch での順伝播型ニューラルネットワークの実装

一例として，$L = 2$ の順伝播型ニューラルネットワークを PyTorch で実装してみよう（**リスト 3.3**）．

3.3.4 項で述べたとおり，PyTorch でニューラルネットワークを実装する際には，nn.Module を継承したクラスを用いてネットワークの構造や計算手順を定義する．ここではそのクラスを FeedforwardNeuralNetwork と名づける．このクラスでニューラルネットワークを定義するためには，__init__ メソッドと forward メソッドを実装する必要がある．__init__ メソッドでつくりたいニューラルネットワークの部品を定義し，forward メソッドで実際に入力が与えられた下で出力を得るまでの過程を記述する．

これらのメソッドの実装方法は主に 2 通りある．1 つは，順伝播型ニューラルネットワークに必要な部品を __init__ メソッドにおいて定義し，それらの部品を用いて forward メソッドでネットワーク内部での計算を定義するという書き方である．もう 1 つは，__init__ メソッドの内部で，部品を直列につないだモジュールを直接構成し，forward メソッドではそのモジュールを呼ぶ

リスト 3.3　順伝播型ニューラルネットワーク（$L = 2$）のプログラム

```python
import matplotlib.pyplot as plt
import torch
from torch import nn

class FeedforwardNeuralNetwork(nn.Module):

    def __init__(self, in_dim, hidden_dim):
        super(FeedforwardNeuralNetwork, self).__init__()
        self.fnn = nn.Sequential(
            nn.Linear(in_dim, hidden_dim),
            nn.ReLU(),
            nn.Linear(hidden_dim, 1)
        )

    def forward(self, x):
        return self.fnn(x)

torch.manual_seed(0)
in_dim = 2
sample_size = 1000
X = torch.randn((sample_size, in_dim))
w = torch.randn(in_dim)
y = torch.sin(X @ w).reshape(-1, 1)
model = FeedforwardNeuralNetwork(in_dim=in_dim, hidden_dim=2)
y_pred = model.forward(X)

vmin = min(y.min(), y_pred.min())
vmax = max(y.max(), y_pred.max())
fig, (ax1, ax2) = plt.subplots(1, 2, sharey=True, figsize=(15, 6))
im = ax1.scatter(X[:, 0], X[:, 1], c=y,
                 cmap='gray', vmin=vmin, vmax=vmax)
ax1.set_title('Ground truth')
im = ax2.scatter(X[:, 0], X[:, 1], c=y_pred.detach().numpy(),
                 cmap='gray', vmin=vmin, vmax=vmax)
ax2.set_title('Prediction')
fig.colorbar(im, ax=ax2)
plt.savefig('fnn.pdf')
plt.clf()
```

だけで済ますという書き方である．以下では後者の書き方をとる．

　実装するのは，$L = 2$ の順伝播型ニューラルネットワークなので，入力信号を線形関数 → 活性化関数 → 線形関数の順に通し，出力を得るという計算の手順をとる．ここで，活性化関数には ReLU を用いることにする．PyTorch で

は，線形関数に相当するモジュールは nn.Linear であり，また ReLU に相当
するモジュールは nn.ReLU である．__init__ メソッド内でこれらの既存のモ
ジュールを直列につないで新しくモジュールをつくるために nn.Sequential
を用いる．nn.Sequential は，引数に入れた複数のモジュールを直列につな
いで新たなモジュールとして定義するためのクラスである．

リスト 3.3 では，はじめの線形関数（10 行目）で in_dim 次元から hidden_dim
次元へ変換し，その後，ReLU に通し（11 行目），さらに hidden_dim 次元か
ら 1 次元への線形関数（12 行目）につないでいる．これらは入出力の次元が
一致しているので，nn.Sequential を用いて直列につなぐことができる（9～
13 行目）．なお，上記で順伝播型ニューラルネットワークを nn.Sequential
を用いて self.fnn として定義しているため，forward メソッドでは単に入
力を self.fnn に通して得た出力を返すだけでよい（16 行目）．

続いて，つくった順伝播型ニューラルネットワークを用いて予測をしてみよ
う．ここではまだニューラルネットワークの学習をせず，ランダムに初期化さ
れた状態のままデータを入力して，（でたらめな）出力結果を得ることにする．
まずこれに使う人工データを生成する．サンプルサイズ（データの事例数）を
1000 として，2 次元の説明変数を標準正規分布にしたがってつくり（21 行目）

$$y = \sin(\mathbf{w}^\top \mathbf{x})$$

という関数により目的変数をつくる（23 行目）．ここで，データ生成に用い
るパラメタ $\mathbf{w} \in \mathbb{R}^2$ は，標準正規分布にしたがって生成したものを用いる
（22 行目）．

次に，先に定義した FeedforwardNeuralNetwork クラスを用いてモデルの
インスタンス model をつくる（24 行目）．今回は入力次元は 2 次元，中間層も
2 次元，出力は 1 次元とする．

説明変数 X に対する予測値を得るには，forward メソッドを使えばよい
（25 行目）．または，3.3.4 項で説明したように，model という nn.Module の
インスタンスに対して model(X) としてもよい．図 3.4 に，データの真値 (a)
とここで得られた予測値 (b) を示す．ここでは，学習していないニューラル
ネットワークを用いて予測したため，真値と予測値が大きく異なっている．
データの入出力関係を再現できるようにパラメタを学習する方法については，
次節で説明する．

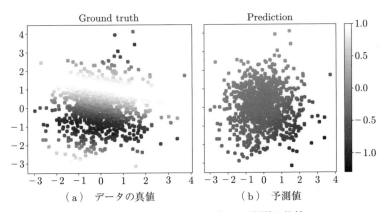

図 3.4　人工データとそれに対する予測値の比較

（散布図の各点はデータセットの各事例に対応し，その濃さが目的変数の値の大きさに対応している．未学習のニューラルネットワークで予測しているため，真値と予測値が大きく異なっている）

3.5　最適化アルゴリズム

ここまでをいったんまとめると，以下のようになる．

- 教師データと予測分布があれば，教師あり学習は経験損失最小化にもとづく最適化問題として表すことができる（3.2 節）
- 予測分布は，関数近似器，活性化関数，損失関数を組み合わせてつくることができる
  - 活性化関数と損失関数は，問題設定に応じて適切なものを選択する（3.3.2 項，3.3.3 項）
  - 関数近似器は，実数値や実数値ベクトルを出力するものでよく（3.3.1 項），ニューラルネットワークを使うことが多い（3.4 節）

本節では，関数近似器としてニューラルネットワークを使って経験損失最小化問題を解く方法について説明する．

一般にニューラルネットワークを使う場合，経験損失最小化問題を解析的に解くことはできない．なぜなら，ニューラルネットワークはパラメタに関して非線形な関数であり，経験損失がパラメタに関して複雑な形の関数となるためである．そのため，経験損失最小化問題は，反復法を用いて数値的に解くことになる．前述のとおり，ニューラルネットワークの出力はパラメタについ

て微分可能であるので，目的関数の勾配を用いて最適化する**勾配法**（gradient method）を使うことができる．

勾配法は，θ を $\theta \in \Theta$ の範囲内で動かして目的関数 $L(\theta; \mathcal{D})$ を最小化したいときに，学習率 $\alpha \ (> 0)$ を用いて

$$\theta \leftarrow \theta - \alpha \frac{\partial L(\theta; \mathcal{D})}{\partial \theta}$$

のように，目的関数の勾配を用いて θ の値を更新し，最適解

$$\theta^\star = \underset{\theta \in \Theta}{\mathrm{argmin}} \, L(\theta; \mathcal{D})$$

を得ることを目指す手法である．目的関数の勾配が計算できれば，勾配法を適用することで最適化問題を解くことができる．

ニューラルネットワークに対して経験損失最小化問題を解くには，誤差逆伝播法（3.5.1 項参照）で勾配を計算したうえで，勾配法の一種である確率的勾配降下法（3.5.3 項参照）を用いる．それぞれの節で詳細を説明した後，3.5.6 項で PyTorch を用いた実装を示す．

3.5.1 誤差逆伝播法

誤差逆伝播法（backpropagation，バックプロパゲーション）とは，勾配を計算する方法としてよく知られている手法である．誤差逆伝播法は，パラメタをもつ関数を複数合成して得られる関数が与えられたときに，その関数のパラメタに関する勾配を，微分の連鎖則（chain rule）にもとづいて計算するアルゴリズムの 1 つである．

合成関数に関する微分の公式を組み合わせれば，多段に合成された関数の勾配を計算できること自体は明らかであろう．誤差逆伝播法は，それらの微分の公式を適用する順序を定める点が特長であり，その順序にしたがって計算を進めていけば自動的に勾配を計算できる．

また，誤差逆伝播法を一般化することで**自動微分**（automatic differentiation）と呼ばれる，コンピュータで自動的に勾配を計算するアルゴリズムを導くことができる．自動微分の普及により学習アルゴリズムの実装効率が飛躍的に高まったことが，深層学習に関連する技術の飛躍的な進歩の要因の 1 つであるといえよう．以下で誤差逆伝播法について簡単に説明するが，より詳細について

はほかの専門書[74] を参照してほしい.

　誤差逆伝播法の説明のため, L 層ある順伝播型ニューラルネットワークで, $\mathbf{x} \in \mathbb{R}^D$ を入力とし, 実数値ラベル $y \in \mathbb{R}$ を出力するものを考える. まず, その l 層目 ($l \in [L]$) に注目する. l 層目の入力を $\mathbf{z}_l \in \mathbb{R}^{D_l}$ とし, その出力を $\mathbf{z}_{l+1} \in \mathbb{R}^{D_{l+1}}$ とする. なお, この出力は $l+1$ 層目の入力になる. 特に, $\mathbf{z}_0 = \mathbf{x}$, $\mathbf{z}_L = y$ と表されることに注意してほしい.

　各層 $l \in [L]$ は, 次で表される非線形関数とする.

$$\mathbf{u}_l = W_l \mathbf{z}_l \tag{3.17}$$

$$\mathbf{z}_{l+1} = \sigma_l(\mathbf{u}_l) \tag{3.18}$$

ここで, $W_l \in \mathbb{R}^{D_l \times D_{l+1}}$ をパラメタとし, その $(i,j) \in [D_l] \times [D_{l+1}]$ 要素を W_{lij} と表す. また, σ_l は任意の活性化関数とする. 式 (3.17), 式 (3.18) をすべての $l \in [L]$ について合成して $\mathbf{x}$ から y への関数として表したものを, $y = f(\mathbf{x}; W)$ とする.

　いま, 実数値ラベルを考えているので, 1 事例あたりの損失関数は

$$\ell(W; \mathbf{x}, y) = \frac{1}{2}(y - f(\mathbf{x}; W))^2$$

となる. 誤差逆伝播法にもとづいて, 任意のパラメタ W_{lij} について, $\dfrac{\partial \ell(W; \mathbf{x}, y)}{\partial W_{lij}}$ を計算する手順を説明する[注14]. まず

$$\frac{\partial \ell(W; \mathbf{x}, y)}{\partial W_{lij}} = \frac{\partial \ell(W; \mathbf{x}, y)}{\partial \mathbf{u}_l^\top} \frac{\partial \mathbf{u}_l}{\partial W_{lij}} = \frac{\partial \ell(W; \mathbf{x}, y)}{\partial u_{li}} \frac{\partial u_{li}}{\partial W_{lij}} \tag{3.19}$$

という関係に注目して, 微分の公式を適用する. 式 (3.19) は, $\mathbf{u}_l$ の i 番目の要素である u_{li} は W_{lij} に直接依存しているが, u_{lk} ($k \neq i$) は W_{lij} に依存していないことにもとづいている.

　次に, 式 (3.19) 右辺の各項を計算しよう. まず, 式 (3.19) の第 2 項は, 式 (3.17) の関係式を用いると

$$\frac{\partial u_{li}}{\partial W_{lij}} = z_{lj} \tag{3.20}$$

注14　1 事例あたりの損失に対する勾配が計算できれば, 複数の事例に対する勾配も計算できるため, 1 事例あたりの損失関数を考えれば十分である

となることがわかる.

　一方,式 (3.19) の第 1 項は,このまま直接計算することはできないので,さらに式変形する必要がある.ここで,$\dfrac{\partial \ell(W; \mathbf{x}, y)}{\partial u_{li}}$ は,u_{li} を微小量変動させたときの,$\ell(W; \mathbf{x}, y)$ の変動量を意味するが,式 (3.17),式 (3.18) の計算規則より,u_{li} の変動は $\mathbf{u}_{l+1}$ を経由して $\ell(W; \mathbf{x}, y)$ に伝わり,またそのほかに伝わる経路がないことがわかる.よって

$$\frac{\partial \ell(W; \mathbf{x}, y)}{\partial u_{li}} = \frac{\partial \ell(W; \mathbf{x}, y)}{\partial \mathbf{u}_{l+1}^{\top}} \frac{\partial \mathbf{u}_{l+1}}{\partial u_{li}} \tag{3.21}$$

という関係式が成り立つ.式 (3.21) 右辺の第 2 項は

$$\mathbf{u}_{l+1} = W_{l+1} \mathbf{z}_{l+1} = W_{l+1} \sigma_l(\mathbf{u}_l)$$

という関係式を使うと

$$\frac{\partial \mathbf{u}_{l+1}}{\partial u_{li}} = W_{l+1,:,i} \sigma_l'(u_{li}) \tag{3.22}$$

と計算できる.ここで $W_{l,:,i}$ は行列 W_l の i 列目を表し,σ_l' は σ_l の導関数を表す.

　また,式 (3.21) 右辺の第 1 項は,注目している勾配 $\dfrac{\partial \ell(W; \mathbf{x}, y)}{\partial u_{li}}$ の $l+1$ 層目の値であるから,式 (3.21) はその勾配についての漸化式としてみることができる.したがって,出力層での勾配 $\dfrac{\partial \ell(W; \mathbf{x}, y)}{\partial \mathbf{u}_{L-1}}$ がわかれば,式 (3.21) の漸化式と式 (3.22) の値を用いることで,各層 l で $\dfrac{\partial \ell(W; \mathbf{x}, y)}{\partial \mathbf{u}_l}$ を計算できる.さらに,これらが計算できれば,式 (3.19) にしたがって,それぞれのパラメタに関する偏微分を計算できる (**図 3.5**).

　以上の誤差逆伝播法の手続きを**アルゴリズム 3.1** に示す.

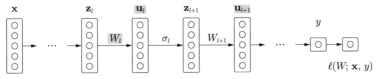

図 3.5　誤差逆伝播法の説明に用いるニューラルネットワーク

(誤差逆伝播法では，まず l 層目の重み W_l から $\ell(W; \mathbf{x}, y)$ への影響（＝偏微分）を，W_l から $\mathbf{u}_l$ への影響と，$\mathbf{u}_l$ から $\ell(W; \mathbf{x}, y)$ への影響に分ける（式 (3.19)）．さらに，$\mathbf{u}_l$ から $\ell(W; \mathbf{x}, y)$ への影響を，$\mathbf{u}_l$ から $\mathbf{u}_{l+1}$ への影響と $\mathbf{u}_{l+1}$ から $\ell(W; \mathbf{x}, y)$ への影響に分ける．こうして得られる漸化式（式 (3.21)）を用いて，$\mathbf{u}_l$ から $\ell(W; \mathbf{x}, y)$ への影響を計算する)

アルゴリズム 3.1　誤差逆伝播法

- 入力：損失関数 $\ell(W; \mathbf{x}, y)$，事例 $(\mathbf{x}, y)$，パラメタ W
- 出力：すべてのパラメタの要素に関する勾配 $\dfrac{\partial \ell(W; \mathbf{x}, y)}{\partial W_{lij}}$

1: 式 (3.17)，式 (3.18) にしたがって $\{\mathbf{u}_l\}_{l=0}^{L-1}$ と $\{\mathbf{z}_l\}_{l=0}^{L}$ を計算

2: $\dfrac{\partial \ell(W; \mathbf{x}, y)}{\partial \mathbf{u}_{L-1}}$ を計算

3: 式 (3.21)，式 (3.22) にしたがって $\left\{ \dfrac{\partial \ell(W; \mathbf{x}, y)}{\partial \mathbf{u}_l} \right\}_{l=L-1}^{0}$ を計算

4: 任意のパラメタの要素 W_{lij} について，式 (3.19)，式 (3.20) にしたがって $\dfrac{\partial \ell(W; \mathbf{x}, y)}{\partial W_{lij}}$ を計算

5: return $\dfrac{\partial \ell(W; \mathbf{x}, y)}{\partial W_{lij}}$

3.5.2　PyTorch での実装

誤差逆伝播法は，自動微分に一般化された形で PyTorch などの深層学習フレームワークに実装されている．したがって，ここでは PyTorch での自動微分の使い方をみていく．

例として 3 次元のパラメタ $\mathbf{w} \in \mathbb{R}^3$ をもつ線形回帰モデルを考える．2 事例からなるデータを

$$X = \begin{bmatrix} 1 & 2 & 3 \\ 4 & 5 & 6 \end{bmatrix}, \qquad \mathbf{y} = \begin{bmatrix} 1 \\ 2 \end{bmatrix}$$

とする．ただし，各行が各事例に相当している．損失関数を

$$L(\mathbf{w}; X, \mathbf{y}) = \frac{1}{2}(\mathbf{y} - X\mathbf{w})^\top (\mathbf{y} - X\mathbf{w}) \tag{3.23}$$

として，その $\mathbf{w}$ に関する勾配 $\dfrac{\partial \mathcal{L}(\mathbf{w}; X, \mathbf{y})}{\partial \mathbf{w}}$ の

$$\mathbf{w} = \begin{bmatrix} 1 \\ 1 \\ 1 \end{bmatrix}$$

における値を計算する．これは手計算でも簡単に計算できるので，試しに手計算してみよう．損失関数 $L(\mathbf{w}; X, \mathbf{y})$ を $\mathbf{w}$ について微分すると

$$\frac{\partial L(\mathbf{w}; X, \mathbf{y})}{\partial \mathbf{w}} = X^\top (X\mathbf{w} - \mathbf{y})$$

であるが

$$X\mathbf{w} - \mathbf{y} = \begin{bmatrix} 1 & 2 & 3 \\ 4 & 5 & 6 \end{bmatrix} \begin{bmatrix} 1 \\ 1 \\ 1 \end{bmatrix} - \begin{bmatrix} 1 \\ 2 \end{bmatrix} = \begin{bmatrix} 5 \\ 13 \end{bmatrix}$$

であるため，勾配の値は

$$\frac{\partial L(\mathbf{w}; X, \mathbf{y})}{\partial \mathbf{w}} = \begin{bmatrix} 1 & 4 \\ 2 & 5 \\ 3 & 6 \end{bmatrix} \begin{bmatrix} 5 \\ 13 \end{bmatrix} = \begin{bmatrix} 57 \\ 75 \\ 93 \end{bmatrix} \tag{3.24}$$

と計算できる．

これを PyTorch の自動微分を用いて計算するプログラムは，**リスト 3.4** のように書ける．また，その実行結果は，**リスト 3.5** のようになる．

リスト 3.4 の 4 行目までで，データ X, $\mathbf{y}$ とパラメタ $\mathbf{w}$ を定義している．また，自動微分を用いて $\mathbf{w}$ に関する勾配を計算するために，w を宣言する際に，requires_grad=True としている．

次に，5 行目で，損失関数（式 (3.23)）の値を計算している．この計算の過程で計算グラフと呼ばれる，関数の計算手順のグラフ表現がつくられる．続いて，7 行目で，損失関数の値が格納されている変数 loss に対して，backward() メソッドを適用することで，各パラメタ（今回は $\mathbf{w}$）に関する勾配の値を計算し

リスト 3.4 PyTorch を用いた自動微分のプログラム

```
1  import torch
2  X = torch.tensor([[1., 2., 3.], [4., 5., 6.]])
3  y = torch.tensor([1., 2.])
4  w = torch.tensor([1., 1., 1.], requires_grad=True)
5  loss = 0.5 * torch.sum((y - X @ w) ** 2)
6  print('loss = {}'.format(loss))
7  loss.backward()
8  print('grad = {}'.format(w.grad))
```

リスト 3.5 リスト 3.4 の実行結果

```
1  loss = 97.0
2  grad = tensor([57., 75., 93.])
```

ている．ここでは，loss の計算時につくられた計算グラフをもとに誤差逆伝播法が適用されて勾配の値が計算されている．勾配の値は，パラメタの grad という属性からアクセスできる．リスト 3.5 から，PyTorch で計算された勾配の値が式 (3.24) の手計算で得た値と一致することがわかる．

なお，実際のモデルの学習時には勾配の値を直接使うことはなく，後述のように確率的勾配降下法を実現するプログラムの中で陰に勾配の値が使われている．

3.5.3　確率的勾配降下法

式 (3.5)（55 ページ）で定義される経験損失最小化問題を解くためのアルゴリズムについて説明する．前述のとおり，特別な場合を除いて経験損失最小化問題は解析的に解くことができないので，かわりに勾配法などで数値的に最適解を計算する必要がある．なかでも，よく使われる手法が**確率的勾配降下法**（stochastic gradient descent; SGD）である．

確率的勾配降下法の説明に入る前に，まず勾配法の最も基本的なアルゴリズムである**最急降下法**（gradient descent）を説明する．これは，目的関数の最小化を行うためのアルゴリズムで，目的関数のパラメタに関する勾配とは逆の方向にパラメタを更新することを繰り返す．例えば，式 (3.5) の最適化問題の場合，適当な初期値 $\theta^{(0)} \in \Theta$ から始め，$k = 0, 1, \dots, K-1$ について

$$\theta^{(k+1)} \leftarrow \theta^{(k)} - \alpha_k \frac{\partial L(\theta^{(k)}; \mathcal{D})}{\partial \theta}$$

とパラメタ θ を更新していき，最終的に得られた $\theta^{(K)}$ を最適解の近似値として出力する．ここで，$\alpha_k \in \mathbb{R}_{>0}$ を**学習率**（learning rate）と呼ぶ．これはパラメタの更新の大きさを調整するハイパーパラメタで，大きい値を使うと早く最適解近くに移動できる一方，大き過ぎる値を使うと最適解近くでの収束が悪くなるばかりでなく，発散することもあるため，適切に定める必要がある．その定め方については後述する．

最急降下法では，繰返しごとに目的関数の勾配

$$\frac{\partial L(\theta; \mathcal{D})}{\partial \theta} = \frac{1}{|\mathcal{D}|} \sum_{(x,y) \in \mathcal{D}} \frac{\partial \ell(\theta; x, y)}{\partial \theta}$$

を計算する必要があるが，その計算時間はデータセットのサイズに比例するので，データセットのサイズが大きくなればなるほど1回の更新に必要な計算時間が長くなる．このため，巨大なデータセットを用いると，更新ごとに膨大な時間がかかることになってしまう．しかし，後述するように，過剰適合などの問題から，機械学習では必ずしも経験損失を最小化するパラメタを厳密に求める必要はなく，経験損失をそこそこ小さくする妥当なパラメタが求められれば十分であることが指摘されている．よって，全データセットを用いて勾配を厳密に計算する必要はなく，この計算コストを削減したうえでだいたいの勾配を推定できれば実用上は問題ないと考えられる．この発想にもとづく手法が確率的勾配降下法である．

確率的勾配降下法は，真の勾配 $\dfrac{\partial L(\theta; \mathcal{D})}{\partial \theta}$ のかわりに，その不偏推定量[注15]を用いて勾配法を行うものである．真の勾配ではなく勾配の推定量を用いるため，厳密に勾配法を実行することはできないが，その分，通常の勾配法よりも高速に実行できることが大きな利点である．具体的には，入力と出力の対をデータセットからランダムにとってきたもの（これは確率変数として表現できる）を $(X, Y) \sim \mathcal{D}$ とすると，$\dfrac{\partial \ell(\theta; X, Y)}{\partial \theta}$ は真の勾配の不偏推定量とな

注15 　ある統計量 τ に対する推定量 $\hat{\tau}(\varepsilon)$（ここで ε は推定量の計算に使われる確率変数を表す）が $\mathbb{E}_\varepsilon \hat{\tau}(\varepsilon) = \tau$ を満たすとき，その推定量は**不偏推定量**（unbiased estimator）であるという．

アルゴリズム 3.2　確率的勾配降下法

- 入力：損失関数 $\ell(\theta; x, y)$, 初期値 $\theta^{(0)}$, サンプル $\mathcal{D}$, 学習率 $\{\alpha_k\}_{k=0}^{K-1}$
- 出力：$\theta^{(K)}$

1: **for** $k = 0, 1, \ldots, K - 1$ **do**
2: 　　$(X, Y) \sim \mathcal{D}$
3: 　　$\theta^{(k+1)} \leftarrow \theta^{(k)} - \alpha_k \frac{\partial \ell(\theta; X, Y)}{\partial \theta}$
4: **return** $\theta^{(K)}$

る注16ため，確率的勾配降下法では真の勾配のかわりにこれを用いて勾配法を
実行する．確率的勾配降下法を用いた最適化の手続きを**アルゴリズム 3.2** に
示す．

確率的勾配降下法では勾配計算の時間がデータセットのサイズに依存しない
ため，単位時間あたりのパラメタの更新回数を多くすることができる．これに
よって，より短い計算時間でよりよい解を得ることが期待できる．ここで，勾
配をその推定量に置き換えると，もとの最適化問題（式 (3.5)）を厳密に解く
ための繰返し回数 K が増えることが懸念されるが，そもそも本来解きたかっ
た最適化問題は経験損失の最小化ではなく，式 (3.3)（54 ページ）の期待損失
の最小化であり，この最適化問題をどの程度うまく解けるかという観点からみ
ると，経験損失最小化問題（式 (3.5)）を厳密に解く必要はないとされている．
以上のような理由で，最適化アルゴリズムとして，確率的勾配降下法やそれを
もとにした手法が広く使われている．実際，サンプルサイズを N として，経
験損失を $O(\frac{1}{N})$ に低下させるために必要な計算時間は，とある設定のもとでは
最急降下法が $O(N \log N)$ であるのに対して，確率的勾配降下法は $O(N)$ で
あり [4]，「妥当な解」を見つけるためには確率的勾配降下法のほうが優位であ
るといえる．

注16　これが不偏推定量であることは

$$\mathbb{E}_{(X,Y)\sim\mathcal{D}} \left[\frac{\partial \ell(\theta; X, Y)}{\partial \theta} \right] = \frac{1}{|\mathcal{D}|} \sum_{(x,y)\in\mathcal{D}} \frac{\partial \ell(\theta; x, y)}{\partial \theta} = \frac{\partial L(\theta; \mathcal{D})}{\partial \theta}$$

であることからわかる．

3.5.4 ミニバッチ化

アルゴリズム 3.2 では 1 つのデータで勾配を推定していたが，複数のデータを用いれば，より勾配推定の精度が上がると考えられる．このように複数のデータを用いて推定した勾配による勾配降下法を**ミニバッチ勾配降下法**（mini-batch gradient descent）と呼び，ここで勾配推定に用いられる複数のデータのことを**ミニバッチ**（mini-batch）という．直感的には，サイズ B のミニバッチを用いることで，勾配の推定量の標準偏差を $\frac{1}{\sqrt{B}}$ 倍にできると考えられ，それによって計算時間は B 倍になるものの，より少ない繰返し回数で所望の損失を達成できることが期待できる．

ミニバッチ勾配降下法とすることによって増える計算時間は，GPU（graphics processing unit）などを用いて並列計算すれば，ある程度解消できる．したがって，ミニバッチサイズ B は計算時間や GPU のメモリサイズ，性能向上度合いなどを勘案して決めるが，実用的には 10^1 から 10^2 のオーダとすることが多い．

3.5.5 学習率の決め方

アルゴリズム 3.2 では，学習率 $\{\alpha_k\}_{k=0}^{K-1}$ をアルゴリズムの入力として与えられるものとしているが，実際にはどのように定めればよいだろうか．一般に，パラメタの各次元で，同じ学習率を使うのは好ましくないことが多い．なぜなら，パラメタの各次元を同じ量だけ動かしたとしても，損失関数の変化量はそれぞれ異なるからである．さらに，学習率は一定の値のものを使い続けるよりも，状況に応じて値を上下させることが望ましい．例えば，学習の初期段階では，目的関数の値をすばやく小さくするために大きい学習率を使いたいし，学習の後半では，ここまでで得られている，そこそこよい解の近傍でよりよい解を探すために小さい学習率を使いたくなる．よって，学習率を決める際には，パラメタの各次元の損失に対する鋭敏さを考慮しつつ，学習段階に応じて適切に学習率を調整する必要がある．

パラメタの各次元の損失に対する鋭敏さを考慮した学習率の決定方法として，オンライン最適化の分野でさまざまな提案がなされている．例えば，AdaGrad[11] は，それまでに更新に用いた勾配の累積 2 乗和を用いて，次元ごとに学習率を調整している．また，RMSprop[25] は，AdaGrad を改良したも

ので，AdaGrad のようにすべての勾配を用いるかわりに移動平均を用いて，次元ごとに学習率を調整している．さらに，Adam[32] は，RMSprop を拡張して，**モメンタム**（momentum）と呼ばれるテクニックを盛り込んでいる．モメンタムは，パラメタの更新量を計算する際に，1 つ前のパラメタの更新量の一部をパラメタの更新量に加算する方法であり，いわばパラメタの更新に慣性力をかけることでより高速に収束させることを狙っている．これらの手法は多くの深層学習フレームワークですでに実装されているため，ほとんどの場合は使用する手法と学習率の初期値 $\alpha_0 > 0$ を決めるだけで利用することができる．学習率の初期値については，1 回の学習にかけられる時間と，達成したい性能に応じて試行錯誤しながら決定することが多い．

3.5.6　PyTorch での実装

リスト 3.3 で定義したモデルと人工データを用いて，誤差逆伝播法にもとづいて勾配を推定し，確率的勾配降下法にもとづいてパラメタを更新するまでを PyTorch で実装する（**リスト 3.6**）．これによって，リスト 3.3 で定義したモデルの学習ができる．誤差逆伝播法を実装する際にはリスト 3.4 と同じく backward() メソッドを使えばよい．以下，リスト 3.3 との差分に注目して説明する．

リスト 3.6　PyTorch を用いた確率的勾配降下法のプログラム

```
1  import matplotlib.pyplot as plt
2  import torch
3  from torch import nn
4  from torch.utils.data import TensorDataset, DataLoader
5
6  class FeedforwardNeuralNetwork(nn.Module):
7
8      def __init__(self, in_dim, hidden_dim):
9          super(FeedforwardNeuralNetwork, self).__init__()
10         self.fnn = nn.Sequential(
11             nn.Linear(in_dim, hidden_dim),
12             nn.ReLU(),
13             nn.Linear(hidden_dim, 1))
14
15     def forward(self, x):
16         return self.fnn(x)
17
18 torch.manual_seed(0)
```

```
19  sample_size = 1000
20  in_dim = 2
21  X = torch.randn((sample_size, in_dim))
22  w = torch.randn(in_dim)
23  y = torch.sin(X @ w).reshape(-1, 1)
24  dataset = TensorDataset(X, y)
25  dataloader = DataLoader(dataset, batch_size=32, shuffle=True)
26
27  model = FeedforwardNeuralNetwork(in_dim=in_dim, hidden_dim=10)
28  loss_func = nn.MSELoss()
29  optimizer = torch.optim.Adam(model.parameters(), lr=1e-2)
30  n_step = 0
31  loss_list = []
32  for each_epoch in range(100):
33      for each_X, each_y in dataloader:
34          each_pred = model.forward(each_X)
35          loss = loss_func(each_pred, each_y)
36          optimizer.zero_grad()
37          loss.backward()
38          optimizer.step()
39          n_step += 1
40          if n_step % 100 == 0:
41              print('step: {},\t\tloss: {}'.format(n_step,
    loss.item()))
42              loss_list.append((n_step, loss.item()))
43
44  y_pred = model.forward(X)
45  vmin = min(y.min(), y_pred.min())
46  vmax = max(y.max(), y_pred.max())
47  fig, (ax1, ax2) = plt.subplots(1, 2, sharey=True, figsize=(15, 6))
48  im = ax1.scatter(X[:, 0], X[:, 1], c=y,
49                   cmap='gray', vmin=vmin, vmax=vmax)
50  ax1.set_title('Ground truth')
51  im = ax2.scatter(X[:, 0], X[:, 1], c=y_pred.detach().numpy(),
52                   cmap='gray', vmin=vmin, vmax=vmax)
53  ax2.set_title('Prediction')
54  fig.colorbar(im, ax=ax2)
55  plt.savefig('sgd.pdf')
56  plt.clf()
57
58  fig, ax = plt.subplots(1, 1)
59  ax.plot(*list(zip(*loss_list)))
60  ax.set_title('Loss')
61  ax.set_xlabel('# of updates')
62  ax.set_ylabel('Loss')
63  plt.savefig('sgd_loss.pdf')
64  plt.clf()
```

　まず，生のデータセット (X, y) を，TensorDataset クラスを用いて，PyTorch でのデータセットに変換し，さらに DataLoader クラスを用いてデータローダと呼ばれるオブジェクトをつくっている（19〜25 行目）．データローダは，確率的勾配降下法で必要となるデータセットのシャッフルやミニバッチ化にまつわる操作などを備えており，これを用いるとデータ操作まわりの実装が簡単になる．シャッフルやミニバッチ化に関しては，データローダをつくる際の引数を指定することで，これらの操作に関する設定をすることができる．リスト 3.6 では，データの順番をシャッフルする（shuffle=True）として，ミニバッチのサイズを $B = 32$ としている（batch_size=32）．こうしてできた dataloader を，for 文のような繰返し処理（33 行目）で用いることで，32 事例ずつランダムな順番でデータを呼び出すことができる．

　それに引き続いて，確率的勾配降下法にもとづいて最適化を行っている箇所では，モデルのインスタンス（model）をつくった（27 行目）後，損失関数のインスタンス[注17]（loss_func）をつくっている（28 行目）．ここでは実数値ラベルを考えているため，2 乗損失（nn.MSELoss）を用いている．

　さらに，確率的勾配降下法を実行するためのインスタンス（optimizer）も生成している（29 行目）．PyTorch では torch.optim 以下にさまざまな確率的勾配降下法のアルゴリズムが実装されている．多くの場合，Adam にもとづく手法が使われるため，本書でもそれにならって torch.optim.Adam クラスを用いてインスタンスを生成している．インスタンスを生成する際に，最適化問題における変数を指定する必要があるが，今回はモデルのパラメタを動かして最適化したいため，モデルのパラメタを変数として指定する．モデルのパラメタは model.parameters() を実行すると得ることができるため，これを渡している．

　この最適化インスタンス optimizer は，誤差逆伝播法，つまり backward() メソッドを実行するたびに勾配の値を蓄積するため，必要に応じて optimizer.zero_grad() を実行して勾配の蓄積値を 0 にする必要がある．リスト 3.6 では，34〜38 行目で誤差逆伝播法，および，確率的勾配降下法の 1 ステップを実行している．ここでは，まずモデルを用いて予測値 each_pred

---

[注17]　損失関数自体をモデルの中に組み込むこともあるが，ここではモデルの外に配置している．

を得て，それと真値 each_y から損失関数の値 loss を計算している．次に，誤差逆伝播法で勾配の値を計算する前に optimizer.zero_grad() を実行し，最適化インスタンスの勾配の蓄積値を 0 にしている．その後，loss.backward() でパラメタに関する勾配を計算し，optimizer.step() で蓄積した勾配をもとにしてパラメタを更新している．このように，最適化部分はモデルの実装に依存しない形で書けることが多く，さまざまなタスクで共通のコードを使い回すことも多い．

3.5.7 実行例

　図3.6 に，人工データの真値（a）と，学習後のモデルによる予測値（b）を比較して示す．ここではリスト 3.3 で定義したモデルと同様のモデルをリスト 3.6 によって訓練し，訓練で用いたデータそれぞれの目的変数の値を予測した．図3.4（72 ページ）と比べて，学習後は真値に近い予測値が得られていることがわかる．これは，学習による損失関数の値の変化（これを**学習曲線**（learning curve）と呼ぶ）をみることでもわかる．**図3.7** の学習曲線をみると，およそ 300 回更新後，損失関数の値は 0.01 あたりに落ち着くことがわかる．この値は，1 事例あたり ±0.1 程度の誤差があることに相当するが，もとのデータは $[-1, 1]$ の範囲の値をとることを考えると，およそ 10%程度の誤差である．用途に応じて許容される誤差が異なるため一概にはいえないが，ある程度訓練データを再現できているといえる．

　ただし，ここで計算しているのは訓練データに対する損失関数の値であり，いわば既知のデータをどの程度再現できるかを測っているに過ぎず，未知のデータに対する予測性能を推定したものではないことに注意してほしい．訓練データに対する損失関数の値をみると，学習アルゴリズムがうまく動いているかどうかを確認できるが，過剰適合（3.7 節参照）などの問題により，未知のデータに対する予測がうまくいくかどうかの判定には必ずしも使うことはできない．予測性能を評価する際には，訓練データとは別のデータを用いて性能を推定する必要がある．詳しくは 3.6.2 項で説明する．

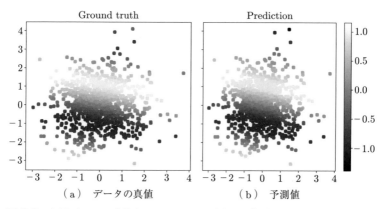

（a）　データの真値　　　　　（b）　予測値

図 3.6　人工データの真値と，リスト 3.6 を用いて学習したニューラルネット
　　　　ワークによる予測値の比較
（散布図の各点はデータセットの各事例に対応し，濃さが目的変数の値に対応している．
（a）と（b）を比べると，真値と近い予測値が得られているため，学習アルゴリズムがう
まく動いていることがわかる）

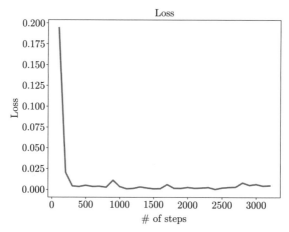

図 3.7　順伝播型ニューラルネットワークの学習曲線
（ここでは訓練損失のみを図示しており，未知のデータに対する予測性能とは必ずしも
一致しない）

3.6 評 価

　ここまでで，訓練データで計算される経験損失を最小化することで，予測分布 $p_{\hat{\theta}}(y \mid x)$ や予測器 $\hat{y}(x)$ を学習できることをみてきた．本節では，そのようにして得られる予測分布や予測器の予測性能を測る方法を説明する．

3.6.1 評価指標

　予測分布 $p_{\hat{\theta}}$，あるいは予測器 $\hat{y}(x)$ の性能は，訓練に使用していない未知のデータに対する予測性能で測ることが多い．つまり，真の確率分布にしたがう入出力ペア $(X, Y) \sim p_{X,Y}$ に対して，$\hat{y}(X)$ が Y に近いほど性能が高いとする．したがって，評価指標は抽象的には次のように定義される．

> **定義 3.2（評価指標）**
> 　予測分布 $p_{\hat{\theta}}$ と真の確率分布 $p_{X,Y}$ を受け取って実数値を返す関数 $J(p_{\hat{\theta}}, p_{X,Y})$，または，予測器 $\hat{y}$ と真の確率分布 $p_{X,Y}$ を受け取って実数値を返す関数 $J(\hat{y}, p_{X,Y})$ を**評価指標**という．

　評価指標の具体例をあげるのに先立って，注意点を 2 つ述べる．

　まず，定義 3.2 より明らかだが，データのしたがう真の確率分布 $p_{X,Y}$ は未知であり，実際には定義 3.2 にしたがう評価指標をそのまま計算することはできない．かわりに，評価指標の推定をすることになるが，これについては 3.6.2 項で説明する．

　また，評価指標は正しいものがただ 1 つ存在するようなものではなく，目的に応じて適切な評価指標を選ぶ必要がある．よって本節では，評価指標の定義とともに，その評価指標を使うべき状況についても説明する．

(1) 目的変数によらず使える評価指標

　教師あり学習の目的関数として期待損失（式 (3.3)，54 ページ）を用いることから，これを評価指標として用いるというのは自然な発想であろう．

　この期待損失にもとづく評価指標は

$$J_{\text{Loss}}(p_{\hat{\theta}}, p_{X,Y}) := \mathbb{E}_{(X,Y)\sim p_{X,Y}} \left[- \log p_{\hat{\theta}}(Y \mid X) \right] \tag{3.25}$$

と定義される．式 (3.25) の $J_{\mathrm{Loss}}(p_{\widehat{\theta}}, p_{X,Y})$ の値が低いほど予測性能がよいと考えられる．予測分布の学習アルゴリズムでは，期待損失のかわりに経験損失 $L(\theta; \mathcal{D})$ を最小化してパラメタ $\widehat{\theta}$（式 (3.5)）を求めていたため，そこで得られた最適解 $\widehat{\theta}$ が期待損失の最小値を達成するとは限らず，式 (3.25) の期待損失の値を計算・推定することで，実際の予測性能を見積もることができる．

　期待損失は，目的変数の種類によらず使える点では有用であるが，評価指標の値の解釈が難しいことがある．目的変数 y が実数値をとる場合は，期待損失は後に紹介する平均 2 乗誤差と定数倍を除いて一致するため解釈が容易だが，目的変数が離散値をとる場合は，交差エントロピー損失と一致することとなり，その値を直感的に理解することは容易ではない．よって目的変数が離散値をとる場合は，（評価指標の値を直感的に理解する必要がない場合を除いては）以下で説明するほかの評価指標を用いることが多い．

(2)　目的変数が実数の場合に使える評価指標

　目的変数が実数値をとる場合，**平均 2 乗誤差**（mean squared error; **MSE**）や，その平方根である**平均平方 2 乗誤差**（root-mean-square error; **RMSE**）を使うことが多い．これらはそれぞれ

$$J_{\mathrm{MSE}}(\widehat{y}, p_{X,Y}) \quad = \mathbb{E}_{(X,Y)\sim p_{X,Y}}(Y - \widehat{y}(X))^2$$
$$J_{\mathrm{RMSE}}(\widehat{y}, p_{X,Y}) = \sqrt{\mathbb{E}_{(X,Y)\sim p_{X,Y}}(Y - \widehat{y}(X))^2}$$

と定義される．

　式 (3.4) に示したような損失関数を使った場合，期待損失と MSE は

$$J_{\mathrm{MSE}}(\widehat{y}, p_{X,Y}) = 2J_{\mathrm{Loss}}(\widehat{y}, p_{X,Y})$$

の関係があるため，これらは定数倍の違いを除いて等価になる．

　また，MSE の単位は y の単位の 2 乗となるのに対して，RMSE は y と同じ単位となるように，平方根をとって調整している．よって RMSE のほうが，人間が解釈しやすい評価指標であるといえる．

　MSE も RMSE も 2 乗誤差にもとづく評価指標であるが，予測誤差が外れ値的に大きい事例が含まれるとその影響を強く受けて，評価指標の値が不自然に大きい値をとることが問題となる．外れ値に頑健な評価指標としては，2 乗誤差のかわりに絶対値誤差を用いる**平均絶対誤差**（mean absolute error; **MAE**）

が知られている．これは

$$J_{\mathrm{MAE}}(\widehat{y}, p_{X,Y}) = \mathbb{E}_{(X,Y) \sim p_{X,Y}} |Y - \widehat{y}(X)| \tag{3.26}$$

と定義される．例えば，$y - \widehat{y}(x) = 5$ となる事例において，2 乗誤差では 25 の損失となるのに対して絶対誤差では 5 の損失となるから，絶対誤差を用いたほうが外れ値的な事例の評価指標への影響が小さいことがわかる．

このような複数の評価指標を使い分ける際のポイントは，予測値の満たすべき要件と，予測誤差 $Y - \widehat{y}(X)$ の分布の性質（外れ値の有無）を見きわめることである．少数の外れ値的な予測誤差が許容されるような応用であったり，外れ値的な予測誤差を無視して評価を行いたい場合には，外れ値に頑健な MAE（式 (3.26)）を用いることが考えられる[注18]．それ以外の多くの場合では，MSE または RMSE を使うのがよいだろう．

(3) 目的変数が 2 値の場合に使える評価指標

目的変数が 2 値ラベル $\{0, 1\}$ の場合の評価指標をいくつか説明する．

正答率（accuracy）とは，予測のうち真のラベルと一致する予測の割合であり

$$J_{\mathrm{Accuracy}}(\widehat{y}, p_{X,Y}) = \mathbb{P}_{(X,Y) \sim p_{X,Y}} [Y = \widehat{y}(X)] \tag{3.27}$$

と表される．

適合率（precision）は，予測ラベルが 1 のもののうち，真のラベルも 1 になるものの割合であり

$$J_{\mathrm{Precision}}(\widehat{y}, p_{X,Y}) = \mathbb{P}_{(X,Y) \sim p_{X,Y}} [Y = 1 \mid \widehat{y}(X) = 1] \tag{3.28}$$

と表される．

再現率（recall）は，真のラベルが 1 のもののうち，予測ラベルが 1 のものの割合であり

$$J_{\mathrm{Recall}}(\widehat{y}, p_{X,Y}) = \mathbb{P}_{(X,Y) \sim p_{X,Y}} [\widehat{y}(X) = 1 \mid Y = 1] \tag{3.29}$$

と表される．適合率と再現率の違いについて**図 3.8** に示す．

[注18] 外れ値的な予測誤差が存在することを明記しないまま MAE を用いることは，外れ値が存在することを隠すことになり，誤解につながる恐れがあるため，MAE を用いている根拠を添えることが望ましい．

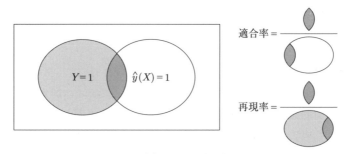

図 3.8　適合率と再現率の概念図

(適合率は 1 と予測した事例のうち，実際にラベルが 1 の事例の割合を表し，再現率はラベルが 1 の事例のうち，1 と予測できた事例の割合を表す)

　上記のいずれの評価指標も $[0, 1]$ の範囲の値をとり，数値が大きいほどよいことを表す指標である．このうち，正答率が最も自然な評価指標のように思えるが，場合によっては正答率の値が実際の性能を反映しないことがある．その典型例として，ラベル比率が不均衡なデータセットがあげられる．現実にみられるデータでは正例（ラベルが 1 の事例）が少ないことも多く，例えば全データのうち 5％のみが正例で，ほかはすべて負例（ラベルが 0 の事例）という不均衡なデータセットもよくみられる．この場合，常に 0 と予測する自明な予測分布であっても正答率は 95％になるから，自明なベースライン（95％）が高過ぎて性能の改善幅が評価しづらくなる．さらに，このような自明なベースラインの存在に気づかなければ，実際は意味のない予測をしているにもかかわらず非常に高い性能の予測器ができたと誤解することもありうる．

　このため，ラベル比率が不均衡な場合，適合率と再現率の両者を用いて性能評価を行うことが多い．先の 5％のみ正例の状況で予測器が常に 0 と予測する場合，適合率は定義不能で再現率は 0 となる．よって，この自明なベースラインの性能は低いと結論付けることができる．逆に 5％のみ正例の状況で予測器が常に 1 と予測する場合を考えてみると，再現率は 1 となるが，適合率は 0.05 となる．したがって，適合率と再現率の両方を考慮することで，このもう 1 つの自明なベースラインの性能も低いと結論付けられる．このように適合率と再現率は一方がよければもう一方が悪くなるというトレードオフの関係にあり，両者のバランスを考えながら評価することで，不均衡ラベルの場合にも有意義な性能評価ができる．

　適合率と再現率のどちらをより重視して評価するかは個々の問題に依存する．例えば物質の毒性の有無（毒性ありを正例とする）を予測したい場合，本当は毒がある物質を無毒と予測してしまうことは極力避けなければならないから，毒がない物質でも誤って有毒と予測することはある程度は許容できる．このような場合，適合率より再現率を重視することになる．逆に，薬の有効性（効果ありを正例とする）を予測したい場合，効果がありそうな薬は実際に合成して，実験で効果を確かめることになるから，効果のない物質まで合成して実験することを少なくしようとすると，はじめの例よりは適合率を重視することになる．

　また，適合率と再現率を 1 つの数値に統合した **F 値**（F-measure/F-score/F1-score）と呼ばれる評価指標を使うこともある．これは適合率と再現率の調和平均であり

$$J_{F_1}(\widehat{y}, p_{X,Y}) = \frac{2}{J_{\mathrm{Precision}}(\widehat{y}, p_{X,Y})^{-1} + J_{\mathrm{Recall}}(\widehat{y}, p_{X,Y})^{-1}}$$

と表される．

　ここまで説明してきた評価指標は，予測器 $\widehat{y}$ に対して定義される評価指標であった．一方，予測分布 $p_{\widehat{\theta}}(y \mid x)$ に対して定義される評価指標として，**ROC 曲線下面積**（area under the curve; **AUC**）が知られている．

　まず，予測器ではなく予測分布に対して評価指標を定義する動機について説明する．2 値ラベルの場合，予測器は予測分布としきい値 $\tau \in [0, 1]$ を用いて

$$\widehat{y}(x) = \begin{cases} 1 & (p_{\widehat{\theta}}(y = 1 \mid x) > \tau) \\ 0 & （それ以外） \end{cases}$$

と定義されることが多い．したがって，τ の値によって 1 つの予測分布から異なる複数の予測器が得られることになり，予測器に対する評価指標で評価する際には，どのしきい値を用いるかによって得られる値が変わってしまう．一方，予測分布を用いた評価指標であれば上記のようなしきい値が存在しないため，しきい値を決めずとも性能を評価することができる．

　AUC は，トレードオフの関係にある評価指標の対をグラフの横軸と縦軸にとり，しきい値 τ を変化させて得られるグラフの下部分の面積として定義される．定義から明らかなように，AUC は特定のしきい値 τ に依存しないのが特長である．

表 3.1　真のラベルと予測分布の確率値の例

真のラベル	1	1	0	1	0	1	0	0
予測分布の確率値	1.0	0.9	0.8	0.7	0.4	0.3	0.2	0.0

以下では代表的な AUC として，**ROC 曲線**（receiver operatorating characteristic curve）を用いて定義される AUC について説明する．ROC 曲線は，真陽性率と偽陽性率という 2 つの評価指標を用いて定義される．**真陽性率**（true positive rate）は，真のラベルが 1 の事例のうち，1 と予測できた割合に相当する．対して，**偽陽性率**（false positive rate）は，真のラベルが 0 の事例のうち，間違えて 1 と予測した割合に相当する．真陽性率は高いほどよいことを表す一方，偽陽性率は低いほどよい．

例えば，**表 3.1** のサンプルで $\tau = 0.5$ というしきい値を用いた場合，予測分布の確率値が 0.5 より大きい事例に対しては 1 と予測し，0.5 以下の事例に対しては 0 と予測することになるから，真陽性率は $\frac{3}{4}$ となり，偽陽性率は $\frac{1}{4} = 0.25$ となる．

ここで，それぞれの定義から明らかなように，しきい値 τ を 0 から 1 へと大きくしていくと真陽性率は 1 から 0 へと減少し，偽陽性率も 1 から 0 へと減少するが，理想的には，真陽性率が減少するよりも早く偽陽性率が下がることが望ましい．なぜならば，真陽性率は高いほどよい指標であるが，偽陽性率は低いほどよい指標であり，できるだけ両者の指標を両立したいからである．

ROC 曲線は，真陽性率と偽陽性率の適切なバランスを視覚的に把握するために，縦軸を真陽性率，横軸を偽陽性率として，τ を 0 から 1 まで動かして描いた曲線である．$\tau = 0$ のときは，すべて正例と予測するため真陽性率も偽陽性率も 1 となり，グラフの $(1, 1)$ を通ることがわかる．また $\tau = 1$ のときは，すべて負例と予測するため真陽性率も偽陽性率も 0 となり，グラフの $(0, 0)$ を通ることがわかる．このように，ROC 曲線は $(1, 1)$ から $(0, 0)$ を結ぶ曲線となる．

ROC 曲線が左上にせり出した形となるほど，どのしきい値をとっても真陽性率が高く，かつ，偽陽性率が低くなるため，よい予測分布であるといえる．実際，正例と負例を完璧に分離できるしきい値が存在するような予測分布に対して ROC 曲線を描くと，グラフの外枠の左端と上端に張り付いたような曲線形になる．このときの AUC は 1.0 である．逆に，完全ランダムな予測分布に

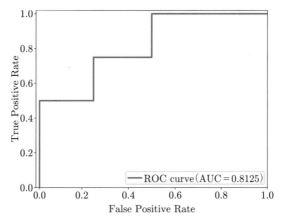

図 3.9 表 3.1 のサンプルに対する ROC 曲線

対して ROC 曲線を描くと，$y = x$ の直線形となる．このときの AUC は 0.5 である．つまり，ROC 曲線を用いて定義される AUC は，ROC 曲線の左上にせり出した度合いを定量化しており，これが 1 に近いほど，予測分布がよいことを表している．

また，ROC 曲線を用いて定義される AUC は，次式を計算することによっても求めることができる[23]．

$$J_{\mathrm{AUC}}(p_{\hat{\theta}}, p_{X,Y}) = \mathbb{P}_{\substack{(X,Y) \sim p_{X,Y} \\ (X',Y') \sim p_{X,Y}}} \left[p_{\hat{\theta}}(X) > p_{\hat{\theta}}(X') \mid Y = 1, Y' = 0 \right] \tag{3.30}$$

式 (3.30) は，ランダムに正例と負例をとったとき，正例に対する予測分布の確率値が，負例に対する予測分布の確率値よりも大きくなる確率と，AUC が等しいことを意味している．また，このように具体的な数式で AUC が書けることから，式 (3.30) をもとに，AUC を直接最大化するような学習アルゴリズムをつくることが可能である[71]．

最後に具体例を用いて ROC 曲線や AUC を求めてみよう．表 3.1 のサンプルを用いた ROC 曲線を**図 3.9** に示す．図 3.9 の例で AUC を計算すると

$$\mathrm{AUC} = 0.5 \times 1.0 + 0.75 \times 0.25 + 0.5 \times 0.25 = 0.8125$$

となる．

（4）　多値ラベルの場合に使える評価指標

多値ラベル $\mathcal{Y} = \{0, 1, \ldots, C-1\}$ に使える評価指標は，2 値ラベルに対する評価指標を拡張して定義することができる．すなわち，あるラベル $c \in \mathcal{Y}$ に注目すれば，「ラベル c」，「それ以外のラベル」という 2 値ラベルが定義できるから，あとは各 c について，2 値ラベルに対する評価指標を計算すればよい．例えばこの方法で，各 $c \in \{0, 1, \ldots, C-1\}$ と予測器 $\widehat{y} \colon \mathcal{X} \to \mathcal{Y}$ に対して

$$J_{\text{Precision}}^{(c)}(\widehat{y}, p_{X,Y}) = \mathbb{P}_{(X,Y)\sim p_{X,Y}}\left[Y = c \mid \widehat{y}(X) = c\right]$$

$$J_{\text{Recall}}^{(c)}(\widehat{y}, p_{X,Y}) \;\; = \mathbb{P}_{(X,Y)\sim p_{X,Y}}\left[\widehat{y}(X) = c \mid Y = c\right]$$

と適合率と再現率を定義することができる．

このようにすると，C 個の評価指標が得られるが，複数手法の性能比較をしたり，ある手法の性能を直感的に把握したりするうえでは，さらにそれらを 1 つにまとめた評価指標が定義されているほうが望ましい．**マクロ平均**（macro-average）は，複数のクラスに対する評価指標を，算術平均を用いて 1 つの値に統合する方法である．例えば適合率と再現率に対しては，**マクロ平均適合率**（macro-averaged precision）および**マクロ平均再現率**（macro-averaged recall）を

$$J_{\text{Precision}}^{(\text{M})}(\widehat{y}, p_{X,Y}) = \frac{1}{|\mathcal{Y}|} \sum_{c \in \mathcal{Y}} J_{\text{Precision}}^{(c)}(\widehat{y}, p_{X,Y})$$

$$J_{\text{Recall}}^{(\text{M})}(\widehat{y}, p_{X,Y}) \;\; = \frac{1}{|\mathcal{Y}|} \sum_{c \in \mathcal{Y}} J_{\text{Recall}}^{(c)}(\widehat{y}, p_{X,Y})$$

と定義できる．このようなマクロ平均による評価指標の統合は，直感的に理解しやすいと思われるが，各クラスの評価指標に対して等しい重みで平均をとっているため，サンプルサイズが小さいクラスの評価指標が与える影響は相対的に大きくなってしまう．

各クラスのサンプルサイズを用いてマクロ平均法を補正する統合法が**重み付きマクロ平均**（weighted macro-average）である．例えば適合率と再現率を重み付きマクロ平均で統合すると

$$J_{\text{Precision}}^{(\text{WM})}(\widehat{y}, p_{X,Y}) = \mathbb{E}_{C\sim p_Y}\left[J_{\text{Precision}}^{(C)}(\widehat{y}, p_{X,Y})\right]$$

$$J_{\text{Recall}}^{(\text{WM})}(\widehat{y}, p_{X,Y}) \;\; = \mathbb{E}_{C\sim p_Y}\left[J_{\text{Recall}}^{(C)}(\widehat{y}, p_{X,Y})\right]$$

が得られる.

対して, **マイクロ平均** (micro-average) とは, C 個の 2 値分類問題を統合して 1 つの擬似的な 2 値分類問題をつくり, そのうえで 2 値ラベルに対する評価指標を計算するという手法である. すなわち, 各 $c \in \mathcal{Y}$ に対して「ラベル c」「それ以外のラベル」を分類する 2 値分類問題を考え, ラベル c を 1, それ以外のラベルを 0 とする. これによって, 形式上は 0/1 ラベルの 2 値分類問題となり, 式 (3.28) および式 (3.29) が計算できる. ただし, 多値ラベルを直接出力する予測器 $\widehat{y} \colon \mathcal{X} \to \mathcal{Y}$ では, 次式のとおり, マイクロ平均法で得られる正答率, 適合率, 再現率はすべて同じ値となる.

$$J_{\mathrm{Micro}}(\widehat{y}, p_{X,Y}) = \mathbb{P}_{(X,Y) \sim p_{X,Y}}\left[Y = \widehat{y}(X)\right]$$

3.6.2 評価指標の推定

前項で説明した評価指標 $J(\widehat{y}, p_{X,Y})$ または $J(p_{\widehat{\theta}}, p_{X,Y})$ はすべて真の分布 $p_{X,Y}$ に依存した統計量だった. しかし, 真の分布は未知であることが多いため, 本項では, このような統計量をデータから推定する方法について説明する. 具体的には, 真の分布に i.i.d. にしたがうサンプル $\mathcal{D} = \{(x_n, y_n)\}_{n=1}^{N}$ を用いて推定する. 以下では $J(\widehat{y}, p_{X,Y})$ の推定について述べるが, $J(p_{\widehat{\theta}}, p_{X,Y})$ でも同様の方法で推定できる.

(1) プラグイン推定量

サンプル $\mathcal{D}$ から得られる経験分布を $\widehat{p}_{X,Y}(x, y; \mathcal{D})$ とする (定義については, 定義 1.7 を参照). まず思いつく推定量としては, 未知の分布 $p_{X,Y}$ のかわりに, その経験分布 $\widehat{p}_{X,Y}$ を用いる方法であろう, これによって求められる推定量を**プラグイン推定量** (plug-in estimator) という. つまり, プラグイン推定量は

$$J(\widehat{y}, p_{X,Y}) \approx J(\widehat{y}, \widehat{p}_{X,Y}(\mathcal{D})) \tag{3.31}$$

のような近似が成り立つと考えて. $J(\widehat{y}, \widehat{p}_{X,Y}(\mathcal{D}))$ を評価指標の推定値とする方法である. 式 (3.31) のような近似が成り立つ根拠として, ある条件下でデータを無限に増やすと経験分布 $\widehat{p}_{X,Y}$ は $p_{X,Y}$ に収束することを示した Glivenko–Cantelli の定理があげられる.

特に, 1 つの事例に対する評価指標 $\xi(x, y, \widehat{y})$ を用いて

$$J(\widehat{y}, p_{X,Y}) = \mathbb{E}_{(X,Y)\sim p_{X,Y}}[\xi(X, Y, \widehat{y})] \tag{3.32}$$

と定義されるような評価指標では

$$\begin{aligned}
\mathbb{E}_{\mathcal{D}} J(\widehat{y}, \widehat{p}_{X,Y}(\mathcal{D})) &= \mathbb{E}_{\mathcal{D}} \mathbb{E}_{(X,Y)\sim \widehat{p}_{X,Y}(\mathcal{D})}[\xi(X, Y, \widehat{y})] \\
&= \mathbb{E}_{(X,Y)\sim p_{X,Y}}[\xi(X, Y, \widehat{y})] \\
&= J(\widehat{y}, p_{X,Y}(\mathcal{D}))
\end{aligned}$$

が成り立つため，プラグイン推定量は不偏推定量となることが示せる[注19]．次に示すように，正答率は式 (3.32) のように書ける評価指標であるため，そのプラグイン推定量は不偏推定量となる．

例 3.7

正答率（式 (3.27)）は

$$\begin{aligned}
J_{\mathrm{Accuracy}}(\widehat{y}, \widehat{p}_{X,Y}(\mathcal{D})) &= \mathbb{P}_{(X,Y)\sim \widehat{p}_{X,Y}(\mathcal{D})}\left[Y = \widehat{y}(X)\right] \\
&= \mathbb{E}_{(X,Y)\sim \widehat{p}_{X,Y}(\mathcal{D})}\left[\mathbb{I}\{Y = \widehat{y}(X)\}\right]
\end{aligned}$$

となるため，$\xi(X, Y, \widehat{y}) = \mathbb{I}\{Y = \widehat{y}(X)\}$ を用いて，式 (3.32) のように書ける．よって，正答率に対するプラグイン推定量は不偏推定量となる．

(2)　サンプル再利用によるバイアス

　未知の分布 $p_{X,Y}$ を用いて定義した評価指標は，プラグイン推定量を用いることで，サンプル $\mathcal{D}$ から推定することができる．しかし，手もとにあるサンプル $\mathcal{D}$ は，評価指標の推定だけでなく，訓練データとして予測器 $\widehat{y}$ の訓練にも使われる．より明示的に書くと，予測器は $\widehat{y}(x; \mathcal{D})$ のように，サンプル $\mathcal{D}$ に依存するものとして書かれるべきものである．これを考慮したとき，評価指標はどのように推定すればよいだろうか．

　まず手もとにあるサンプル $\mathcal{D}$ を，予測器の推定と評価指標の推定の両方で用いる場合を考えてみよう．このとき，評価指標の推定値は $J(\widehat{y}(\mathcal{D}), \widehat{p}_{X,Y}(\mathcal{D}))$ となるが，例えば式 (3.32) のような線形の評価指標を考えてみると，不偏推定量にならなくなってしまうことがわかる．実際，推定量の $\mathcal{D}$ に関する期待値を計算すると，ξ の中にもサンプル $\mathcal{D}$ があるため

[注19]　後述のように，$\widehat{y}$ が $\mathcal{D}$ に依存しない場合でのみ成り立つことに注意してほしい．

$$\mathbb{E}_{\mathcal{D}} J(\widehat{y}(\mathcal{D}), \widehat{p}_{X,Y}(\mathcal{D})) = \mathbb{E}_{\mathcal{D}} \mathbb{E}_{(X,Y) \sim \widehat{p}_{X,Y}(\mathcal{D})} [\xi(X, Y, \widehat{y}(\mathcal{D}))]$$
$$\neq \mathbb{E}_{(X,Y) \sim p_{X,Y}} [\xi(X, Y, \widehat{y}(\mathcal{D}))]$$
$$= J(\widehat{y}(\mathcal{D}), p_{X,Y})$$

となり，不偏推定量でなくなってしまうことがわかる．予測器の推定に用いたサンプルと，評価指標の推定に用いたサンプルが独立でなく，それらが連動してしまうことが原因である．よって，同じサンプルを使い回すとバイアスの乗った推定量となり，正確な性能評価ができないことがわかる．

(3) サンプル再利用の回避

同じサンプルを使い回すことによって推定量にバイアスが乗ってしまうという問題に対処するうえで，最もよく使われる手法が**ホールドアウト法**（holdout method）である．ホールドアウト法のアイデアは単純で，同じサンプルを予測器の訓練と評価指標の推定の両方に使うことを回避するため，サンプルを重複がないように 2 分割して，それぞれを訓練と評価にあてるというものである．以下，ホールドアウト法の詳細と，その拡張である交差検証について説明する．

まずサンプル $\mathcal{D}$ を，**訓練データ** $\mathcal{D}_{\mathrm{train}}$ と**テストデータ**（test data）$\mathcal{D}_{\mathrm{test}}$ に分割する．ここで

$$\mathcal{D} = \mathcal{D}_{\mathrm{train}} \cup \mathcal{D}_{\mathrm{test}}, \qquad \mathcal{D}_{\mathrm{train}} \cap \mathcal{D}_{\mathrm{test}} = \emptyset$$

となるようにする．特に，訓練データとテストデータで重複がないことが非常に重要であるため，その点は注意してし過ぎることはない．

このようにして分割したデータのうち，$\mathcal{D}_{\mathrm{train}}$ で予測器 $\widehat{y}(\mathcal{D}_{\mathrm{train}})$ を訓練し，$\mathcal{D}_{\mathrm{test}}$ を使って評価指標のプラグイン推定量に用いる経験分布 $\widehat{p}_{X,Y}$ を構成する．この結果得られるプラグイン推定量は $J(\widehat{y}(\mathcal{D}_{\mathrm{train}}), \widehat{p}_{X,Y}(\mathcal{D}_{\mathrm{test}}))$ となる．ここで，$\mathcal{D}_{\mathrm{train}}$ と $\mathcal{D}_{\mathrm{test}}$ で重複がないようにしているから，この 2 つのデータセットは独立である．したがって，サンプルの使い回しによるバイアスは生じない．

実際，例えば式 (3.32) のような線形な評価指標において，テストデータに関する期待値を計算すると

$$\mathbb{E}_{\mathcal{D}_{\mathrm{test}}} J(\widehat{y}(\mathcal{D}_{\mathrm{train}}), \widehat{p}_{X,Y}(\mathcal{D}_{\mathrm{test}}))$$

$$= \mathbb{E}_{\mathcal{D}_{\mathrm{test}}} \mathbb{E}_{(X,Y)\sim\hat{p}_{X,Y}(\mathcal{D}_{\mathrm{test}})}[\xi(X, Y, \widehat{y}(\mathcal{D}_{\mathrm{train}}))]$$

$$= \mathbb{E}_{(X,Y)\sim p_{X,Y}}[\xi(X, Y, \widehat{y}(\mathcal{D}_{\mathrm{train}}))]$$

$$= J(\widehat{y}(\mathcal{D}_{\mathrm{train}}), p_{X,Y})$$

となるため，予測器 $\widehat{y}(\mathcal{D}_{\mathrm{train}})$ に対する評価指標の不偏推定量となっていることがわかる.

　訓練データとテストデータの大きさをどのように設定するかについては，実応用上は厳密に議論することは少ないが，一般的には訓練データのほうを大きくとる．例えば $|\mathcal{D}_{\mathrm{train}}| : |\mathcal{D}_{\mathrm{test}}| = 4 : 1$ や $|\mathcal{D}_{\mathrm{train}}| : |\mathcal{D}_{\mathrm{test}}| = 9 : 1$ などとする.

　ホールドアウト法による評価指標の推定について，2 値分類に対する評価指標，特に，正答率，適合率，再現率を題材にして具体的にみてみよう.

例 3.8　　正答率，適合率，再現率に対するホールドアウト法による推定

　2 値ラベルの場合，真のラベルと予測ラベルのとりうる値の組合せは 2×2 $= 4$ 通りあり，それぞれの場合に**表 3.2** で示すような名称が付いている．テストデータの 1 つひとつの事例に対して予測を行うことで，表 3.2 のそれぞれのマスに事例を割り振ることができる．$\#(\mathrm{TP})$, $\#(\mathrm{FN})$, $\#(\mathrm{FP})$, $\#(\mathrm{TN})$ をそれぞれ，テストデータの中での真陽性（TP），偽陰性（FN），偽陽性（FP），真陰性（TN）の事例数とする．2 値ラベルに対する評価指標の推定量の多くは，これらの値を組み合わせて計算できる.

　実際，ホールドアウト法を用いると，正答率，精度，再現率はそれぞれ

$$J_{\mathrm{Accuracy}}(\widehat{y}(\mathcal{D}_{\mathrm{train}}), \widehat{p}_{X,Y}(\mathcal{D}_{\mathrm{test}})) = \frac{\#(\mathrm{TP}) + \#(\mathrm{TN})}{\#(\mathrm{TP}) + \#(\mathrm{TN}) + \#(\mathrm{FP}) + \#(\mathrm{FN})} \tag{3.33}$$

$$J_{\mathrm{Precision}}(\widehat{y}(\mathcal{D}_{\mathrm{train}}), \widehat{p}_{X,Y}(\mathcal{D}_{\mathrm{test}})) = \frac{\#(\mathrm{TP})}{\#(\mathrm{TP}) + \#(\mathrm{FP})} \tag{3.34}$$

$$J_{\mathrm{Recall}}(\widehat{y}(\mathcal{D}_{\mathrm{train}}), \widehat{p}_{X,Y}(\mathcal{D}_{\mathrm{test}})) = \frac{\#(\mathrm{TP})}{\#(\mathrm{TP}) + \#(\mathrm{FN})} \tag{3.35}$$

と推定できる.

　ホールドアウト法の拡張として**交差検証**（cross validation, **クロスバリデー**

表 3.2 2値ラベルのときの真のラベルと予測ラベルの関係

		真のラベル	
		1	0
予測ラベル	1	真陽性（True Positive; TP）	偽陽性（False Positive; FP）
	0	偽陰性（False Negative; FN）	真陰性（True Negative; TN）

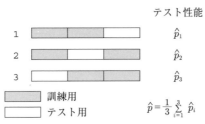

図 3.10 3分割交差検証

（データセットを3つに分割し，そのうち2つを訓練データ，1つをテストデータとしてテスト性能を計算する．これを3つのパターンすべて繰り返し，3つのテスト性能 $\{\hat{p}_k\}_{k=1}^3$ を得る．この平均 $\hat{p}$ を，3分割交差検証による評価指標の推定量とする）

ション）と呼ばれる手法がある．その一例として，3分割交差検証を**図3.10** に示す．交差検証では，まずデータセットを K（≥ 2）個の排反なデータセットに分割する．そのうち，$K-1$ 個を訓練に用い，1個を評価指標の推定に用いる．K 個に分割されたデータセットのうち，どれを訓練に用いてどれをテストに用いるかは K 通りある．そのすべてに対して訓練とテストを繰り返すと，K 個の評価指標の推定量 $\{\hat{p}_k\}_{k=1}^K$ が得られる．交差検証では，それらの平均 $\frac{1}{K}\sum_{k=1}^K \hat{p}_k$ を評価指標の推定量とする．

　K 分割交差検証では訓練とテストを K 回繰り返すため，ホールドアウト法と比べると計算コストは K 倍となるが，すべてのデータをテストに使うので，より信頼性の高い評価指標の推定量が得られると期待できる．分割数 K についても，実応用上は厳密な検討にもとづいて決められることは少なく，$K = 3, 5, 10$ が使われることが多い．

（4）　物性値予測問題特有のサンプル分割方法

　一般的な機械学習では，データセットの各事例は独立に同一分布にしたがうという仮定を置いているため，重複のないようにランダムにデータセットを分割して，訓練データとテストデータをつくることが一般的である．しかし，物

性値予測問題ではこのような仮定が成り立たない場合があり，その際にはデータセットの分割には注意が必要である．

　例えば，薬の候補となる化合物からなるデータセットを取り扱う場合，それぞれの事例はこれまでに物性値が測定された化合物となるが，このデータセットに含まれる事例は以下のとおり，独立であるとはいえない性質がある．

　とある分子 m_1 の合成が成功してその物性値を測定できたとすると，その分子 m_1 に似た分子 m_1' は比較的容易に合成できるため，分子 m_1 に似た分子の測定結果が多く集まりやすくなる．その後，分子 m_1 とは大きく異なる形状の分子 m_2 の合成が成功してその物性値が測定されると，分子 m_2 に似た分子の測定結果が多く集まるようになる．このようにしてつくられたデータセットをランダムに分割すると，訓練データにもテストデータにも，m_1 に似た分子も m_2 に似た分子も含まれることになる．これらの訓練データ・テストデータをもとに性能評価した結果よい性能となる予測器は，m_1 や m_2 に似た分子に対する予測性能がよいことは保証されるが，m_1 や m_2 と異なる形状の分子に対する予測性能については保証できない．しかし，物性値の予測を行う目的の 1 つは，新規の形状の分子で所望の性質をもつものを見つけることであるため，上記のような評価方法は本来の目的とずれていることになる．

　この問題を考慮したサンプル分割方法の 1 つは，**分子骨格**（scaffold）を用いたサンプル分割方法である．分子骨格とは分子の中心的な構造である．分子骨格が共通した分子を 1 つの分割にまとめることで，訓練データに含まれる分子構造とテストデータに含まれる分子構造の類似度を小さくすることができ，新規の形状の分子構造に対する予測性能を推定することができるようになる．

　もう 1 つの方法は，分子構造と物性値の対を，その物性値を測定した日時の順に並べたうえで，ある時点より前のデータを訓練データとし，後のデータをテストデータとする分割方法である．このように分割することで，テストデータには未知の分子構造が多く含まれることとなるため，本来の目的に沿った性能評価を実現できる．

3.6.3　評価指標の実装

　評価指標は，自分で実装するよりも信頼できるライブラリの実装を使うことが望ましい．さらに，ライブラリのソースコードを読んだりテストしたりして

リスト 3.7 scikit-learn を用いて評価指標を計算するプログラム

```
1  from sklearn.metrics import (accuracy_score,
2                               precision_score,
3                               recall_score)
4  import numpy as np
5  y_true = np.array([0, 0, 1, 1, 1])
6  y_pred = np.array([0, 0, 1, 1, 0])
7  print('truth: {}'.format(y_true))
8  print('pred: {}'.format(y_pred))
9  print('accuracy: {}'.format(accuracy_score(y_true, y_pred)))
10 print('precision: {}'.format(precision_score(y_true, y_pred)))
11 print('recall: {}'.format(recall_score(y_true, y_pred)))
```

リスト 3.8 リスト 3.7 の実行結果

```
1  truth: [0 0 1 1 1]
2  pred: [0 0 1 1 0]
3  accuracy: 0.8
4  precision: 1.0
5  recall: 0.6666666666666666
```

その信頼性を慎重に確認することが望ましい．というのも，評価指標の実装が間違っていると，そこから推定された性能の値から得られる結論もすべて誤りとなってしまうからである．scikit-learn[51] にはひと通りの評価指標が実装されているので，本節では scikit-learn を用いた実装例を示す．

以下，scikit-learn を用いた評価指標の計算プログラムを**リスト 3.7** に，実行結果を**リスト 3.8** に示す．これをみると，式 (3.33)，式 (3.34)，式 (3.35) にしたがった計算結果が得られていることが確認できる．

3.6.4 ハイパーパラメタ選択

モデルの表現力を調整するパラメタや，学習アルゴリズムのパラメタなど，経験損失最小化では決められないパラメタが存在する．それらを総称して**ハイパーパラメタ** (hyperparameter) と呼ぶ．ハイパーパラメタの値は，評価指標の値を基準に選ぶことが多い．本節では，サンプル $\mathcal{D}$ が与えられた下で，ハイパーパラメタ選択と，選択されたハイパーパラメタでのモデルの性能評価の両者を行う手順を紹介する．ここではハイパーパラメタの候補集合 $\mathcal{H} = \{h_m\}_{m=1}^{M}$ が与えられたとする．

まず，ホールドアウト法を拡張した手法を紹介する．3.6.2 項では，データセット $\mathcal{D}$ を，訓練データ $\mathcal{D}_{\text{train}}$ とテストデータ $\mathcal{D}_{\text{test}}$ に分割していたが，ここではハイパーパラメタ選択のために用いる**検証データ**（validation data）$\mathcal{D}_{\text{val}}$ を含め，3 つの排反なデータセットに分割する．つまり

$$\begin{cases} \mathcal{D} = \mathcal{D}_{\text{train}} \cup \mathcal{D}_{\text{val}} \cup \mathcal{D}_{\text{test}} \\ \mathcal{D}_{\text{train}} \cap \mathcal{D}_{\text{val}} = \emptyset, \quad \mathcal{D}_{\text{train}} \cap \mathcal{D}_{\text{test}} = \emptyset, \quad \mathcal{D}_{\text{val}} \cap \mathcal{D}_{\text{test}} = \emptyset \end{cases}$$

が成り立つように，$\mathcal{D}$ を $\mathcal{D}_{\text{train}}$，$\mathcal{D}_{\text{val}}$，$\mathcal{D}_{\text{test}}$ に分割する．これらを用いると，次のようにハイパーパラメタ選択と性能評価を行うことができる．

(1) 各ハイパーパラメタ h_m $(m = 1, 2, \ldots, M)$ をもつモデルそれぞれについて，訓練データ $\mathcal{D}_{\text{train}}$ で学習する

(2) (1) で得られたモデルそれぞれの性能を検証データ $\mathcal{D}_{\text{val}}$ で評価し，その値を $\widehat{p}_m$ $(m = 1, 2, \ldots, M)$ とする

(3) $m^{\star} = \mathrm{argmax}_{m=1,2,\ldots,M} \, \widehat{p}_m$ を計算し，ハイパーパラメタ $h_{m^{\star}}$ のモデルを採用する

(4) ハイパーパラメタ $h_{m^{\star}}$ のモデルの性能をテストデータ $\mathcal{D}_{\text{test}}$ を用いて推定する

(3) で求めた $\widehat{p}_{m^{\star}}$ は，ハイパーパラメタ $h_{m^{\star}}$ のモデルの性能を正しく表していないため，(4) でテストデータを用いて性能を推定し直している．なぜなら，3.6.2 項の議論と同様，$m^{\star}$ は検証データ $\mathcal{D}_{\text{val}}$ に依存しているため，$\widehat{p}_{m^{\star}}$ は推定したい評価指標の不偏推定量となっていないからである．

3.7　過剰適合と正則化

ここまででは，経験損失最小化にもとづいて教師あり学習を定式化して，その最小化問題の解法の 1 つとして，確率的勾配降下法を用いた解法について説明した．このようにして得られた予測分布 $p_{\hat{\theta}}(y \mid x)$ は，経験損失を小さくしたものであるから既知のデータをうまく説明できる．一方で，未知のデータに対する予測がうまくできるかは明らかではない．実際，訓練データを用いて推定した評価指標では高い性能となるにもかかわらず，テストデータを用いて推定した評価指標は，訓練データで推定したものよりも格段に低い値となること

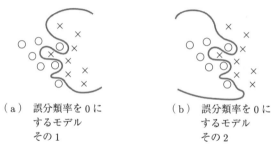

（a） 誤分類率を 0 に
するモデル
その 1

（b） 誤分類率を 0 に
するモデル
その 2

図 3.11 過剰適合の例
（2 値分類問題で，与えられたデータセットを完璧に分類できるほどモデルの表現力が高
い場合，誤分類率を 0 にするモデルは複数存在する．しかし，学習の結果得られたモデル
が真のモデルと一致するとは限らないため，テストデータに対する誤分類率を 0 できる
とは限らない）

がある．これを過剰適合と呼ぶ．本節では，過剰適合について説明した後，そ
の対処法として知られる**正則化**（regularization）について紹介する．

3.7.1 過剰適合

過剰適合（もしくは**過学習**，**オーバーフィット**，overfitting）とは，経験損
失は小さくできたにもかかわらず，テストデータで計算した評価指標がよくな
いような状況を指す．一般的に，訓練データの大きさに比べて，モデルの表現
力が高い場合に過剰適合が起こりやすいとされる．これは，訓練データを固定
したうえで，モデルの表現力を高めていくという思考実験をするとわかりやす
い．訓練データを固定すると，経験損失最小化の目的関数（式 (3.5)）が固定
される．一方，モデルの表現力を高めるということは，経験損失最小化問題に
おいて変数が動ける範囲に相当する Θ を大きくすることに相当する．よって，
訓練データを固定したうえでモデルの表現力を高めると，より経験損失を小さ
くできる（少なくとも大きくはならない）．しかし，こうして得られるモデル
は未知のデータに対しても小さい損失となるかは非自明である．というのも，
真のモデルは 1 つである一方で，モデルを複雑にしていくにつれて経験損失を
小さくできるパラメタが増えるため，真のモデルと一致するパラメタが得られ
る確証がなくなっていくからである（**図 3.11**）．このように，訓練データはう
まく説明できるが，未知のデータに対する予測性能が高くない状況が過剰適合
である．

3.7.2　正則化

　過剰適合を防ぐには，訓練データの大きさに応じて適切にモデルの大きさを制限することが有効だと考えられる．**正則化**とは，モデルの大きさを制限することで過剰適合を防ぐ手法全般を指す．本節では，頻繁に使われる正則化の手法を 3 つ説明する．

(1)　正則化項

　過剰適合しているとき，予測器の出力は，入力の変化に対して鋭敏に変化するようになっていることがほとんどである．また，そのような予測器を得るためには，予測器のパラメタの値を大きくする必要がある．以上の観察から，学習によってパラメタの値が大きくなり過ぎないようにすることで過剰適合を防げると期待できる．

　これを実現する方法の 1 つとして，経験損失を最小化するかわりに，パラメタの大きさに比例するような項を経験損失に足したものを最小化する方法が考えられる．このとき足す項のことを**正則化項**という．例えば，**ℓ_2 正則化**と呼ばれる手法では，$\lambda > 0$ をハイパーパラメタ，$\mathbf{w} \in \mathbb{R}^D$ をモデルのパラメタをとして

$$r_2(\mathbf{w}; \lambda) = \frac{\lambda}{2} \|\mathbf{w}\|_2^2$$

という正則化項を経験損失に足したものを目的関数とする．この正則化項は，パラメタが大きくなり過ぎることに対して罰則を与えるものであるから，パラメタの大きさが大きくなり過ぎない範囲で，経験損失を小さくするようなパラメタを探すこととなり，結果として過剰適合を防ぐことができる．

　このほかにも，**ℓ_1 正則化**[64]と呼ばれる手法では

$$r_1(\mathbf{w}; \lambda) = \frac{\lambda}{2} \|\mathbf{w}\|_1$$

という正則化項を用いる．これは，パラメタの値の多くを 0 にしたい場合，つまり**スパース**なパラメタを得たいときに用いる．このように，用途に応じて異なる正則化を使い分ける．

　実装上は，経験損失に正則化項を足したものを目的関数として最適化問題を解けばよい．もしくは，PyTorch で実装されている最適化パッケージを使う場合には，最適化を行うオブジェクトをつくるときに，weight_decay を 0 よ

り大きい値とすることで，目的関数を変更せずとも ℓ_2 正則化を適用することができる．

(2)　学習の早期停止

パラメタが大きくなり過ぎるという問題を回避するほかの方法として，**早期停止**（early stopping）があげられる．ほとんどの学習アルゴリズムは勾配法によるものなので，パラメタの値は少しずつ更新されていくことになるが，パラメタが大きい値になるためには多くの回数の更新が必要になるので，学習が進んではじめて過剰適合になると考えられる．よって，パラメタの値が大きくなり過ぎないうちに学習を早めに停止することで正則化の効果が期待できる．

最も簡単な早期停止の実装方法としては，一定の更新回数ごとに検証用データを用いて予測性能を推定し，予測性能が悪化し始めたら学習を停止するという方法があげられる．

(3)　ドロップアウト

ドロップアウト（dropout）[25,62] は，ニューラルネットワークの過剰適合を防ぐ手法の1つとして知られている．そのしくみはとても単純で，学習中に一定の確率でニューロンを間引くだけである．より正確に説明すると，$p \in [0, 1]$ をハイパーパラメタとして，$\mathrm{Dropout}_p \colon \mathbb{R}^D \to \mathbb{R}^D$ は次のような確率的な関数として定義される．

$$
\mathrm{Dropout}_p(\mathbf{x})_d = \begin{cases} \dfrac{1}{1-p}\, x_d & (\text{確率 } 1-p) \\[2mm] 0 & (\text{確率 } p) \end{cases} \quad (d = 1, 2, \ldots, D)
$$

(3.36)

ここで Dropout の出力の各次元の値は，ベルヌーイ分布に独立にしたがって選ばれる．$\frac{1}{1-p}$ 倍するのは，訓練時とテスト時で出力されるベクトルのノルムをそろえるためである（テスト時にはドロップアウトはしないことに注意する）．ドロップアウトは，複数のニューラルネットワークの予測を組み合わせる，モデル平均という予測性能向上のための技術を仮想的に実現していると考えられている．というのも，ランダムにニューロンを不活性化させることで，指数的に存在するはじめのネットワーク構造の部分的なニューラルネットワークを表現できるからである．

リスト 3.9　ドロップアウトの挙動を確認するプログラム

```
1  import torch
2  from torch import nn
3  torch.manual_seed(43)
4  dropout_layer = nn.Dropout(p=0.5)
5  input_tensor = torch.ones(10)
6  print(' * train mode')
7  dropout_layer.train()
8  for _ in range(3):
9      print(dropout_layer(input_tensor))
10 print(' * evaluation mode')
11 dropout_layer.eval()
12 for _ in range(3):
13     print(dropout_layer(input_tensor))
```

リスト 3.10　リスト 3.9 の実行結果

```
1  * train mode
2  tensor([0., 2., 2., 0., 0., 0., 2., 2., 2., 0.])
3  tensor([0., 0., 2., 0., 0., 0., 2., 2., 2., 0.])
4  tensor([0., 0., 2., 0., 0., 0., 0., 2., 2., 2.])
5  * evaluation mode
6  tensor([1., 1., 1., 1., 1., 1., 1., 1., 1., 1.])
7  tensor([1., 1., 1., 1., 1., 1., 1., 1., 1., 1.])
8  tensor([1., 1., 1., 1., 1., 1., 1., 1., 1., 1.])
```

　ドロップアウトの実装を**リスト 3.9** に示し，その実行結果を**リスト 3.10** に示す．ドロップアウトは PyTorch では nn.Dropout というモジュールとして実装されているため，それをネットワークに適宜挿入して用いればよい．また LSTM や GRU など，標準でドロップアウト機能が付いているモジュールもある．

　ドロップアウトは訓練中とそれ以外とで挙動が異なるモジュールである．その挙動を切り替えるために train() や eval() メソッドを使う．ドロップアウトを含むモジュールに対し train() を適用すると式 (3.36) のような確率的な挙動をし，eval() を適用するとドロップアウトが無効化される．実際，リスト 3.10 に示した実行結果をみてみると，訓練モードでは式 (3.36) のようにドロップアウトで確率的にニューロンが不活性化されている一方，評価モードではドロップアウトが無効化されているのがわかる．

3.8 グラフニューラルネットワーク

　ここまでで説明してきた線形モデルやニューラルネットワークでは，入力 $\mathbf{x}$ は実数値ベクトルであると仮定してきた．よって，分子グラフを入力としたい場合には，2.4 節で説明した分子記述子や，2.5 節で取り上げたフィンガープリントを用いて分子グラフを実数値ベクトルに変換する必要があった．本節では，分子グラフを直接入力できるニューラルネットワークである**グラフニューラルネットワーク**（graph neural network; GNN）[注20] を説明する．

　グラフニューラルネットワークは，グラフ $G = (V, E)$ を入力し，各頂点 $v \in V$ に対する潜在ベクトル $\mathbf{z}_v \in \mathbb{R}^{D_z}$（ここで潜在ベクトルの次元を $D_z \in \mathbb{N}$ とする）を出力するニューラルネットワークである．そのため，入力したグラフの頂点数の分だけベクトルが出力されることになる．グラフの頂点数によらない固定長のベクトルを出力したい場合には，全頂点の潜在ベクトルを 1 つのベクトルにまとめる操作を後段に付け足せばよい．例えば

$$\mathbf{z}_G = \frac{1}{|V|} \sum_{v \in V} \mathbf{z}_v$$

のように平均をとったり和をとったりすることで，グラフ全体の特徴量ベクトル $\mathbf{z}_G \in \mathbb{R}^{D_z}$ が得られる．

　グラフニューラルネットワークはパラメタをもっており，後述のようにその出力はパラメタに関して微分可能であるから，グラフニューラルネットワークの後段にさらにほかのニューラルネットワークにもとづく関数近似器をつないだり，活性化関数，条件付き確率分布をつなぐことで，グラフを入力とする予測分布をつくることができる．また，自動微分を用いてパラメタに関する勾配を計算することもできる．以降，グラフニューラルネットワークの内部の計算の流れを詳しく説明する．

　グラフニューラルネットワークの内部の計算は，**メッセージ伝達**（message passing）と呼ばれる操作が基本となる．各頂点 $v \in V$ に対して，その頂点に対して定義される特徴量ベクトルを用いて $\mathbf{z}_v^{(0)} \in \mathbb{R}^{D_z(0)}$ を初期化したうえで，メッセージ伝達は

注20　ここでは，グラフをそのまま入力として用いることができるニューラルネットワークのことを総称してグラフニューラルネットワークと呼ぶことにする．

$$\mathbf{z}_v^{(l+1)} = f\left(\mathbf{z}_v^{(l)}, \{\mathbf{z}_u^{(l)}\}_{u \in \mathcal{N}(v)}\right) \tag{3.37}$$

という操作を指す．ここで，$\mathcal{N}(v)$ は，頂点 v に隣接する頂点集合を表す．このメッセージ伝達を，$l = 0, 1, \ldots, L-1$ と繰り返し実行することで，各頂点の潜在表現を得る．

式 (3.37) は，ある頂点 v の潜在ベクトルを更新する際に，隣接する頂点の潜在ベクトルを集めて，それらを用いて潜在ベクトルを更新すると解釈できる．これが，頂点間で情報のやり取りをしているようにみえるため，メッセージ伝達と呼ばれる．メッセージ伝達を繰り返すごとに，より遠くの頂点の情報を反映した潜在ベクトルをつくることができる．l 回の繰返し後に得られる潜在ベクトル $\mathbf{z}_v^{(l)}$ には，頂点 v から距離 l の範囲にある頂点の情報が含まれている．

以下，グラフニューラルネットワークの具体例として，ニューラルグラフフィンガープリント[12] と，グラフ畳み込みネットワーク[34] を説明する．

3.8.1　ニューラルグラフフィンガープリント

アルゴリズム 2.1 で取り上げた Extended-Connectivity Fingerprint (ECFP) は，学習こそ行わないが，メッセージ伝達を繰り返して各頂点の潜在表現を計算し，それを統合することでグラフの特徴量を計算するアルゴリズムとして解釈できる．これをもとにして，学習可能なパラメタを与えたうえで，微分可能な形に拡張してニューラルネットワーク化して得られるモデルとして，**ニューラルグラフフィンガープリント**[12] がある．

まず，ニューラルフィンガープリントの推論アルゴリズム（つまり，グラフを入力して，そのグラフの特徴量ベクトルを出力するまでの手続き）を**アルゴリズム 3.3** に示す．以下，アルゴリズム 3.3 とアルゴリズム 2.1 を比較しつつ，ニューラルグラフフィンガープリントの詳細を説明する．

もとの ECFP の計算アルゴリズムはハッシュ化とインデックス化という操作から成り立っていた．また，計算結果が頂点の順序によらないことも特長としてあげられる．ニューラルグラフフィンガープリントではこれらの特長を継承しつつ，パラメタを与えたうえで，さらに微分可能な演算に置き換えることで導出される．

まず，計算結果が頂点の順序に依存しないようにするため，頂点 $v \in V_m$ の周囲の潜在ベクトル集合をそのまま使うのではなく，それらを足し合わせたべ

アルゴリズム 3.3 ニューラルグラフフィンガープリント

- 入力：分子グラフ $G_m = (V_m, E_m)$，層数 L，隠れ層の重み $\{H_d^{(l)} \in \mathbb{R}^{D \times D}\}_{l=1, d=1}^{L, 5}$，出力重み $\{W^{(l)} \in \mathbb{R}^{B \times D}\}_{l=1}^{L}$，原子の特徴量ベクトルを計算する関数 $f_0: V \to \mathbb{R}^D$
- 出力：分子グラフ G_m に対する特徴量ベクトル $\mathbf{v} \in \mathbb{R}^B$

1: $\mathbf{v} \leftarrow \mathbf{0}_B$ ▷ 出力のベクトルを初期化
2: **for** each atom v in V_m **do**
3:      $\mathbf{z}_v^{(0)} \leftarrow f_0(v)$ ▷ 原子の特徴量ベクトルなどで各頂点の潜在ベクトルを初期化
4: **for** $l = 1, 2, \dots, L$ **do**
5:      **for** each atom v in V_m **do**
6:          $\widetilde{\mathbf{z}}_v^{(l)} \leftarrow \mathbf{z}_v^{(l-1)} + \sum_{u \in \mathcal{N}(v)} \mathbf{z}_u^{(l-1)}$
7:          $\mathbf{z}_v^{(l)} \leftarrow \sigma\left(H_{|\mathcal{N}(v)|}^{(l)} \widetilde{\mathbf{z}}_v^{(l)}\right)$
8:          $\mathbf{i}^{(l)} = \text{Softmax}\left(W^{(l)} \mathbf{z}_v^{(l)}\right)$
9:          $\mathbf{v} \leftarrow \mathbf{v} + \mathbf{i}^{(l)}$
10: **return** $\mathbf{v}$

クトルを用いて計算を行う（アルゴリズム 3.3，6 行目）．この足し算の結果は $\mathcal{N}(v)$ の頂点の順序に依存しないので，足し合わせたベクトルを用いることで，計算結果が順序に依存しなくなることが保証できる．このように，足し合わせたり平均をとる操作を入れることは，順序非依存化のための定石としてよく使われる．

また，ハッシュ化は，1 層のニューラルネットワークで置き換える（アルゴリズム 3.3，7 行目）．ECFP においてハッシュ化は周辺の頂点の情報を固定長の値に変換するために用いられていた．ただし，ECFP で用いていたハッシュ関数は，入力と出力の間の連続性が保証されたものではないため，ニューラルネットワークに要請される微分可能性が満たされない．ニューラルグラフフィンガープリントでは，ハッシュ関数をニューラルネットワークで置き換えることで，学習可能なパラメタを与えつつ微分可能にしている．このとき，注目する頂点の次数に応じて，異なる重みパラメタを使うという工夫がなされている．具体的には，l 回目の繰返しにおいて，次数 d の頂点に用いる重みパラメタを $H_d^{(l)}$ としている．また，活性化関数 σ は任意だが，Duvenaud et al.[12] は tanh よりも ReLU が少しよい性能を示すと報告している．

さらに，インデックス化は，ソフトマックス演算で置き換えられる

（アルゴリズム 3.3，8 行目）．インデックス化は，ハッシュ化で得られた新たな潜在ベクトルを，特定のインデックスに割り当てる操作として解釈できる．そのため，これをソフトマックス演算で置き換えることは自然な拡張であろう．

以上のようにして，ECFP に対して，学習可能なパラメタを与え，微分可能なニューラルネットワークを定義することができる．

アルゴリズム 3.3 は行列計算の形式で書けるため，GPU を使って効率的な計算ができる．計算対象のグラフの頂点数を N，隣接行列を $A \in \{0, 1\}^{N \times N}$ とし，各頂点の潜在ベクトルを重ねた行列を

$$Z^{(l)} = \begin{bmatrix} \mathbf{z}_1^{(l)} & \mathbf{z}_2^{(l)} & \dots & \mathbf{z}_N^{(l)} \end{bmatrix}^\top \in \mathbb{R}^{N \times D}$$

としたとき，例えば 6 行目の操作は

$$\widetilde{Z}^{(l)} = (A + I)Z^{(l-1)} \tag{3.38}$$

と書ける．計算効率を考えると，愚直にメッセージ伝達を実装するよりも，上記のように行列計算として実装することが望ましい．

3.8.2　グラフ畳み込みネットワーク

グラフ畳み込みネットワーク（graph convolutional network; GCN）[34] とは，l ステップ目（$l = 0, 1, \dots, L-1$）での各頂点の潜在ベクトルを行方向に重ねた行列を $Z^{(l)} \in \mathbb{R}^{N \times D}$ とするとき

$$Z^{(l+1)} = \sigma \left(\widetilde{A} Z^{(l)} W^{(l)} \right) \tag{3.39}$$

とメッセージ伝達を繰り返し，最終的な潜在ベクトル $Z^{(L)} \in \mathbb{R}^{N \times D}$ を得るグラフニューラルネットワークである．ここでは，各頂点に自己ループを追加したグラフを考えており，各頂点の次数を対角成分としてもつ行列を

$$\widetilde{D} = \mathrm{diag}\left((A + I)\mathbf{1} \right) \in \mathbb{R}^{N \times N}$$

とし，次数で正規化した隣接行列を

$$\widetilde{A} = \widetilde{D}^{-\frac{1}{2}}(A + I)\widetilde{D}^{-\frac{1}{2}} \in \mathbb{R}^{N \times N}$$

とする．また，σ は任意の活性化関数とする．

ニューラルグラフフィンガープリントと比べると，頂点の次数によらず単一の重みパラメタを用いている点や，インデックス化に相当する演算（アルゴリズム 3.3 の 8 行目）が省略されている点など，単純化されていることが特長である．また，メッセージ伝達において，隣接行列を正規化している点も異なる．

3.8.3 グラフニューラルネットワークの課題

ここまでみてきたように，グラフニューラルネットワークはメッセージ伝達を繰り返すことで各頂点の潜在ベクトルを更新していくアルゴリズムとして理解できる．ほかのニューラルネットワークから類推すると，更新回数（＝層数）を増やせば増やすほどより予測性能が向上すると予想されるが，実際には層数を増やし過ぎると性能が悪化することがある．この原因の 1 つとして，**過平滑化**（over-smoothing）[44] という問題が知られている．本節では，その問題と対処法について，簡単に説明する．

式 (3.38) や式 (3.39) でみたように，グラフ上のメッセージ伝達は隣接行列を用いた行列積で表現できる．簡単のため，式 (3.39) の活性化関数を省略した式を考えると，L 層のグラフニューラルネットワークで得られる各頂点の潜在ベクトルを行方向に重ねた行列は

$$Z^{(L)} = \widetilde{A}^L Z^{(0)} W^{(0)} W^{(1)} \cdots W^{(L-1)} \tag{3.40}$$

と書ける．ここで，式 (3.40) の左側の $\widetilde{A}^L$ のみがグラフ構造を反映している項であることに着目する．グラフが無向グラフのとき，$\widetilde{A}$ は対称行列であるため，固有値を対角に並べた行列 $\Sigma \in \mathbb{R}^{N \times N}$ と，固有ベクトルを並べた行列 $U \in \mathbb{R}^{N \times N}$ を用いて，$\widetilde{A} = U^\top \Sigma U$ と固有値分解できる．対称行列の固有ベクトルは正規直交基底をなすため $U^\top U = I$ が成り立つことから，$\widetilde{A}^L$ は

$$\widetilde{A}^L = (U^\top \Sigma U)^L = U^\top \Sigma^L U$$

と書ける．つまり $\widetilde{A}^L$ は，L が大きくなるにしたがって，$\widetilde{A}$ の固有値のうち絶対値が最大の固有値に対応する固有ベクトルを指数的に強調するような行列となる．

したがって，L が大きいときには，$\widetilde{A}^L Z^{(0)}$ は，各頂点の特徴量 $Z^{(0)}$ によら

ない値となってしまう．また，$\tilde{A}$ の絶対値が最大となる固有値に対応する固有ベクトルは，多くの場合，グラフの構造にほとんど依存しないベクトルになるため，層を深くするとグラフ構造の情報が失われることが示唆される．このように，隣接行列を掛け合わせることは，グラフ構造にしたがって特徴量ベクトルを平滑化する操作に対応しており，層を深くすると平滑化し過ぎてしまい，グラフ構造が失われる過平滑化が生じると考えられている．

　過平滑化に対する対処法は，さまざま考案されている．例えば，中間層の隠れ層をすべて出力時に用いる手法[70]や，潜在ベクトルの初期値を各層に混ぜ込む手法[6]などがあげられる．いずれの手法を用いるにせよ，グラフニューラルネットワークを用いる際には，やみくもに層を増やすのではなく，検証用データを用いて性能を測りながら層数を決めたり，そもそも学習に頼らないECFP と性能比較をするなど，慎重に予測モデルを構築することが必要であろう．

3.9　モデルの適用範囲

　予測分布 $p_\theta(y \mid x)$ や予測器 $\hat{y}(x)$ は未知の分子における物性値の予測に使われる．3.6.2 項(4)でも説明したように，通常の機械学習で仮定される独立同一分布の仮定が成り立たないことが多い．すなわち，物性値を予測したい未知の分子は，訓練データのしたがう分布 p_X にしたがうとは限らない．例えば，バーチャルスクリーニングでは市販の化合物群や組合せ的に列挙した化合物群を予測器に入力して，ふるいにかけて条件を満たすものを探すが，入力する化合物群と予測器の学習に使う化合物群は明らかに異なる分布にしたがう．また，分子最適化で得られた分子の物性値を評価する場合，得られる分子は明らかに訓練データのしたがう分布とは異なる分布にしたがうだろう．もちろん形式的には予測器に任意の分子を入力することができ，それに対する物性値の予測値も計算することができるが，それによって得られる予測値は常に信頼できるものであるとは限らない．例えば，有機化合物で訓練した予測器に対して無機化合物を入力しても予測値自体は計算できるが，その値は信頼できるものではないことは明らかであろう．よって，物性値の予測器には，任意の入力を許すのではなく，予測値が信頼できる範囲内の分子のみ入力として受け付けるよ

うな機構を設けることが望ましい.

予測が信頼できる入力範囲は,ケモインフォマティクスの分野では**適用範囲**(applicability domain; AD) という概念として知られている.適用範囲を定める手法は確立された1つの手法があるわけではなく,さまざまな手法が考案されている[28,19].

訓練データを $\mathcal{D} = \{(\mathbf{x}_n, y_n) \in \mathbb{R}^D \times \mathbb{R}\}_{n=1}^N$ として,これを用いて予測器 $\widehat{f}$ を学習したとする.この予測器 $\widehat{f}$ の適用範囲を定める方法をいくつか説明する.

最も簡単に適用範囲を定義する方法としては,特徴量ベクトルの各次元の値のとりうる範囲を制限する方法があげられる.すなわち,$d = 1, 2, \ldots, D$ 次元目の適用範囲を

$$\mathrm{AD}_d := \left[\min_{n=1,2,\ldots,N} x_{n,d}, \ \max_{n=1,2,\ldots,N} x_{n,d} \right]$$

とし,全体の適用範囲を

$$\mathrm{AD}_1 \times \mathrm{AD}_2 \times \cdots \times \mathrm{AD}_D \tag{3.41}$$

とする方法である.テスト事例の特徴量ベクトルを $\mathbf{x}^\star \in \mathbb{R}^D$ としたとき,すべての $d = 1, 2, \ldots, D$ について

$$x_d^\star \in \mathrm{AD}_d$$

が成り立つ場合,その事例に対する予測値 $\widehat{f}(\mathbf{x}^\star)$ は信頼できるものと判断し,成り立たない場合は適用範囲外の入力として,その予測値は信頼できないと判断する.直感的には,テスト事例が式 (3.41) で定められる適用範囲内にあれば,近傍の複数の訓練事例の目的変数値をもとに予測を行っていると考えられるため信頼できると考えられるが,テスト事例が適用範囲外にあると,近傍にある訓練事例が少なくなるため,その予測の根拠が薄くなり,予測が信頼できないと考えられる.

式 (3.41) で定めた適用範囲は,特徴量ベクトルの各次元を別々に取り扱っていた.これは各次元の値が独立である場合は問題にならないが,各次元の値が相関している場合は,大き過ぎる適用範囲となってしまい,適用範囲内であっても予測値が信頼できなくなってしまう.例えば**図 3.12** のように,すべての次元で常に同じ値をとる場合,すなわち

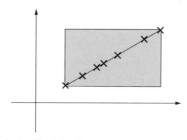

図 3.12　すべての次元で常に同じ値をとるデータセットと，それに対して定義される適用範囲（式 (3.41)）
（各事例は×で表され，このデータセットに対する式 (3.41) の適用範囲は灰色の四角の領域で表される）

$$x_1 = x_2 = \cdots = x_D$$

となる場合を考えよう．式 (3.41) の適用範囲は図 3.12 では灰色の四角の領域で示されているが，例えばこの四角の左上の領域や右下の領域には訓練事例が存在していないため，適用範囲とするべきではないと考えられる．このように，特徴量ベクトルの各次元の値に相関がある場合，式 (3.41) の適用範囲は大き過ぎるものになるという問題がある．

　この問題を解決する適用範囲の定義として，**主成分分析**（principal component analysis; PCA）を用いた適用範囲がある．主成分分析は，データのばらつきの大きい方向に基底をとり直し，ばらつきの小さい次元を削除し，次元圧縮をするための手法である．図 3.12 の例で主成分分析を用いて基底をとり直すと，事例が乗っている直線と，それに直交する直線を基底としてとり直すことになる．このようにとり直した基底を用いて式 (3.41) の適用範囲を求めると，事例が乗っている直線が適用範囲となるため，より妥当な適用範囲が得られる．

　これらの例でもわかるように，あらゆる状況で万能に使える適用範囲は存在しないため，状況に応じて適切な適用範囲を使い分けることが望ましい．また，より高度な適用範囲については上であげた文献を参照してほしい．

3.10　予測器の実装例・実行例

　最後に Python を用いて物性値の予測器を学習する実装例を示す．ここで

は，MoleculeNet[69] と呼ばれるベンチマークの問題設定やデータを用いる．

3.10.1 MoleculeNet

MoleculeNet は，分子構造からその物性値を予測する問題を集めたベンチマークであり，物性値予測のための教師あり学習アルゴリズムの性能比較のためにつくられた．MoleculeNet は，deepchem と呼ばれるライブラリを通じて提供されているため，まず deepchem をインストールする必要がある．deepchem は PyTorch や Tensorflow などのライブラリと連携できるものが提供されているが，本書では PyTorch と連携できるものを用いる．これはターミナルで

```
pip install 'deepchem[torch]'
```

を実行することでインストールできる．

　まず deepchem で MoleculeNet のデータセットを取得し，そのデータを図示しよう．**リスト3.11** に実装例を示す．リスト 3.11 では deepchem は dc と省略している．以下の説明でもこのプログラムの表記を用いる．

　MoleculeNet のデータセットを使うには，dc.molnet 以下に実装されている load_*という名前（*にはデータセットの名前が入る）のメソッドを呼べばよい．ここでは回帰問題の設定の BACE データセット[注21]を使用するため，load_bace_regression を用いる．引数の featurizer を指定することで，分子の構造式から特徴量ベクトルに変換する方法を指定できる．ここでは RDKit で用意されている分子記述子 208 個を並べて特徴量ベクトルとする dc.feat.RDKitDescriptors クラスを用いる．

　また，load_bace_regression の標準の引数で，データセットの分割方法や，目的変数の前処理が指定されている．load_bace_regression の標準設定では，データの分割は分子骨格をもとにした分割で（splitter='scaffold'），目的変数は標準化されている（transformers= ['normalization']）．このタスクでは分子骨格をもとにデータを分割しているため，分子構造を直接反映したようなフィンガープリントを特徴量ベクトルとするよりも，分子骨格の違

注21　BACE データセットは，β-セクレターゼ 1（BACE-1）と呼ばれる酵素に対する阻害剤の構造式と，その IC_{50} の値（BACE-1 の活性を 50%阻害するために必要な化合物の濃度）からなる．

リスト 3.11　deepchem を用いた MoleculeNet のデータの取得とその図示のプログラム

```
1   import matplotlib.pyplot as plt
2   import numpy as np
3   import deepchem as dc
4
5   featurizer = dc.feat.RDKitDescriptors()
6   tasks, datasets, transformers \
7       = dc.molnet.load_bace_regression(featurizer)
8   train_set, val_set, test_set = datasets
9   print('train_set: \n{}'.format(
10      train_set.metadata_df.iloc[:, 5:7]))
11  print('val_set: \n{}'.format(val_set.metadata_df.iloc[:, 5:7]))
12  print('test_set: \n{}'.format(test_set.metadata_df.iloc[:, 5:7]))
13  print('y_mean, y_std = {}, {}'.format(
14      np.mean(train_set.y), np.std(train_set.y)))
15
16  plt.hist(train_set.y, bins=int(np.sqrt(len(train_set.y))))
17  plt.xlabel('Normalized pIC50')
18  plt.savefig('bace_y_train.pdf')
19  plt.clf()
```

リスト 3.12　リスト 3.11 の実行結果

```
1   train_set:
2           X_shape      y_shape
3   0   (1210, 208)   (1210, 1)
4   val_set:
5           X_shape      y_shape
6   0   (151, 208)    (151, 1)
7   test_set:
8           X_shape      y_shape
9   0   (152, 208)    (152, 1)
10  y_mean, y_std = 3.1475281517968074e-15, 0.9999999999999999
```

いに比較的左右されにくい分子記述子を用いるほうが予測性能が高いと予想されるので，上記のような分子記述子にもとづく特徴量ベクトルを採用している．

　データセットを読み込んだときの返り値は

- tasks: データセットに対して定義されているタスクのリスト
- datasets: 訓練データ，検証用データ，テストデータのタプル
- transformers: 目的変数の変換に用いたオブジェクト

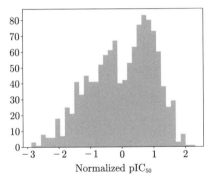

図 3.13 BACE データセットの訓練データの目的変数のヒストグラム

である．1つひとつのデータセットは，特徴量ベクトルや目的変数の値をもつ．
例えば，訓練データ `train_set` では

- `train_set.X`：各化合物の特徴量ベクトルを並べた行列
  （サンプルサイズ × 特徴量ベクトルの次元）
- `train_set.y`：各化合物の目的変数の値を並べた行列
  （サンプルサイズ × タスクの数）
- `train_set.w`：各化合物の目的変数の値が存在しているかいないかを表
  す行列（サンプルサイズ × タスクの数）

という属性をもつ．これらを用いて予測モデルを構築すればよい．

リスト 3.11 の実行結果を**リスト 3.12** に示し，目的変数のヒストグラム
を**図 3.13** に示す．リスト 3.12 をみると，訓練データ，検証データ，テスト
データの事例数はそれぞれ 1210 個，151 個，152 個であり，特徴量ベクトル
の次元は `featurizer` で指定したように 208 次元となっていることがわかる．
また，リスト 3.12 の最終行や図 3.13 をみればわかるように，目的変数の値は，
訓練データを用いて平均 0，標準偏差 1 に標準化[注22]されていることも確認で
きる．

注22　標準化するためには，目的関数の平均と標準偏差を推定する必要があるが，これも学
習の一部であるから，データセット全体ではなく，訓練データのみを用いて推定しな
ければならない．

3.10.2　予測器の学習アルゴリズムの実装例

　MoleculeNet のデータを用いて予測器を構築するプログラムの実装例を
リスト 3.13 に示す．なお，MoleculeNet のデータはリスト 3.11 のものを用
い，予測器はリスト 3.3（70 ページ）の順伝播型ニューラルネットワークを用
いる．

リスト 3.13　BACE データセットの訓練データを用いて順伝播型ニューラルネットワー
　　　　　　クを訓練し，得られた予測器をテストデータを用いて評価するプログラム

```
 1  import matplotlib.pyplot as plt
 2  import torch
 3  from torch import nn
 4  from torch.utils.data import TensorDataset, DataLoader
 5  import deepchem as dc
 6  from fnn import FeedforwardNeuralNetwork
 7
 8
 9  torch.manual_seed(43)
10
11  def loss_evaluator(dataloader, model, loss_func):
12      sample_size = len(dataloader.dataset)
13      pred_list = []
14      true_list = []
15      with torch.no_grad():
16          loss = 0
17          for each_X, each_y in dataloader:
18              each_pred = model.forward(each_X)
19              pred_list.extend(each_pred.tolist())
20              true_list.extend(each_y.tolist())
21              loss += loss_func(each_pred, each_y).item()
22      return loss / sample_size, pred_list, true_list
23
24  featurizer = dc.feat.RDKitDescriptors()
25  tasks, datasets, transformers \
26      = dc.molnet.load_bace_regression(featurizer)
27
28  train_set, val_set, test_set = datasets
29  train_dataloader = DataLoader(
30      TensorDataset(
31          torch.FloatTensor(train_set.X),
32          torch.FloatTensor(train_set.y)),
33      batch_size=32, shuffle=True)
34  val_dataloader = DataLoader(
35      TensorDataset(torch.FloatTensor(val_set.X),
```

```
36                     torch.FloatTensor(val_set.y)),
37         batch_size=32,
38         shuffle=True)
39  test_dataloader = DataLoader(
40         TensorDataset(torch.FloatTensor(test_set.X),
41                       torch.FloatTensor(test_set.y)),
42         batch_size=32,
43         shuffle=True)
44
45  model = FeedforwardNeuralNetwork(in_dim=train_set.X.shape[1],
46                                   hidden_dim=32)
47  loss_func = nn.MSELoss(reduction='sum')
48  optimizer = torch.optim.Adam(model.parameters(),
49                               lr=1e-3,
50                               weight_decay=1e-5)
51  n_step = 0
52  train_loss_list = []
53  val_loss_list = []
54  for each_epoch in range(30):
55      for each_X, each_y in train_dataloader:
56          if n_step % 10 == 0:
57              train_loss, _, _ = loss_evaluator(train_dataloader,
58                                                model,
59                                                loss_func)
60              val_loss, _, _ = loss_evaluator(val_dataloader,
61                                              model,
62                                              loss_func)
63              if n_step % 100 == 0:
64                  print('step: {},\t\ttrain loss: {}'.format(
65                      n_step, train_loss))
66                  print('step: {},\t\tval loss: {}'.format(
67                      n_step, val_loss))
68              train_loss_list.append((n_step, train_loss))
69              val_loss_list.append((n_step, val_loss))
70
71          each_pred = model.forward(each_X)
72          loss = loss_func(each_pred, each_y)
73          optimizer.zero_grad()
74          loss.backward()
75          optimizer.step()
76          n_step += 1
77
78
79  fig, ax = plt.subplots(1, 1)
80  ax.plot(*list(zip(*train_loss_list)), marker='+')
81  ax.plot(*list(zip(*val_loss_list)), marker='.')
82  ax.set_title('Learning curve')
```

```
83  ax.set_xlabel('# of updates')
84  ax.set_ylabel('Loss')
85  ax.set_yscale('log')
86  plt.savefig('bace_loss.pdf')
87  plt.clf()
88
89  test_loss, pred_list, true_list = loss_evaluator(
90      train_dataloader, model, loss_func)
91  print('test_loss: {}'.format(test_loss))
92
93  fig, ax = plt.subplots(1, 1)
94  ax.scatter(pred_list, true_list)
95  ax.set_title('Test loss = {}'.format(test_loss))
96  ax.set_xlabel('Predicted normalized pIC50')
97  ax.set_ylabel('True normalized pIC50')
98  plt.savefig('bace_scatter.pdf')
99  plt.clf()
```

リスト 3.13 のはじめ（11〜22 行目）に定義している loss_evaluator メ
ソッドは，データローダ，モデル，損失関数が与えられた下で，1 事例あたり
の平均的な損失の値と，予測値のリスト，実測値のリストを返すものである．
これは訓練損失，検証損失，およびテスト損失を計算するために使われる．

プログラムの主要な部分は 28 行目から始まる．はじめのブロックでは，
MoleculeNet のデータセットから，PyTorch のデータローダをつくっている．

次の 45 行目からのブロックでは，モデル，損失関数，および最適化アルゴ
リズムのインスタンスを定義し，確率的勾配降下法によって学習を行ってい
る．実装についてはリスト 3.6 と類似した箇所が多いため，詳細については
3.5.6 項を参照してほしい．リスト 3.6 との違いは，検証セットでも損失関数の
値を記録している点（60〜62 行目）と，torch.optim.Adam の weight_decay
を指定して ℓ_2 正則化を施している点（50 行目）である．

その後のブロックでは，学習曲線を描き，テストセットでの性能を測定し，
テストセットでの予測値と実測値の散布図を描いている．このように，ここま
でで説明してきたプログラムを組み合わせることで，物性値を予測するための
予測器を学習することができる．

リスト 3.14 リスト 3.13 の実行結果

```
 1 │ step: 0,      train loss: 429.38352434142564
 2 │ step: 0,      val loss: 461.0376655629139
 3 │ step: 100,    train loss: 1.409334723417424
 4 │ step: 100,    val loss: 1.1685264536876552
 5 │ step: 200,    train loss: 0.8510711859080418
 6 │ step: 200,    val loss: 0.7148434468452504
 7 │ step: 300,    train loss: 0.7030262671226313
 8 │ step: 300,    val loss: 0.7571921443307637
 9 │ step: 400,    train loss: 0.6059205930095074
10 │ step: 400,    val loss: 0.6740782276684085
11 │ step: 500,    train loss: 0.5417401881257364
12 │ step: 500,    val loss: 0.5874358423498293
13 │ step: 600,    train loss: 0.5535497736339726
14 │ step: 600,    val loss: 0.46810347197071606
15 │ step: 700,    train loss: 0.6341478324133503
16 │ step: 700,    val loss: 0.48330365111496276
17 │ step: 800,    train loss: 0.45552266333714003
18 │ step: 800,    val loss: 0.6038418700363463
19 │ step: 900,    train loss: 0.42209646366844494
20 │ step: 900,    val loss: 0.4843010807668926
21 │ step: 1000,   train loss: 0.477615442354817
22 │ step: 1000,   val loss: 0.7240956287510347
23 │ step: 1100,   train loss: 0.3938905775054427
24 │ step: 1100,   val loss: 0.45376298917050395
25 │ test_loss: 0.4088332668808866
```

3.10.3 実行例

　リスト 3.13 の実行結果を**リスト 3.14** に示す．また，学習曲線を**図 3.14** に，テストセットでの予測値と実測値を散布図に描いたものを**図 3.15** に示す．

　リスト 3.14 には，学習アルゴリズムの途中での訓練損失と検証損失の値が記録されている．初期状態ではいずれの損失も大きい値をとっていたが，学習が進むにつれ，損失の値が小さくなっていることがわかる．この結果から，学習アルゴリズムがうまく動いていることがわかる．

　また，この 2 つの損失の値を比べてみると，学習の後半になると，訓練損失よりも検証損失のほうが若干大きい値をとることがわかる．一般に訓練損失よりも検証損失のほうが大きくなることが多く，またこのデータでは特に訓練データと検証データは分子骨格が異なるように分割しているため，リスト 3.14 に記録された程度であれば過剰適合しているとはいえず，許容範囲内であると考

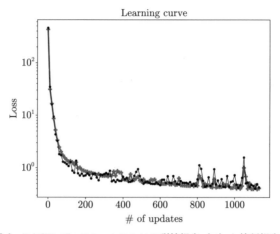

図 3.14　BACE データセットにおける訓練損失（＋）と検証損失（·）
（縦軸は対数軸であることに注意する）

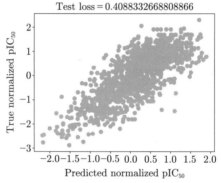

図 3.15　テストセットにおける予測値（横軸）と実測値（縦軸）の散布図
（1 点 1 点はテストセットの 1 事例に相当する）

えられる．正則化をより強くすることで，訓練損失と検証損失の差を小さくできる可能性があるため，興味のある読者は試行錯誤してみてほしい．

また，図 3.14 に，学習アルゴリズムの途中での訓練損失と検証損失の値を図示している．損失の値のとる範囲が大きいため，対数をとった値を図示している．多少の上下はあるものの，損失関数の値はおおむね収束していることがわかる．

図 3.15 では，テストデータにおける予測値と実測値の対応関係を図示して

いる．これをみると，予測値と実測値はおおむね相関している．テストデータにおける2乗損失の値は，1事例あたり平均0.4であるため，予測値と実測値の差は平均0.63程度となる．目的変数が標準化されている[注23]ことを考えると，決して正確な予測値であるとはいえないが，ある程度の傾向はつかんだ予測であるといえるだろう．

注23　訓練データとテストデータの平均と標準偏差が等しいと仮定すると，常に0と予測する自明な予測器の2乗損失の値は1となる．

第4章

系列モデルを用いた分子生成

　系列データとは，時系列やテキストなど，同質なデータを 1 次元的に並べたデータを指す．例えば，テキストは，文字という同質なデータを 1 列に並べたものとして表現される．このような系列データをモデル化するニューラルネットワークの 1 つとして，再帰型ニューラルネットワーク（RNN）が知られている．本章では，RNN に代表される系列モデルについて説明した後，最も単純な分子生成モデルとして，RNN の一種である LSTM でSMILES 系列を表現する分子生成モデルについて説明する．

4.1　系列モデル

　系列データとは，文字列のように，1 次元的に値が並んだデータを指す．系列長 T の系列データを

$$\mathbf{x} = (x_1, x_2, \ldots, x_T) \in \mathcal{X}^T$$

のように表すとする．ここで，$\mathcal{X}$ は各値のとりうる値の範囲を表す集合である．本書では，$\mathcal{X}$ は離散的な集合とする[注1]．特に，系列長を指定しない系列の集合は

$$\mathcal{X}^* = \bigcup_{t=1}^{\infty} \mathcal{X}^t$$

と表す．以下に，系列データの例を示す．

例 4.1　文字列

　$\mathcal{X}$ がアルファベットの集合 $\{a, b, \ldots\}$ のとき，$\mathbf{x} \in \mathcal{X}^*$ は文字列を表現できる．

[注1]　一方，センサデータなどでは，$\mathcal{X} = \mathbb{R}$ となる．

例 4.2　SMILES 文字列

$\mathcal{X}$ が SMILES の記法で用いる文字集合 $\{C, O, N, =, \dots\}$ であるとき，$\mathbf{x} \in \mathcal{X}^*$ は SMILES 系列を表現できる．

系列データを数式や機械学習のプログラム上で取り扱う際は，データが定義される値域 $\mathcal{X}$ を非負整数集合

$$\mathbb{Z}_{|\mathcal{X}|} = \{0, 1, \dots, |\mathcal{X}| - 1\}$$

に変換したり，それをさらに，次に定義する**ワンホットベクトル**の集合 $\mathbb{1}_{|\mathcal{X}|}$ や**埋め込み**（embedding）に変換したものを用いることが多い．

定義 4.1（ワンホットベクトル）

任意の $D\ (\in \mathbb{N})$ 次元ベクトル $\mathbf{x}$ が，$d = 1, 2, \dots, D$ について

$$x_d \in \{0, 1\} \quad \text{かつ} \quad \sum_{d=1}^{D} x_d = 1$$

を満たすとき，$\mathbf{x}$ を**ワンホットベクトル**という．また，$\mathbb{1}_D$ を D 次元ワンホットベクトルの集合として

$$\mathbf{1}_d \in \mathbb{1}_D \qquad (d = 1, 2, \dots, D)$$

を，$\mathbf{1}_{d,d} = 1$ となるワンホットベクトル，つまり d 次元目が 1 となるワンホットベクトルとする．

定義 4.2（埋め込み）

集合 $\mathcal{X}$ の各要素 $x \in \mathcal{X}$ に対して，パラメタを D 個並べて定義される $D\ (\in \mathbb{N})$ 次元実数値ベクトル $\mathbf{v}_x \in \mathbb{R}^D$ を x の**埋め込み**という．また，この埋め込みの集合を $V(\mathcal{X})$ と表す．

ほかの表現（$\mathbb{Z}_{|\mathcal{X}|}$, $\mathbb{1}_{|\mathcal{X}|}$）とは異なり，埋め込みはデータから学習するものである点が特徴である．一般的なニューラルネットワークと同様に，そのパラメタは自動微分と確率的勾配降下法の組合せで学習できる．

$\mathcal{X}$ と埋め込みの集合 $V(\mathcal{X})$ の対応関係は明らかであるが，$\mathcal{X}$，$\mathbb{Z}_{|\mathcal{X}|}$，$\mathbb{1}_{|\mathcal{X}|}$ についてもそれぞれ要素数が同じであるため，1 対 1 対応する関数を用意することで，これらの表現を行き来できる．$\mathcal{X}$ と $\mathbb{Z}_{|\mathcal{X}|}$ を対応付けるには，例えば，$\mathcal{X}$ の各要素に番号を割り振ったうえで，n 番目の文字 $x_n \in \mathcal{X}$ に対して $n \in \mathbb{Z}_{|\mathcal{X}|}$ を割り当てればよい．また，$\mathbb{Z}_{|\mathcal{X}|}$ と $\mathbb{1}_{|\mathcal{X}|}$ を対応付けるには，$n \in \mathbb{Z}_{|\mathcal{X}|}$ に対して，$\mathbb{1}_{n+1} \in \mathbb{1}_{|\mathcal{X}|}$ を割り当てればよい．

以上のように表現される系列データを取り扱うことを目的につくられたモデルを総称して，**系列モデル**と呼ぶ．系列モデルには，生成モデルと識別モデルという，少なくとも 2 つの種類がある．生成モデルは，系列 $\mathbf{x} \in \mathcal{X}^*$ のしたがう確率分布 $p(\mathbf{x})$ を直接モデル化するもので，系列生成などに使われる．以下，本書では，これを**系列生成モデル**と呼ぶ．また，識別モデルは，系列 $\mathbf{x} \in \mathcal{X}^*$ で条件付けたうえで，同じ長さの系列 $\mathbf{y} \in \mathcal{Y}^*$ のしたがう確率分布 $p(\mathbf{y} \mid \mathbf{x})$ をモデル化するもので，系列中の 1 つひとつのデータへのラベル付けなどに使われる．以下，本書では，これを**系列識別モデル**と呼ぶ．

系列生成モデルと系列識別モデルは深い関係にある．例えば，系列識別モデルのうち，時間因果的[注2]なモデルを

$$p(\mathbf{y} \mid \mathbf{x}) = \prod_{t=1}^{T} p(y_t \mid x_1, \ldots, x_t) \tag{4.1}$$

とし，$\mathbf{x}$ が与えられたときに対応する出力系列 $\mathbf{y}$ を

$$y_t = x_{t+1} \qquad (t = 1, 2, \ldots, T-1)$$

とすれば，系列 $\mathbf{x} = (x_1, x_2, \ldots, x_T)$ に対する系列生成モデルをつくることができる．よって，このようにしてデータの集合 $\{\mathbf{x}_n\}_{n=1}^{N}$ から，系列識別モデルを訓練するためのデータセットをつくれば，系列識別モデルを系列生成モデルとして訓練することができる（4.1.1 項参照）．さらに，時間因果的なモデルと，その時間方向を逆向きにしたモデルを併用（これを**双方向化**と呼ぶ）することで，非時間因果的な系列識別モデルを表現することができる（4.1.3 項参照）．

したがって以下では，式 (4.1) で表される時間因果的な系列識別モデルを中

注2　時刻 t の出力 y_t が $x_1, \ldots, x_t$ にのみ依存し $x_{t+1}, \ldots, x_T$ に依存しない場合，「時間因果的である」ということにする．

心に説明したうえで，系列生成モデルや非時間因果的な系列識別モデルが必要な場合には，上で説明した方法を用いて時間因果的な系列識別モデルでそれらを表現することにする．また，簡単のため，系列識別モデルを特に系列モデルと呼ぶことにする．

4.1.1　系列モデルの学習

系列データの集合

$$\mathcal{D} = \{(\mathbf{x}_n, \mathbf{y}_n) \in (\mathcal{X} \times \mathcal{Y})^T\}_{n=1}^N$$

と，式 (4.1) のような構造をもつパラメトリックな系列モデル $p_\theta(\mathbf{y} \mid \mathbf{x})$ が与えられた下で，$\mathcal{D}$ を最もよく表現できるような系列モデルのパラメタ $\widehat{\theta} \in \Theta$ を学習する方法を考える[注3]．このような $\widehat{\theta}$ が得られれば，p_{θ^*} を用いて，系列データ $\mathcal{D}$ を再現できると期待されるからである．つまり，入力 $\mathbf{x}$ が与えられたときに，モデル $p_{\hat{\theta}}$ は $\mathbf{y}$ を出力するが，この対 $(\mathbf{x}, \mathbf{y})$ は $\mathcal{D}$ に含まれる対と近いものとなると期待される．

パラメトリックな系列モデル $p_\theta(\mathbf{y} \mid \mathbf{x})$ は，3.3 節で述べたような予測分布の構成にしたがい，関数近似器，活性化関数，条件付き確率分布を組み合わせたものとする[注4]．したがって，3.2 節で述べた手続きと同様にして，経験損失最小化（式 (3.5)）として定式化でき，系列モデル $p_\theta(\mathbf{y} \mid \mathbf{x})$ のパラメタの推定は

$$\underset{\theta \in \Theta}{\text{minimize}} \quad -\sum_{n=1}^N \sum_{t=1}^T \log p_\theta(y_{n,t} \mid x_{n,1}, \ldots, x_{n,t}) \tag{4.2}$$

のように，経験損失を最小化する最適化問題として定式化される．

さらに，第 3 章と同様の予測分布の構成，学習の定式化をしているから，この最適化問題を解くアルゴリズムも同様のものを用いることができる．すなわち，自動微分を用いて目的関数の θ に関する勾配を計算し，確率的勾配降下法を用いることで最適解 $\widehat{\theta} \in \Theta$ を求めることができる．

続いて，系列識別モデルを系列生成モデルとして訓練する方法を説明する．

注3　ここでは簡単のため，すべての系列の系列長を T としているが，一般に各事例の系列長は不ぞろいでもよい．その場合，事例 n の系列長を T_n として，各数式を書き直せばよい．

注4　系列データにおける予測分布の具体的な構成については 4.1.2 項，用いる関数近似器については 4.1.3 項で説明する．

アルゴリズム 4.1 系列生成アルゴリズム

- 入力：$p_\theta(x_t \mid x_1, \ldots, x_{t-1})$ $(t = 1, 2, \ldots, T)$
- 出力：$X_1, X_2, \ldots, X_T$ の実現値

1: **for** $t = 1, 2, \ldots, T$ **do**
2:    $x_t \sim p_\theta(\cdot \mid x_1, \ldots, x_{t-1})$ をサンプリング
3: **return** $\{x_t\}_{t=1}^T$

これは系列生成モデル用のデータセットを

$$\mathcal{D} = \{\mathbf{x}_n\}_{n=1}^N$$
$$\mathbf{x}_n = (x_{n,1}, x_{n,2}, \ldots, x_{n,T}) \in \mathcal{X}^T \qquad (n = 1, 2, \ldots, N)$$

としたときに，各系列 $\mathbf{x}_n$ について，次のようにデータを変換した後，系列識別モデルを訓練することで実現できる．

すなわち，アルファベット集合を

$$\widetilde{\mathcal{X}} := \mathcal{X} \cup \{\langle \mathrm{sos} \rangle, \langle \mathrm{eos} \rangle\}$$

と[注5]拡張して

$$\begin{aligned} \widetilde{\mathbf{x}}_n &= (\langle \mathrm{sos} \rangle, x_{n,1}, \ldots, x_{n,T-1}, x_{n,T}) \in \widetilde{\mathcal{X}}^{T+1} \\ \widetilde{\mathbf{y}}_n &= (x_{n,1}, x_{n,2}, \ldots, x_{n,T}, \langle \mathrm{eos} \rangle) \in \widetilde{\mathcal{X}}^{T+1} \end{aligned} \tag{4.3}$$

と変換する．

そして，変換されたデータセット

$$\widetilde{\mathcal{D}} = \{(\widetilde{\mathbf{x}}_n, \widetilde{\mathbf{y}}_n)\}_{n=1}^N \tag{4.4}$$

を用いて，式 (4.2) の最適化問題を解けば，系列識別モデルを系列生成モデルとして学習することができる．

以上，式 (4.4) のデータセットを用いて式 (4.2) にしたがって学習した系列識別モデルを用いると，**アルゴリズム 4.1** のように系列を生成することが可能になる．

注5 $\langle \mathrm{sos} \rangle$ は start of string，$\langle \mathrm{eos} \rangle$ は end of string の略で，文字列の始めと終わりを表す特別な記号である．

4.1.2　系列モデルの構成

　系列モデル $p_\theta(\mathbf{y} \mid \mathbf{x})$ の具体的な構成を，3.3 節の枠組みにしたがって
みていく．なお，系列モデルは式 (4.1) のような構造をもつため，任意の
$t = 1, 2, \ldots, T$ について $p_\theta(y_t \mid x_1, \ldots, x_t)$ をモデル化すれば十分で，関数
近似器，活性化関数，条件付き確率分布についてそれぞれ説明する．

　前述のとおり，活性化関数と条件付き確率分布は個々の問題設定に応じて決
まる．本書では分子生成モデルをつくることを目的としているため，取り扱
う系列データは多値ラベルの系列である．つまり，出力 $y_{n,t} \in \mathcal{Y}$ は $|\mathcal{Y}|$ 通り
の値をとる．よって，活性化関数はソフトマックス関数（式 (3.11)），条件付
き確率分布はカテゴリカル分布（つまり，損失関数は交差エントロピー損失
（式 (3.14)））を使う．

　一方，関数近似器は，$x_1, \ldots, x_t$ を入力とし，$\mathbb{R}^{|\mathcal{Y}|}$ に属する実数値ベクト
ルを出力するように設計する必要がある．よって，関数近似器としては

$$\bar{\mathbf{y}}_t = g_\theta(x_1, \ldots, x_t) \in \mathbb{R}^{|\mathcal{Y}|} \qquad (t = 1, 2, \ldots) \tag{4.5}$$

となる関数を用いればよい．このような系列モデルの関数近似器に使えるもの
として，**再帰型ニューラルネットワーク（RNN）**やその拡張の 1 つである**長・
短期記憶（LSTM）**が知られている．これらについて次項で説明する．

4.1.3　再帰型ニューラルネットワーク

　系列データを取り扱う関数近似器で満たすべき要件をまとめると，以下のよ
うになる．

- **要件 1：入出力の依存関係**
  4.1 節で述べたように時間因果的な系列識別モデルを考えるので，t 番目
  の出力 $\bar{\mathbf{y}}_t$ は，$x_1, \ldots, x_t$ に依存して値を決めたい．つまり，式 (4.5) の
  ような入出力関係をもつ関数近似器である必要がある
- **要件 2：系列長に依存しないパラメタ数**
  パラメタ数が系列長 T に依存しないモデルにしたい．これは，系列デー
  タの系列長は一般には不定であるため，パラメタ数が系列長に依存する
  モデルの場合，パラメタの推定が難しくなるからである．また，モデル
  の定義に必要な記憶容量をあまり大きくしたくないという理由もある

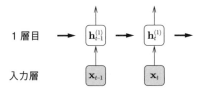

図 4.1 RNN の入力層と 1 層目の変数の依存関係（式 (4.6)）

（灰色のノードは観測変数であり，実行時にその値を指定する必要がある．白のノードは
隠れ状態であり，矢印でつながっているほかの変数から計算する．隠れ層が 1 層の場合，
隠れ状態は式 (4.8) のように出力を計算するために使われ，2 層以上の場合，式 (4.7) の
ように次の層の隠れ変数を計算するために使われる）

しかし，これら要件 1 と要件 2 を両立することは簡単ではない．例えば，
要件 1 を満たすように全結合型ニューラルネットワークを構成すると，系
列長に比例する数のパラメタが必要となり，要件 2 が満たされなくなってし
まう．また，要件 2 を満たすように関数近似器の入力を x_t だけにすると，
$x_1, \ldots, x_{t-1}$ への依存性を記述することができなくなってしまう．この問題
を解決する手法の 1 つが RNN である．

RNN では，時刻 1 から時刻 t までの情報を，**隠れ状態**（hidden state）と呼
ばれる固定長のベクトル $\mathbf{h}_t$ で表現することが特徴である．隠れ状態を用いて
出力を決めることで，要件 1 を満たすことができる．また，隠れ状態の時間発
展のモデルを時刻によらないものとすることで要件 2 を満たすことができる．
次に，その 2 点に注目しながら RNN について説明する．

RNN は複数の隠れ層をもちうるが，まず入力に最も近い層をみてみよう
（**図 4.1**）．1 層目の隠れ状態 $\mathbf{h}_t^{(1)} \in \mathbb{R}^{D^{(1)}}$ は，初期値 $\mathbf{h}_0^{(1)}$ を適当に与えたと
き[注6]，次式で定義される．

$$\mathbf{h}_t^{(1)} = \sigma(W_{\mathrm{ih}}^{(1)} \mathbf{x}_t + W_{\mathrm{hh}}^{(1)} \mathbf{h}_{t-1}^{(1)} + \mathbf{b}^{(1)}) \qquad (t = 1, 2, \ldots, T) \qquad (4.6)$$

ここで

$$W_{\mathrm{ih}}^{(1)} \in \mathbb{R}^{D^{(1)} \times D^{(0)}}, \quad W_{\mathrm{hh}}^{(1)} \in \mathbb{R}^{D^{(1)} \times D^{(1)}}, \quad \mathbf{b}^{(1)} \in \mathbb{R}^{D^{(1)}}$$

がそれぞれモデルのパラメタである．下付き添字の ih, hh はそれぞれ，入力
（input）から隠れ層（hidden），隠れ層（hidden）から隠れ層（hidden）の結

注6　$\mathbf{h}_0^{(1)} = \mathbf{0}$ とすることが多い．

合にひも付く重みであることを示している.

式 (4.6) によると, 時刻 t の隠れ状態 $\mathbf{h}_t^{(1)}$ は, 同じ時刻の入力 $\mathbf{x}_t$ と前時刻の隠れ状態 $\mathbf{h}_{t-1}^{(1)}$ によって決まる. RNN を用いると, このような「現時刻の隠れ状態が, 前時刻の隠れ状態に依存する」という構造により, 再帰的に依存関係が決まるため, 現時刻の隠れ状態が過去すべての時刻に依存することになり, 要件 1 を満たすことができる. つまり, 時刻 t の隠れ状態 $\mathbf{h}_t^{(1)}$ は, 定義より $\mathbf{x}_t$ と $\mathbf{h}_{t-1}^{(1)}$ に依存しているが, さらに $\mathbf{h}_{t-1}^{(1)}$ は $\mathbf{x}_{t-1}$ と $\mathbf{h}_{t-2}^{(1)}$ に依存しているため, $\mathbf{h}_t^{(1)}$ は $\mathbf{x}_t$ と $\mathbf{x}_{t-1}$, および, $\mathbf{h}_{t-2}^{(1)}$ に依存している. これを繰り返していくと, $\mathbf{h}_t^{(1)}$ は $\{\mathbf{x}_1, \ldots, \mathbf{x}_t\}$ と $\mathbf{h}_0^{(1)}$ に依存することになる. よって, 要件 1 が満たされる.

また, 式 (4.6) は 1 時刻分の隠れ状態の時間発展を記述しているが, そのパラメタ

$$W_{\mathrm{ih}}^{(1)} \in \mathbb{R}^{D^{(1)} \times D^{(0)}}, \quad W_{\mathrm{hh}}^{(1)} \in \mathbb{R}^{D^{(1)} \times D^{(1)}}, \quad \mathbf{b}^{(1)} \in \mathbb{R}^{D^{(1)}}$$

は, 系列長に依存しないものであるから, 要件 2 を満たしている.

以上より, 隠れ状態を導入することで, 上記 2 つの要件を満たすニューラルネットワークを構築することができる.

(1) 多層化

式 (4.6) のような層を単体で用いることもあるが, より複雑なモデルでは, この層を複数重ねたうえで, 別途出力のための層を重ねた関数近似器を用いる. ここで, l 層目 $(l = 1, 2, \ldots, L)$ の, 時刻 t の隠れ状態を $\mathbf{h}_t^{(l)} \in \mathbb{R}^{D^{(l)}}$ とする. $\mathbf{h}_0^{(l)} \in \mathbb{R}^{D^{(l)}}$ を適当に初期化[注7]したうえで, l 層目の隠れ状態の時間発展は

$$\mathbf{h}_t^{(l)} = \sigma(W_{\mathrm{ih}}^{(l)} \mathbf{h}_t^{(l-1)} + W_{\mathrm{hh}}^{(l)} \mathbf{h}_{t-1}^{(l)} + \mathbf{b}^{(l)}) \qquad (t = 1, 2, \ldots, T) \quad (4.7)$$

と定義される. ただし, $\mathbf{h}_t^{(0)} := \mathbf{x}_t$ とした. また, 各時刻 $t = 1, 2, \ldots, T$ での関数近似器の出力 $\bar{\mathbf{y}}_t \in \mathbb{R}^{|\mathcal{Y}|}$ は

$$\bar{\mathbf{y}}_t = W_{\mathrm{ho}} \mathbf{h}_t^{(L)} + \mathbf{b}_{\mathrm{o}} \tag{4.8}$$

注7　$\mathbf{h}_0^{(l)} = \mathbf{0}$ とすることが多い.

と計算する．ここで $W_{\mathrm{ho}} \in \mathbb{R}^{|\mathcal{Y}| \times D^{(L)}}$, $\mathbf{b}_o \in \mathbb{R}^{|\mathcal{Y}|}$ を出力層のパラメタとする．式 (4.8) のとおり，出力の計算時には自己回帰的な構造を用いず，同時刻の隠れ状態のみから計算する．

(2) 双方向化

ここまで説明してきた RNN では，時刻の順にしたがって出力を構成するため，$\bar{\mathbf{y}}_t$ は $\mathbf{x}_1, \ldots, \mathbf{x}_t$ には依存するが，$\mathbf{x}_{t+1}, \ldots, \mathbf{x}_T$ には依存しないモデルになっている．確かに，時間的な因果がある時系列データを考えたり，系列生成モデルを考えたりしたい場合には，このような時間因果的なモデルであるほうが望ましい．しかし，時系列ではない系列データの場合，特に，予測時に入力系列 $\mathbf{x}$ 全体がまとめて与えられる場合には，出力系列を入力系列全体に依存させたほうがよりよい性能を示すことが期待できる．これを実現するための 1 つの方法が，**双方向再帰型ニューラルネットワーク**（bidirectional RNN，多方向 RNN）である．

双方向 RNN のもととなっているアイデアは単純で，ある RNN と，それとは時間方向が逆の RNN を組み合わせれば，入力系列全体を使って出力を決めることができるというものである．順方向の RNN の隠れ状態を $\overrightarrow{\mathbf{h}}_t^{(l)}$，逆方向の RNN の隠れ状態を $\overleftarrow{\mathbf{h}}_t^{(l)}$ とし，それらを連結した隠れ状態を

$$\mathbf{h}_t^{(l)} := \begin{bmatrix} \overrightarrow{\mathbf{h}}_t^{(l)} \\ \overleftarrow{\mathbf{h}}_t^{(l)} \end{bmatrix}$$

とする．また，0 層目は入力層とするため，$\overrightarrow{\mathbf{h}}_t^{(0)} = \overleftarrow{\mathbf{h}}_t^{(0)} = \mathbf{x}_t$ とする．これらの隠れ状態の時間発展は，各層の隠れ状態

$$\left\{ \overrightarrow{\mathbf{h}}_0^{(l)} \right\}_{l=1}^L, \quad \left\{ \overleftarrow{\mathbf{h}}_{T+1}^{(l)} \right\}_{l=1}^L$$

を適切に初期化をしたうえで

$$\overrightarrow{\mathbf{h}}_t^{(l)} = \sigma(\overrightarrow{W}_{\mathrm{ih}}^{(l)} \mathbf{h}_t^{(l-1)} + \overrightarrow{W}_{\mathrm{hh}}^{(l)} \overrightarrow{\mathbf{h}}_{t-1}^{(l)} + \overrightarrow{\mathbf{b}}^{(l)}) \qquad (t = 1, 2, \ldots, T) \qquad (4.9)$$

$$\overleftarrow{\mathbf{h}}_t^{(l)} = \sigma(\overleftarrow{W}_{\mathrm{ih}}^{(l)} \mathbf{h}_t^{(l-1)} + \overleftarrow{W}_{\mathrm{hh}}^{(l)} \overleftarrow{\mathbf{h}}_{t+1}^{(l)} + \overleftarrow{\mathbf{b}}^{(l)}) \qquad (t = 1, 2, \ldots, T) \qquad (4.10)$$

とすればよい^{注8}. ここで，式 (4.10) は逆方向に時間発展していることに注意してほしい．こうすることで，$\overrightarrow{\mathbf{h}}_t^{(l)}$ を $\mathbf{x}_1, \ldots, \mathbf{x}_t$ に依存させ，$\overleftarrow{\mathbf{h}}_t^{(l)}$ を $\mathbf{x}_t, \ldots, \mathbf{x}_T$ に依存させることができる．そして，関数近似器の最終的な出力 $\bar{\mathbf{y}}_t$ を

$$\bar{\mathbf{y}}_t = W_{\mathrm{ho}}\mathbf{h}_t^{(L)} + \mathbf{b}_{\mathrm{o}}$$

と計算することで，$\bar{\mathbf{y}}_t$ をすべての入力に依存させることができる．

(3)　勾配消失・爆発問題

　RNN では，原理上，過去のすべての時刻における入力を考慮するが，時間的に遠い過去のデータほど寄与度の調整が難しくなる．例えば，RNN の時間発展（式 (4.7)）で活性化関数がないとすると，$\mathbf{h}_t^{(l)}$ に対する $\mathbf{h}_1^{(l)}$ の寄与度は重み $W_{\mathrm{hh}}^{(l)}$ の $t-1$ 乗となり，$W_{\mathrm{hh}}^{(l)}$ の固有値の絶対値がすべて 1 より小さい場合，t について指数的に小さくなることからわかる．逆に 1 より大きい固有値がある場合，$W_{\mathrm{hh}}^{(l)}{}^{t-1}$ が指数的に大きくなってしまい，いずれの場合でも寄与度の調整が難しい．また，$\mathbf{h}_1^{(l)}$ の寄与度が指数的に小さくなったり大きくなったりするため，それに対応して重みパラメタの勾配も指数的に小さくなったり大きくなったりし，学習に支障をきたしてしまう．これを，**勾配消失・爆発問題**と呼ぶ．

　この問題を解決するには単純な RNN では不十分で，ネットワークの構造を工夫する必要がある．その一例として，次節では長・短期記憶と呼ばれるニューラルネットワークについて詳しく説明する．

4.1.4　長・短期記憶

　長・短期記憶（**LSTM**）は，RNN の勾配消失・爆発問題を解決するために考案されたニューラルネットワークである²⁶⁾．LSTM ユニットは，内部状態として**細胞状態**（cell state）$\mathbf{c}_t$ をもち，隠れ状態 $\mathbf{h}_t$ を同時刻の細胞状態 $\mathbf{c}_t$ によって定義することが特徴である．細胞状態 $\mathbf{c}_t$ の時間発展は，前時刻の細胞状態 $\mathbf{c}_{t-1}$ をそのまま維持するか，あるいは，新しい状態 $\mathbf{g}_t$ に書き換えるか，

注8　実際，PyTorch では，このように各層で順方向の隠れ状態と逆方向の隠れ状態を連結し，それを上位層の入力としている．
https://github.com/pytorch/pytorch/issues/4930（2023 年 10 月確認）

という選択的なものである[注9]. もし前時刻の細胞状態をそのまま維持するという選択を続けた場合, 長期間にわたって同じ細胞状態を維持することができ, その結果, 同じ隠れ状態 $\mathbf{h}_t$ をそのまま維持することができる. このようにすると, 勾配消失・爆発問題を回避することができる.

LSTM は次の 3 つの内部状態をもつ.

- $\mathbf{h}_t$ は時刻 t の隠れ状態で, LSTM 細胞の出力および次の時刻への入力に使われる
- $\mathbf{c}_t$ は時刻 t の細胞状態で, LSTM 細胞の記憶に相当する
- $\mathbf{g}_t$ は時刻 t の新規記憶候補を表し, $\mathbf{c}_t$ を $\mathbf{g}_t$ に書き換えるかどうかの判断が毎時刻で行われる

また, 次の 3 つのゲートと呼ばれるタイプの変数が, 上記 3 つの内部状態それぞれの時間発展を司っている.

- 細胞状態 $\mathbf{c}_t$ を新規記憶候補 $\mathbf{g}_t$ で書き換える度合いを調整する入力ゲート $\mathbf{i}_t$
- 前の時刻の細胞状態 $\mathbf{c}_{t-1}$ を維持する度合いを調整する忘却ゲート $\mathbf{f}_t$
- 細胞状態を隠れ状態に反映する度合いを調整する出力ゲート $\mathbf{o}_t$

これらを数式で表現すると, 次のようになる.

$$
\begin{aligned}
\mathbf{i}_t &= \sigma(W_{\mathrm{xi}}\mathbf{x}_t + W_{\mathrm{hi}}\mathbf{h}_{t-1} + \mathbf{b}_{\mathrm{i}}) \\
\mathbf{f}_t &= \sigma(W_{\mathrm{xf}}\mathbf{x}_t + W_{\mathrm{hf}}\mathbf{h}_{t-1} + \mathbf{b}_{\mathrm{f}}) \\
\mathbf{o}_t &= \sigma(W_{\mathrm{xo}}\mathbf{x}_t + W_{\mathrm{ho}}\mathbf{h}_{t-1} + \mathbf{b}_{\mathrm{o}}) \\
\mathbf{g}_t &= \tanh(W_{\mathrm{xc}}\mathbf{x}_t + W_{\mathrm{hc}}\mathbf{h}_{t-1} + \mathbf{b}_{\mathrm{c}}) \\
\mathbf{c}_t &= \mathbf{f}_t \odot \mathbf{c}_{t-1} + \mathbf{i}_t \odot \mathbf{g}_t \\
\mathbf{h}_t &= \mathbf{o}_t \odot \tanh(\mathbf{c}_t)
\end{aligned}
\tag{4.11}
$$

ここで, $\odot$ は**アダマール積** (Hadamard product) であり, ベクトルどうしの要素ごとの積を計算する演算子 (要素積) である. このように入力ゲート, 忘却ゲート, 出力ゲートはそれぞれ入力 $\mathbf{x}_t$ と, 前時刻の隠れ状態 $\mathbf{h}_{t-1}$ の非線形

注9 実際は, 維持するか書き換えるかの二択からの選択ではなく, 式 (4.11) のような連続的な選択がなされる.

関数としてモデル化され，また新規記憶候補 $\mathbf{g}_t$ も同様にモデル化される（ただし，異なる活性化関数をもつ）．

LSTM を関数近似器として用いるとき，その最終的な出力は，隠れ状態を用いて次のように計算される．

$$\bar{\mathbf{y}}_t = W_{\mathrm{hy}}\mathbf{h}_t + \mathbf{b}_{\mathrm{y}} \tag{4.12}$$

ここまで 1 層の LSTM を説明してきたが，4.1.3 項で説明した方法にしたがって LSTM を多層化・双方向化することができる．多層化は，RNN と同様に，各層の $\mathbf{h}_t$ を次の層の入力 $\mathbf{x}_t$ とすることで実現できる．また，双方向化も RNN と同様に，順方向の LSTM と逆方向の LSTM を組み合わせることで実現できる．

さらに，LSTM の構造を簡略化したものとして，**ゲート付き再帰素子**（gated recurrent unit; **GRU**）[7] などがある．4.1.3 項で説明した RNN に比べて，LSTM や GRU のほうが高い性能となることが実験的に示されているが，LSTM と GRU の優劣に関してはどちらともいえない[8]．

4.2　系列モデルを用いた分子生成モデル

最も簡単な分子生成モデルとして，LSTM を用いた分子生成モデルを題材とし，その詳細と実装について説明する．この分子生成モデルは，Segler *et al.*[59] によって提案された分子最適化手法の一部で使われている．本書では，このモデルを **SMILES-LSTM** と呼ぶことにする．なお，SMILES-LSTM を用いた分子最適化に関しては，7.5 節で詳細と実装を示す．

4.2.1　データの取得と前処理

はじめに，分子のデータセットを取得し，系列モデルで取り扱うための前処理を行う．特に，分子構造を SMILES で表して系列モデルで取り扱うために，SMILES のアルファベット集合 $\mathcal{X}$ を構築し，4.1.1 項で説明した手順にしたがって，各 SMILES 系列 $\mathbf{x} \in \mathcal{X}^*$ から，系列識別モデル用のデータ $(\tilde{\mathbf{x}}, \tilde{\mathbf{y}}) \in \tilde{\mathcal{X}}^* \times \tilde{\mathcal{X}}^*$ をつくる．

ここでは，Guacamol と呼ばれる分子生成手法のベンチマークで使われる分子データセット[5] を用いるので，**リスト 4.1** にしたがってこれをダウンロー

リスト 4.1 Guacamol データセットのダウンロードのコマンド

```
1  wget https://ndownloader.figshare.com/files/13612760 -O train.smi
2  wget https://ndownloader.figshare.com/files/13612766 -O valid.smi
3  wget https://ndownloader.figshare.com/files/13612757 -O test.smi
```

ドする．このデータセットでは，それぞれの分子は SMILES で表現されている．このデータセットに対して，次のように系列識別モデル用に変換する前処理を行う．

- **前処理 1**：系列識別モデルで取り扱うために，データセットの SMILES 系列それぞれに開始記号 $\langle\mathrm{sos}\rangle$ と終了記号 $\langle\mathrm{eos}\rangle$ を付け加える
- **前処理 2**：すべての系列の長さをそろえるために，終了記号の後を空文字 $\langle\mathrm{pad}\rangle$ で埋める（**padding** という）
- **前処理 3**：全 SMILES 系列で使われる文字 $\bar{\mathcal{X}} = \mathcal{X} \cup \{\langle\mathrm{sos}\rangle, \langle\mathrm{eos}\rangle, \langle\mathrm{pad}\rangle\}$ を集計し，$\bar{\mathcal{X}}$ と整数の対応表をつくる

　前処理 2 によってすべての系列の長さがそろうため，複数の系列に対して同時に計算を行いやすくなり，予測や学習の計算効率を上げることができる．

(1) 実装の説明

　これらの前処理を実行し，アルファベット集合をつくるためのクラス SmilesVocabulary の実装を**リスト 4.2** に示す．また，このクラスで実装したメソッドの一覧を**表 4.1** に示す．

リスト 4.2 smiles_vocab.py

```
1   import torch
2   from torch import nn
3
4   class SmilesVocabulary(object):
5
6       pad = ' '
7       sos = '!'
8       eos = '?'
9       pad_idx = 0
10      sos_idx = 1
11      eos_idx = 2
12
13      def __init__(self):
```

```
14          self.char_list = [self.pad, self.sos, self.eos]
15
16      def update(self, smiles):
17          char_set = set(smiles)
18          char_set = char_set - set(self.char_list)
19          self.char_list.extend(sorted(list(char_set)))
20          return self.smiles2seq(smiles)
21
22      def smiles2seq(self, smiles):
23          return torch.tensor(
24              [self.sos_idx]
25              + [self.char_list.index(each_char)
26                 for each_char in smiles]
27              + [self.eos_idx])
28
29      def seq2smiles(self, seq, wo_special_char=True):
30          if wo_special_char:
31              return self.seq2smiles(seq[torch.where(
32                  (seq != self.pad_idx)
33                  * (seq != self.sos_idx)
34                  * (seq != self.eos_idx))],
35                              wo_special_char=False)
36          return ''.join([
37              self.char_list[each_idx] for each_idx in seq])
38
39      def batch_update(self, smiles_list):
40          seq_list = []
41          out_smiles_list = []
42          for each_smiles in smiles_list:
43              if each_smiles.endswith('\n'):
44                  each_smiles = each_smiles.strip()
45              seq_list.append(self.update(each_smiles))
46              out_smiles_list.append(each_smiles)
47          right_padded_batch_seq = nn.utils.rnn.pad_sequence(
48              seq_list,
49              batch_first=True,
50              padding_value= self.pad_idx)
51          return right_padded_batch_seq, out_smiles_list
52
53      def batch_update_from_file(
54              self, file_path, with_smiles=False):
55          seq_tensor, smiles_list = self.batch_update(
56              open(file_path).readlines())
57          if with_smiles:
58              return seq_tensor, smiles_list
59          return seq_tensor
```

表 **4.1** SmilesVocabulary のメソッド一覧

メソッド名	機　能
smiles2seq	SMILES 系列を受け取り，対応する整数系列を返す（開始記号，終了記号付き，torch.Tensor 型）
seq2smiles	整数系列 seq を受け取り，対応する SMILES 系列を返す（標準では特殊記号は含まない）
update	SMILES 系列を受け取り，char_list を更新したうえで，smiles2seq によって対応する整数系列を返す
batch_update	SMILES 系列のリストを受け取り，それぞれに update を適用したうえで，空文字を加えて長さをそろえた整数系列を返す
batch_update_from_file	SMILES 系列のデータセットのファイルを受け取り，batch_update を適用した結果を返す

　インスタンス変数として定義されている char_list（14 行目）は，SMILES で用いられる文字，および，padding, $\langle$sos$\rangle$, $\langle$eos$\rangle$ といった特殊文字を記憶するためのリストであり，前述の $\widetilde{\mathcal{X}}$ に相当する．リスト 4.2 で定義した SmilesVocabulary クラスは，SMILES 系列を読んだうえで char_list をつくること，そして，各 SMILES 系列を整数値の系列に変換することが主な目的である．

　Python のリストは順序付きなので，それぞれの文字 $x \in \widetilde{\mathcal{X}}$ の char_list におけるインデックスを用いれば，整数に変換することができる．このため，例えばリスト 4.2 の 25 行目では self.char_list.index(each_char) としているが，これは「each_char という文字が self.char_list の何番目に登場したか」を算出しており，each_char を整数値に変換するために使われている．

　特殊文字については，それぞれを表すための文字をクラス変数として定義している．これらは，SMILES で用いられない文字であればよく，ここでは，padding に用いる空文字は半角スペース，$\langle$sos$\rangle$ は！，$\langle$eos$\rangle$ は？として定義している．

リスト 4.3 smiles_vocab.py のテストのプログラム

```
1  from smiles_vocab import SmilesVocabulary
2
3  smiles_vocab = SmilesVocabulary()
4  train_tensor = smiles_vocab.batch_update_from_file('train.smi')
5  print(train_tensor)
6  print(train_tensor.shape)
7  print(smiles_vocab.char_list)
8  print(smiles_vocab.seq2smiles(train_tensor[0]))
```

リスト 4.4 smiles_vocab.py のテスト結果

```
1  tensor([[ 1,  6,  6, ...,  0,  0,  0],
2          [ 1,  6,  6, ...,  0,  0,  0],
3          [ 1, 13, 14, ...,  0,  0,  0],
4          ...,
5          [ 1, 12,  6, ...,  0,  0,  0],
6          [ 1,  6, 13, ...,  0,  0,  0],
7          [ 1, 13, 11, ...,  0,  0,  0]])
8  torch.Size([1273104, 102])
9  [' ', '!', '?', '(', ')', 'B', 'C', 'r', '-', '1', '2', '=', 'N',
    'O', 'c', '3', 'S', '4', 'l', 'n', '#', 'o', 'F', 'H', '[', ']',
    '5', 'P', 's', '+', 'I', '6', 'i', '7', 'e', '8', '9', '%',
    '0', 'p', 'b']
10 CCC(C)(C)Br
```

(2) プログラムの実行例

プログラム smiles_vocab.py で実装した SmilesVocabulary の挙動を確認するプログラムを**リスト 4.3** に，その実行結果の一例を**リスト 4.4** に示す．リスト 4.4 には，前処理を行った後の torch.Tensor 型の整数列とそのサイズが表示されているほか，得られた文字集合 $\widetilde{\mathcal{X}}$（char_list）も確認できる．なお，実装の簡単のため，Br など，2 文字で定義される原子について，それらをまとめて 1 つのアルファベットとしては取り扱わず，2 つのアルファベットとして取り扱っている．しかし，実際には Br などは，2 文字で 1 つのアルファベットとして取り扱ったほうがより効率的な実装となるため，興味のある読者は試してみてほしい．

4.2.2 系列モデルの実装

　次に系列モデルの実装を説明する．系列モデルの実装と，学習に用いるプログラムを**リスト 4.5** に示す．

リスト 4.5 SMILES-LSTM のモデルおよび学習アルゴリズムを定義するプログラム

```
 1  import torch
 2  from torch import nn, tensor
 3  from torch.utils.data import DataLoader, TensorDataset
 4  from torch.distributions import OneHotCategorical
 5  from tqdm import tqdm
 6  from smiles_vocab import SmilesVocabulary
 7
 8
 9  class SmilesLSTM(nn.Module):
10
11      def __init__(self, vocab, hidden_size, n_layers):
12          super().__init__()
13          self.vocab = vocab
14          vocab_size = len(self.vocab.char_list)
15          self.lstm = nn.LSTM(
16              vocab_size,
17              hidden_size,
18              n_layers,
19              batch_first=True)
20          self.out_linear = nn.Linear(hidden_size, vocab_size)
21          self.out_activation = nn.Softmax(2)
22          self.out_dist_cls = OneHotCategorical
23          self.loss_func = nn.CrossEntropyLoss(reduction='none')
24
25      def forward(self, in_seq):
26          in_seq_one_hot = nn.functional.one_hot(
27              in_seq,
28              num_classes=self.lstm.input_size).to(torch.float)
29          out, _ = self.lstm(in_seq_one_hot)
30          return self.out_linear(out)
31
32      def loss(self, in_seq, out_seq):
33          return self.loss_func(
34              self.forward(in_seq).transpose(1, 2),
35              out_seq)
36
37      def generate(self, sample_size=1, max_len=100, smiles=True):
38          device = next(self.parameters()).device
39          with torch.no_grad():
40              self.eval()
```

```
41          in_seq_one_hot = nn.functional.one_hot(
42              tensor([[self.vocab.sos_idx]] * sample_size),
43              num_classes=self.lstm.input_size).to(
44                  torch.float).to(device)
45          h = torch.zeros(
46              self.lstm.num_layers,
47              sample_size,
48              self.lstm.hidden_size).to(device)
49          c = torch.zeros(
50              self.lstm.num_layers,
51              sample_size,
52              self.lstm.hidden_size).to(device)
53          out_seq_one_hot = in_seq_one_hot.clone()
54          out = in_seq_one_hot
55          for _ in range(max_len):
56              out, (h, c) = self.lstm(out, (h, c))
57              out = self.out_activation(self.out_linear(out))
58              out = self.out_dist_cls(probs=out).sample()
59              out_seq_one_hot = torch.cat(
60                  (out_seq_one_hot, out), dim=1)
61      self.train()
62      if smiles:
63          return [self.vocab.seq2smiles(each_onehot)
64                  for each_onehot
65                  in torch.argmax(out_seq_one_hot, dim=2)]
66      return out_seq_one_hot
67
68
69  def trainer(
70          model,
71          train_tensor,
72          val_tensor,
73          smiles_vocab,
74          lr,
75          n_epoch,
76          batch_size,
77          print_freq,
78          device):
79      model.train()
80      model.to(device)
81      optimizer = torch.optim.Adam(model.parameters(), lr=lr)
82      train_dataset = TensorDataset(train_tensor[:, :-1],
83                                    train_tensor[:, 1:])
84      train_data_loader = DataLoader(train_dataset,
85                                     batch_size=batch_size,
86                                     shuffle=True)
87      val_dataset = TensorDataset(val_tensor[:, :-1],
```

```
88                               val_tensor[:, 1:])
89     val_data_loader = DataLoader(val_dataset,
90                                  batch_size=batch_size,
91                                  shuffle=True)
92     train_loss_list = []
93     val_loss_list = []
94     running_loss = 0
95     running_sample_size = 0
96     batch_idx = 0
97     for each_epoch in range(n_epoch):
98         for each_train_batch in tqdm(train_data_loader):
99             optimizer.zero_grad()
100            each_loss = model.loss(each_train_batch[0].to(device),
101                                   each_train_batch[1].to(device))
102            each_loss = each_loss.mean()
103            running_loss += each_loss.item()
104            running_sample_size += len(each_train_batch[0])
105            each_loss.backward()
106            optimizer.step()
107            if (batch_idx+1) % print_freq == 0:
108                train_loss_list.append(
109                    (batch_idx+1,
110                     running_loss/running_sample_size))
111                print('#update: {},\tper-example '
112                    'train loss:\t{}'.format(
113                        batch_idx+1,
114                        running_loss/running_sample_size))
115                running_loss = 0
116                running_sample_size = 0
117                if (batch_idx+1) % (print_freq*10) == 0:
118                    val_loss = 0
119                    with torch.no_grad():
120                        for each_val_batch in val_data_loader:
121                            each_val_loss = model.loss(
122                                each_val_batch[0].to(device),
123                                each_val_batch[1].to(device))
124                            each_val_loss = each_val_loss.mean()
125                            val_loss += each_val_loss.item()
126                    val_loss_list.append((
127                        batch_idx+1,
128                        val_loss/len(val_dataset)))
129                    print('#update: {},\tper-example '
130                        'val loss:\t{}'.format(
131                            batch_idx+1,
132                            val_loss/len(val_dataset)))
133            batch_idx += 1
134    return model, train_loss_list, val_loss_list
```

(1)　モデルの説明

まず SMILES-LSTM のモデル本体を説明する.

モデルの部品は SMILES-LSTM クラスの__init__メソッドで定義している. それぞれの部品について, 次に説明を与える.

- 変数 lstm で LSTM 本体を定義している (15〜19 行目). LSTM を初期化する際には, 入力データの次元や, 隠れ状態の次元, 層数を指定する必要がある. この LSTM は語彙サイズ $|\tilde{\mathcal{X}}|$ の大きさのワンホットベクトルを受け取るため, 入力データの次元を vocab_size$(=|\tilde{\mathcal{X}}|)$ としている. また, LSTM の初期化の際, batch_first=True と指定しているが, これは入力データや隠れ状態のテンソルの次元の定義を

  (バッチサイズ) × (系列長) × (語彙サイズ)

  とするためのオプションである

- 変数 out_linear で, LSTM の最終層の隠れ状態から, 関数近似器の出力を計算するための線形層 (式 (4.12)) を定義している (20 行目). ここで, 隠れ状態の次元は hidden_size, 関数近似器の出力の次元は vocab_size であるため, それらの次元の値を用いて線形層を定義している

- 変数 out_activation で活性化関数を定義している (21 行目). この活性化関数が受け取るテンソルのサイズは

  (バッチサイズ) × (系列長) × (語彙サイズ)

  であり, 最後の語彙サイズの大きさの次元について, ソフトマックス関数を適用したいため, ソフトマックスモジュールの引数として 2 を指定している

- 変数 out_dist_cls で, 予測分布の条件付き確率分布を定義している (22 行目). ここではカテゴリカル分布のうち, 特にワンホットベクトルのしたがう確率分布を使用したいため, OneHotCategorical を用いている

- 変数 loss_func で, 損失関数を定義している (23 行目). 各時間ステップでの出力は多値ラベルとなるため, nn.CrossEntropyLoss を損失関数として用いている

表 4.2 SmilesLSTM のメソッド一覧

メソッド名	機　能
__init__	SmilesVocabulary のインスタンス（vocab），隠れ状態の次元，および，層数を受け取って，SMILES-LSTM のモデルをつくる
forward	整数系列（in_seq）を受け取り，SMILES-LSTM の出力系列を返す
loss	入力・出力の整数系列 in_seq, out_seq を受け取り，損失関数の値を返す
generate	SMILES-LSTM を用いて SMILES 系列を生成する

(2) メソッドの説明

次に SmilesLSTM クラスに実装したメソッドと機能について詳しく説明する．その一覧については，**表 4.2** を参照してほしい．以下，それぞれのメソッドについて詳しく説明する．

forward メソッドは，入力系列 in_seq（整数値の系列）をネットワークに通して得られる出力を計算するものである（25〜30 行目）．__init__ メソッドにおいて，LSTM モデルはワンホットベクトルを受け取るものとして定義していたため，整数値の系列である入力系列 in_seq を，まずワンホットベクトルに変換する必要がある．このために，nn.functional.one_hot を用いている．変換後のワンホットベクトルの系列を LSTM モデルに入力すると，各時刻における最終層の隠れ状態系列と，最終時刻における各層の h と c が出力される．ネットワークの出力を計算する際には後者は必要なく，前者のみ利用すればよい．すなわち，各層の h を，最終層の隠れ状態系列から関数近似器の出力を計算するために out_linear に通し，得られた結果を出力する[注10]．

loss メソッドは，系列識別モデルに対する入力系列 in_seq（整数値の系列）と，対応する出力系列 out_seq（整数値の系列）が与えられたときの損失関数の値を計算するものである（32〜35 行目）．ここで，forward メソッドの出力は

$$(バッチサイズ) \times (系列長) \times (語彙サイズ)$$

の大きさだが，nn.CrossEntropyLoss で定義される損失関数は

注10　forward メソッドの出力は，関数近似器としての出力であり，活性化関数を用いていない．これは，3.3.3 項で説明したように，活性化関数と損失関数が一体化した nn.CrossEntropyLoss を用いて損失関数を計算することが望ましく，それには関数近似器の出力を返すメソッドが必要だからである．

$$(\text{バッチサイズ}) \times (\text{語彙サイズ}) \times (\text{系列長})$$

の入力を想定しているため，テンソルの軸を入れ替える必要がある．この軸の入れ替え操作が transpose(1,2) に対応している．これは，第 1 次元と第 2 次元を入れ替えるというメソッドである．また，23 行目で損失関数を定義する際に，nn.CrossEntropyLoss のオプションで reduction=‘none’ と設定しているため，loss メソッドの出力は (バッチサイズ) × (系列長) の大きさであることに注意する．リスト 4.5 の実装では，これらの値の平均を出力しても問題ないが，強化学習にもとづいて学習するプログラムであるリスト 7.1 との実装の共通化のため，このような実装としている．

　generate メソッドは，学習済みのモデルを用いて，アルゴリズム 4.1 にしたがって新規分子を生成する（37〜66 行目）．このメソッドの引数は，次のとおりである．

- max_len は，生成する系列の系列長の最大値を決める引数である．系列生成には，⟨eos⟩ が出るまで生成を続け，⟨eos⟩ が出た段階で生成を終了するというアルゴリズムを採っているので，モデルの学習がうまくいっていないときなどには，いつまで経っても ⟨eos⟩ が出ずに生成が終了できないことがありうる．これを避けるために，あらかじめ系列長の最大値を与えておく

- smiles は，生成した結果を SMILES 系列に変換するか，ワンホットベクトルの系列のまま出力するかを選択するための引数である

　まず，生成をする際には，ネットワークを推論モードにする必要があるため，self.eval() を実行する．推論モードにすることで，例えばドロップアウトなどの機能をオフにすることができる．

　系列を生成する際には「1 文字ずつ生成しては得られた文字を再度入力して，次の文字を生成する」ということを繰り返すが，このとき，LSTM の隠れ状態や細胞状態を引き継ぐ必要があるため，それらを明示的に用意して LSTM の推論時に入力する．プログラム内で隠れ状態は h，細胞状態は c と定義されている．

　系列の始めの文字は開始文字 ⟨sos⟩ であるから，LSTM への入力系列として，開始文字のみからなるワンホットベクトル系列 in_seq_one_hot を用意

する（41〜44 行目）．これをニューラルネットワークに通して，次の文字を
サンプリングし，得られた結果を out_seq_one_hot に追記して，出力系列を
保存する（55〜60 行目）．そして，最終的に得られたワンホットベクトル系列
を，SMILES 系列に変換して出力したり，そのまま出力したりする．

(3) 学習を実行するメソッドの説明

リスト 4.5 の後半（69〜134 行目）に実装した trainer メソッドは，系列モ
デルの学習を行うメソッドである．このメソッドの引数は次のとおりである．

- model は，学習するモデルを指定する引数である．リスト 4.5 では，
  SmilesLSTM のインスタンスを入力することを想定している
- train_tensor, val_tensor は，それぞれ訓練用，検証用のデータを格
  納するテンソルを指定する引数である．各要素はアルファベットを整数
  値で表現したものであるから，大きさは

  $$(サンプルサイズ) \times (最大系列長)$$

  となる
- smiles_vocab は，SmilesVocabulary のインスタンスを指定する引数
  である
- lr は，learning rate の略で，学習率を定める引数である
- n_epoch は，学習のエポック数，つまり確率的勾配降下法でデータセッ
  トを何周するかを定める引数である
- batch_size は，ミニバッチを用いた確率的勾配降下法のバッチサイズ
  を定める引数である
- print_freq は，学習中の損失関数の値を画面に表示する頻度を定める
  引数である
- device は，どのデバイスで学習を行うかを定める引数である．cpu の場
  合は CPU で学習が実行され，cuda の場合は GPU で学習が実行される

trainer メソッドの内部の処理は，リスト 3.6（82 ページ）の学習にかかわる
部分と同様である．つまり，最適化を実行するオブジェクトである optimizer
を定義し，データセットからデータローダをつくり，それらを用いて確率的勾
配降下法を実行するという構成である．

一方，SMILES-LSTM を訓練するにあたっては，4.1.1 項の手順にしたがってデータセットから入力系列と出力系列をつくる必要がある点がリスト 3.6 と異なる（82〜83 行目，および，87〜88 行目）．入力として与えるデータ train_tensor, val_tensor は

$$(サンプルサイズ) \times (最大系列長)$$

という大きさをもつが，ここから式 (4.3)（129 ページ）のようにして系列識別モデルの教師データをつくる．例えば訓練データの場合では，入力系列に対応するテンソルは train_tensor[:, :-1]，出力系列に対応するテンソルは train_tensor[:, 1:] とすればよい．

4.2.3　系列モデルの実行・評価

リスト 4.6 に，ここまででつくった SMILES-LSTM モデルを実行し，性能を評価するプログラムを示す．

リスト 4.6　lstm_smiles_main.py

```
1   import matplotlib.pyplot as plt
2   from smiles_vocab import SmilesVocabulary
3   from smiles_lstm import SmilesLSTM, trainer
4   from rdkit import Chem
5
6   def valid_ratio(smiles_list):
7       n_success = 0
8       for each_smiles in smiles_list:
9           try:
10              Chem.MolToSmiles(Chem.MolFromSmiles(each_smiles))
11              n_success += 1
12          except:
13              pass
14      return n_success / len(smiles_list)
15
16  if __name__ == '__main__':
17      smiles_vocab = SmilesVocabulary()
18      train_tensor = smiles_vocab.batch_update_from_file('train.smi')
19      val_tensor = smiles_vocab.batch_update_from_file('val.smi')
20
21      lstm = SmilesLSTM(smiles_vocab,
22                        hidden_size=512,
23                        n_layers=3)
24      lstm, train_loss_list, val_loss_list = trainer(
```

```
25          lstm,
26          train_tensor,
27          val_tensor,
28          smiles_vocab,
29          lr=1e-3,
30          n_epoch=1,
31          batch_size=128,
32          print_freq=100,
33          device='cuda')
34      plt.plot(*list(zip(*train_loss_list)), label='train loss')
35      plt.plot(*list(zip(*val_loss_list)),
36              label='validation loss',
37              marker='*')
38      plt.legend()
39      plt.xlabel('# of updates')
40      plt.ylabel('Loss function')
41      plt.savefig('smiles_lstm_learning_curve.pdf')
42      smiles_list = lstm.generate(sample_size=1000)
43      print('success rate: {}'.format(valid_ratio(smiles_list)))
```

　性能の評価には，1000 個の SMILES を生成し，そのうち正しく分子に変換できるものの割合（生成成功確率）を評価指標として用いる．生成成功確率は，リスト 4.6 のうち valid_ratio というメソッドで計算される（6〜14 行目）．また，学習途中の訓練データおよび検証データ上での損失関数の値をプロットし，学習の収束性や，過剰適合の度合いを確認する．

　図 4.2 に，約 127 万個の訓練データをそれぞれ 1 回ずつ用いて確率的勾配降下法で学習を行った結果得られた学習曲線を示す．Google Colaboratory の GPU 環境で学習は 34 分程度で終了し，生成成功確率は 0.831 であった．また，学習曲線の図で訓練損失（train loss）と検証損失（validation loss）を比較すると，どちらもほぼ同じ値となっていることから，過剰適合（3.6 節参照）は起きておらず，問題なく SMILES-LSTM を訓練することができたと推察される．

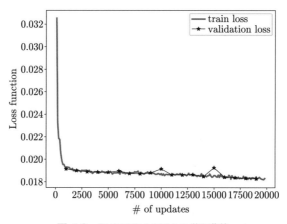

図 4.2　SMILES-LSTM の学習曲線

第 **5** 章

変分オートエンコーダを用いた
分子生成

　分子生成をする際には，ただランダムに分子を生成するだけではなく，分子の性質の満たすべき要件を事前に定めたうえで，それに応じて生成を制御したいことが多い．一方で，要件の中身が変わるたびにモデルを学習し直すのは非効率的なので，できるだけ再学習せず分子生成を制御できる方法が望ましい．本章では，生成を制御する機構をもつ分子生成モデルとして，変分オートエンコーダにもとづく分子生成モデルを説明する．

5.1　変分ベイズ法

　変分オートエンコーダ（**VAE**）とは，変分ベイズ法を用いて定義される，オートエンコーダ型のニューラルネットワークである（1.3.3 項参照）．ここで，**オートエンコーダ**（auto-encoder，**自己符号化器**）とは，データを実数値ベクトルに変換するエンコーダと，実数値ベクトルからデータを復元するデコーダの対のことである．デコーダに入力する実数値ベクトルを制御することで，任意の要件に応じて生成を制御できるような機構をもつ生成モデルをつくることができる．以下では，まず変分オートエンコーダ[33]の基礎となる変分ベイズ法について説明する．

5.1.1　ベイズ推測

　ベイズ推測（Bayesian inference）は，データに相当する確率変数 X と，データにもとづいて推測したい確率変数 Z をもとに定義される手続きである．ここで，データに相当する確率変数 X はデータ単体とは限らず，複数のデータ

からなるサンプルなどの場合もある．また，データにもとづいて推測したい確率変数 Z は，変分オートエンコーダの場合，データの潜在的な表現に相当するが，一般的なベイズ推測ではデータによって推測したい未知量のすべてとなる．例えば，パラメトリックモデルのパラメタも Z に含めることがある．

　ここで，データを観測していない状態での Z に対する事前知識 $p_Z(z)$ を，**事前分布**（prior distribution）という．また，$Z = z$ が与えられた下で，観測されるデータ X がしたがう確率分布を $p_{X|Z}(x \mid z)$ として，p_Z と $p_{X|Z}$ が既知であるとする注1．このとき，データ X に関する周辺分布

$$p_X(x) = \int p_{X|Z}(x \mid z)\, p_Z(z)\, \mathrm{d}z \tag{5.1}$$

を用いて，実現値 $X = x$ が与えられた下での Z の事後分布が

$$p_{Z|X}(z \mid x) = \frac{p_{X|Z}(x \mid z)\, p_Z(z)}{p_X(x)} \tag{5.2}$$

と導出できる．これを**ベイズの法則**（Bayes' rule）あるいは**ベイズの定理**（Bayes' theorem）という．式 (5.2) は，推測したい未知量 Z に関する知識が，事前の知識 p_Z から事後的な知識 $p_{Z|X}$ に更新されたことを表現している．このように，ベイズ推測は，推測したい確率変数を Z として確率モデルをつくり，式 (5.2) のように Z に関する事後分布を計算することで，Z のとりそうな値を確率分布の形で知るための手法である．

　しかし，式 (5.2) の分母にある周辺分布（式 (5.1)）の計算には，一般に膨大な時間を要することが多く，式 (5.2) から事後分布を計算することが困難であることが多い．よって，多くの場合は事後分布の厳密な計算はあきらめ，次善の策として，事後分布を近似的に計算することを目指すことになる．そのための手法が，マルコフ連鎖モンテカルロ法や変分ベイズ法などである．特に，変分ベイズ法は事後分布の推定を最適化問題として定式化する手法であり，ニューラルネットワークとの相性がよいため，ニューラルネットワークと組み合わせて使われることも多い．さらに，変分オートエンコーダの基本的な原理でもあることから，次節で詳しく説明する．

注1　ベイズ推測では，パラメトリックモデルを $p_{X|Z}$ として用いるときであっても，そのパラメタを Z に含めるため，Z を与えた下での X の分布である $p_{X|Z}$ は既知である．一方，変分 EM アルゴリズム（5.1.2 項(4)参照）は，ベイズ推測と最尤法のハイブリッドであるので，モデルのパラメタを最尤推定によって求める．

5.1.2 変分ベイズ法

変分ベイズ法（variational Bayesian method）とは，事後分布 $p_{Z|X}$ が計算困難な状況下で，パラメタ ϕ で特徴付けられるパラメトリックな確率モデル q_ϕ を導入し，それを事後分布 $p_{Z|X}$ になるべく近づけるような $\phi^\star$ を求め，得られた $q_{\phi^\star}$ を事後分布の近似とする手法である．この q_ϕ のことを**変分分布**（variational distribution）と呼ぶ．事後分布を近似するような変分分布 q_ϕ を求めるためには，事後分布と変分分布の間の近さを測る尺度を用いて最適化問題として定式化したうえで，その最小化問題を解く手法が必要になる．以下では，その手順について説明する．

(1) 事後分布近似の最適化問題としての定式化

事後分布と変分分布の間の近さを測る尺度として，KL 情報量（定義 1.9 参照）を用いる．すなわち，X の実現値として $X = x$ が得られているとき，事後分布の近似的な推測は，次式で表される最適化問題として定式化される[注2]．

$$\phi^\star = \underset{\phi}{\operatorname{argmin}} \ \mathrm{KL}(q_\phi(z) \,\|\, p_{Z|X}(z \mid x)) \tag{5.3}$$

式 (5.3) より最適解 $\phi^\star$ を求め，$q_{\phi^\star}(z)$ を事後分布 $p_{Z|X}(z \mid x)$ の近似とするのが変分ベイズ法である．

ただし，式 (5.3) は，このままでは現実的な時間で計算することはできない．なぜなら，この KL 情報量の計算には事後分布 $p_{Z|X}$ が必要であるが，$p_{Z|X}$ は計算困難だとしているからである．

したがって，式 (5.3) を変形して，計算可能な目的関数をもつ最適化問題を導出する．式変形すると

$$\begin{aligned} &\mathrm{KL}(q_\phi(z) \,\|\, p_{Z|X}(z \mid x)) \\ &= \int q_\phi(z) \log\left(\frac{q_\phi(z)}{p_{Z|X}(z \mid x)}\right) \, \mathrm{d}z \\ &= \int q_\phi(z) \log\left(\frac{q_\phi(z)p_X(x)}{p_{X,Z}(x, z)}\right) \, \mathrm{d}z \end{aligned} \tag{5.4}$$

注2　KL 情報量の左右の引数を逆にして得られる最適化問題も同様の目的を達成できるが，$p_{Z|X}$ に関する期待値の計算が必要になるため，計算困難な目的関数となり，解くことが困難な最適化問題になってしまう．

$$= \int q_\phi(z) \left[- \log \left(\frac{p_{X,Z}(x, z)}{q_\phi(z)} \right) + \log p_X(x) \right] \, \mathrm{d}z$$

$$= -\mathbb{E}_{Z \sim q_\phi} [\log p_{X,Z}(x, Z)] + \mathbb{E}_{Z \sim q_\phi} [\log q_\phi(Z)] + \log p_X(x) \quad (5.5)$$

となる．上式の最終行において，$\log p_X(x)$ は q_ϕ に依存しないため，式 (5.3) の最適解を求めるうえでは無視できる．よって

$$\phi^\star = \underset{\phi}{\mathrm{argmin}} \quad - \mathbb{E}_{Z \sim q_\phi} [\log p_{X,Z}(x, Z)] + \mathbb{E}_{Z \sim q_\phi} [\log q_\phi(Z)] \quad (5.6)$$

という最適化問題を解けば，式 (5.3) と同じ最適解 $\phi^\star$ が得られることになる．ここで，X と Z の同時分布 $p_{X,Z}$ の値は，一般に容易に計算できることがポイントである．また，期待値に関してもモンテカルロ近似することで近似値を計算することができる[注3]．したがって，多くの場合，式 (5.6) は効率的に計算可能である．

(2)　再パラメタ化法にもとづくアルゴリズム

次に，パラメタ ϕ について，自動微分を用いて勾配を計算し，勾配法にもとづいて式 (5.6) を解く方法を説明する．

式 (5.6) の目的関数の各項は q_ϕ にしたがう確率変数 Z に関する期待値であるが，これをモンテカルロ近似して計算するものとする．モンテカルロ近似するためには，q_ϕ から Z の実現値をサンプリングする必要があるが，この実現値は ϕ に依存する値であるため，勾配を計算するためには，この実現値の ϕ に関する勾配を計算する必要がある．このように確率変数の実現値の勾配を求めるための手段として**再パラメタ化法**（reparameterization trick）[33] が知られている．ここでは再パラメタ化法を定義 5.1 で与えた後，それを正規分布に対して適用した具体例を例 5.1 で説明する．

定義 5.1（再パラメタ化）

パラメタ ϕ で特徴付けられる確率分布 $q_\phi(z)$ にしたがう確率変数を Z_ϕ とする．これを，ϕ に依存しない確率変数 Z_0 と，ϕ に依存する決定的な関数 $t_q(z; \phi)$ を用いて

注3　変分ベイズ法の初期では，q_ϕ を簡単なモデルとすることで式 (5.6) を解析的に計算する手法が使われていた[3]．

$$Z_\phi = t_q(Z_0; \phi)$$

と分解することを**再パラメタ化**という.

例 5.1 　正規分布に対する再パラメタ化

q_ϕ が正規分布

$$q_\phi(z) = \mathcal{N}(z; \mu_\phi, {\sigma_\phi}^2)$$

であり,その平均・標準偏差が ϕ に依存するとき,q_ϕ にしたがう確率変数 Z_ϕ は,標準正規分布 $\mathcal{N}(0, 1)$ にしたがう確率変数 Z_0 を用いて

$$Z_\phi = \sigma_\phi Z_0 + \mu_\phi$$

となる.よって,再パラメタ化するには

$$t_Z(z; \phi) = \sigma_\phi z + \mu_\phi$$

とすればよい.このような再パラメタ化を用いると,確率変数 Z_ϕ の ϕ に関する勾配を

$$\frac{\partial Z_\phi}{\partial \phi} = \frac{\partial \sigma_\phi}{\partial \phi} Z_0 + \frac{\partial \mu_\phi}{\partial \phi}$$

と計算することができる.確率変数の実現値についても同様に勾配を計算できる.

式 (5.6) のモンテカルロ近似に対して再パラメタ化法を適用すると,$\{\varepsilon_m\}_{m=1}^M$ をパラメタに依存しない確率変数の実現値として

$$-\mathbb{E}_{Z \sim q_\phi}\left[\log p_{X,Z}(x, Z)\right] + \mathbb{E}_{Z \sim q_\phi}\left[\log q_\phi(Z)\right]$$

$$\approx \frac{1}{M} \sum_{m=1}^M \left[-\log p_{X,Z}(x, t_q(\varepsilon_m; \phi)) + \log q_\phi(t_q(\varepsilon_m; \phi)))\right]$$

$$=: \widehat{\ell}(\phi; \{\varepsilon_m\}_{m=1}^M) \tag{5.7}$$

と書け,自動微分を用いて ϕ に関する勾配を計算できる.したがって,変分分布の学習アルゴリズムは**アルゴリズム 5.1** のようになる.

アルゴリズム 5.1　再パラメタ化にもとづく変分ベイズ法

- 入力：同時分布 $p_{X,Z}(x, z)$，X の実現値 x，再パラメタ化可能な変分分布 $q_\phi(z)$，初期値 ϕ_0，および，アルゴリズムの繰返し回数 T
- 出力：$p_{Z|X}(z \mid x)$ の近似

1: **for** $t = 1, 2, \ldots, T$ **do**

2:　　$\{\varepsilon_m\}_{m=1}^M \overset{\text{i.i.d.}}{\sim} q_0$ をサンプリング

3:　　$\dfrac{\partial}{\partial \phi}\widehat{\ell}(\phi_{t-1}; \{\varepsilon_m\}_{m=1}^M)$（式 (5.7)）を計算

4:　　$\phi_t \leftarrow \phi_{t-1} - \alpha_{t-1}\dfrac{\partial}{\partial \phi}\widehat{\ell}(\phi_t; \{\varepsilon_m\}_{m=1}^M)$

5: **return** $q_{\phi_T}(z)$

---

(3)　変分ベイズ法の別解釈

ここまで，変分ベイズ法について，計算困難な事後分布 $p_{Z|X}$ とパラメトリックモデル q_ϕ をなるべく近づけるように ϕ を定める手法であると説明してきた．しかし，これとは別の解釈も可能である．上記の式変形の最初の式（式 (5.4)）と最後の式（式 (5.5)）を並べると

$$\mathrm{KL}(q_\phi \,\|\, p_{Z|X}) = -\mathbb{E}_{Z\sim q_\phi}[\log p_{X,Z}(x, Z)] + \mathbb{E}_{Z\sim q_\phi}[\log q_\phi(Z)] + \log p_X(x) \tag{5.8}$$

となる．式 (5.8) から，周辺化尤度 $\log p_X(x)$ の下界を次式のように求めることができる．

$$\log p_X(x) = \mathbb{E}_{Z\sim q_\phi}[\log p_{X,Z}(x, Z)] - \mathbb{E}_{Z\sim q_\phi}[\log q_\phi(Z)] + \mathrm{KL}(q_\phi \,\|\, p_{Z|X}) \tag{5.9}$$

$$\geq \mathbb{E}_{Z\sim q_\phi}[\log p_{X,Z}(x, Z)] - \mathbb{E}_{Z\sim q_\phi}[\log q_\phi(Z)] \tag{5.10}$$

ここで，式 (5.9) から式 (5.10) では，KL 情報量が非負であることを用いている．この下界を**変分下界**（variational lower bound），または **ELBO**（evidence lower bound）という．

式 (5.10) は，式 (5.6) と符号を除いて一致するから，式 (5.6) は周辺化尤度の下界を最大化していることに相当する．すなわち，変分ベイズ法は，周辺化尤度の下界である変分下界の中で，最良のものを求めていることがわかる．この性質は，次の変分 EM アルゴリズムを理解するためにも重要である．

(4) 変分 EM アルゴリズム

変分ベイズ法を用いた学習アルゴリズムである**変分 EM アルゴリズム**（variational EM algorithm）[注4]について説明する.

確率分布 $p_{X|Z}$ をパラメトリックモデルでモデル化するとき，そのパラメタ $\theta \in \Theta$ をベイズ推測ではなく，最尤推定で求めたい状況がある. 例えば，ニューラルネットワークを用いて $p_{X|Z}$ をつくるとき，そのニューラルネットワークの重みがパラメタ θ に相当するが，ベイズ推測するための計算量が大きかったり，重みに対する事前分布の設定が難しいなどの理由で，重みについては最尤推定したいことが多い. このとき，Z にはパラメタ θ は含まれないため，$p_{X|Z;\theta}$ と表記する.

X に関する実現値 x が与えられた下で，パラメタ θ を最尤推定するには，潜在変数 Z を周辺化した周辺分布 $p_{X;\theta}$ について

$$\underset{\theta}{\text{maximize}} \quad \log p_{X;\theta}(x) \tag{5.11}$$

を解けばよい.

しかし，式 (5.11) の目的関数である周辺化対数尤度 $\log p_{X;\theta}(x)$ は，一般には現実的な時間での計算が困難であるため，次善の策として最尤推定量を近似的に計算することにする. 式 (5.10) より $\log p_{X;\theta}(x)$ の下界は

$$\log p_{X;\theta}(x) \geq \mathbb{E}_{Z \sim q_\phi}[\log p_{X,Z;\theta}(x, Z)] - \mathbb{E}_{Z \sim q_\phi}[\log q_\phi(Z)] \tag{5.12}$$

であるから，$\log p_{X;\theta}(x)$ を最大化するかわりに変分下界（式 (5.12) 右辺）を最大化することで，最尤推定量の近似値を求める方法が考えられる. ここで，この変分下界を

$$\ell(\theta, \phi; x) := \mathbb{E}_{Z \sim q_\phi}[\log p_{X,Z;\theta}(x, Z)] - \mathbb{E}_{Z \sim q_\phi}[\log q_\phi(Z)] \tag{5.13}$$

とおく. この方法には，周辺化対数尤度の下界を最大化すれば，それにともなって周辺化対数尤度も大きくなるだろうという期待が込められている. 期待どおりになる保証はないが，周辺化対数尤度がその下界以上であることは必ず成り立つので，下界を大きくすることには妥当性があると考えられる.

また，変分下界の性質として，任意の θ, ϕ について

注4 EM（expectation-maximization）アルゴリズム[10]を一般化したアルゴリズムである.

(1)　$\log p_{X;\theta}(x) \geq \ell(\theta, \phi; x)$

(2)　$\log p_{X;\theta}(x) - \ell(\theta, \phi; x) = \mathrm{KL}(q_\phi(z) \parallel p_{Z|X;\theta}(z \mid x))$

が成り立つことがあげられる．上記の性質 (2) より，θ を固定して下界を ϕ について最大化することで得られた (θ, ϕ) で計算される変分下界 $\ell(\theta, \phi; x)$ は，$\log p_{X;\theta}(x)$ に最も近い下界となる．したがって，このようにして得られた ϕ を固定して，変分下界を θ について最大化すると，よりよい $\theta^\star$ の推定値が得られると期待できる．以上のように，θ と ϕ について交互に最適化して，$\theta^\star$ を推定するアルゴリズムを変分 EM アルゴリズムと呼ぶ．

(5)　変分下界の最大化

　変分下界の (θ, ϕ) に関する最大化を勾配法で行う方法を説明する．変分 EM アルゴリズムは，変分下界を θ，ϕ それぞれについて最大化するアルゴリズムだから，変分下界の (θ, ϕ) に関する勾配を計算できれば十分である．

　まず変分下界の ϕ に関する勾配 $\dfrac{\partial \ell}{\partial \phi}(\theta, \phi; x)$ は，前述の再パラメタ化法を用いて推定可能である．すなわち，ϕ によらない確率分布 q_0 にしたがう確率変数 ε を用いて，q_ϕ にしたがう確率変数 Z_ϕ が

$$Z_\phi = t_q(\varepsilon; \phi)$$

と書けるとすると，式 (5.13) をモンテカルロ近似した

$$\widehat{\ell}(\theta, \phi; \{\varepsilon_m\}_{m=1}^M) := \frac{1}{M} \sum_{m=1}^M [\log p_{X,Z;\theta}(x, t_q(\varepsilon_m; \phi)) - \log q_\phi(t_q(\varepsilon_m; \phi))]$$

(5.14)

を，自動微分を用いて ϕ について微分すればよい．ここで，$\{\varepsilon_m\}_{m=1}^M$ は ε の実現値である．

　また，変分下界の θ に関する勾配 $\dfrac{\partial \ell}{\partial \theta}(\theta, \phi; x)$ についても，自動微分を用いて式 (5.14) を θ について微分すればコンピュータ上で簡単に計算できる．

　これらをまとめると，**アルゴリズム 5.2** が得られる．

アルゴリズム 5.2 再パラメタ化法にもとづく変分 EM アルゴリズム

- 入力：同時分布 $p_{X,Z;\theta}(x, z)$, X の実現値 x, 再パラメタ化可能な変分分布 $q_\phi(z)$, 初期値 θ_0, ϕ_0
- 出力：最尤推定量の近似値 $\theta^\star$

1: **for** $t = 1, 2, \ldots, T$ **do**

2: $\quad \{\varepsilon_m\}_{m=1}^M \overset{\text{i.i.d.}}{\sim} q_0$ をサンプリング

3: $\quad \dfrac{\partial}{\partial \phi}\widehat{\ell}(\theta_{t-1}, \phi_{t-1}; \{\varepsilon_m\}_{m=1}^M)$ （式 (5.14) を ϕ について自動微分）を計算

4: $\quad \dfrac{\partial}{\partial \theta}\widehat{\ell}(\theta_{t-1}, \phi_{t-1}; \{\varepsilon_m\}_{m=1}^M)$ （式 (5.14) を θ について自動微分）を計算

5: $\quad \phi_t \leftarrow \phi_{t-1} + \alpha_{t-1}\dfrac{\partial}{\partial \phi}\widehat{\ell}(\theta_{t-1}, \phi_{t-1}; \{\varepsilon_m\}_{m=1}^M)$

6: $\quad \theta_t \leftarrow \theta_{t-1} + \alpha_{t-1}\dfrac{\partial}{\partial \theta}\widehat{\ell}(\theta_{t-1}, \phi_{t-1}; \{\varepsilon_m\}_{m=1}^M)$

7: **return** θ_T

5.2 変分オートエンコーダ

変分オートエンコーダ（**VAE**）[33] は，オートエンコーダと呼ばれる構造のニューラルネットワークの 1 つであるが，一般的なオートエンコーダと異なり，確率モデルとして定義されることが特徴である．まず 5.2.1 項で一般的なオートエンコーダについて説明し，その問題点を 5.2.2 項で指摘する．そして，それを改良したものとして 5.2.3 項で変分オートエンコーダについて説明する．

5.2.1 オートエンコーダ

オートエンコーダ（**自己符号化器**）は，エンコーダ

$$\text{Enc}: \mathbb{R}^D \to \mathbb{R}^H$$

とデコーダ

$$\text{Dec}: \mathbb{R}^H \to \mathbb{R}^D$$

の 2 つの関数の組から構成される．これは，例えば観測データの次元圧縮のために用いられるニューラルネットワークである．エンコーダは，D 次元ベクト

ルの観測変数を次元圧縮して，それに対応する H 次元ベクトル（$H \ll D$）の低次元表現を得るためのもので，デコーダは，低次元表現をもとの観測変数に戻すためのものである．この低次元表現のことを，もとの観測変数の**潜在ベクトル**（latent vector），あるいは**潜在表現**（latent representation）と呼ぶ．

　上記のような性質をもつエンコーダとデコーダの組を学習する方法の 1 つとして，1 つひとつのデータをエンコードした後，デコードして得られるベクトルが，もとのデータに戻るようにパラメタを調整する方法がある．つまり，サンプル $\{\mathbf{x}_n \in \mathbb{R}^D\}_{n=1}^N$ のそれぞれの事例に対して

$$\mathbf{z}_n = \mathsf{Enc}(\mathbf{x}_n)$$
$$\mathbf{x}'_n = \mathsf{Dec}(\mathbf{z}_n)$$

のように，潜在ベクトル $\mathbf{z}_n$ を得た後，観測変数 $\mathbf{x}'_n$ を復元し，$\mathbf{x}'_n \approx \mathbf{x}_n$ となるようにエンコーダとデコーダの組を学習する．さらにいいかえると

$$\mathsf{Dec} \circ \mathsf{Enc}\colon \mathbb{R}^D \to \mathbb{R}^D$$

が恒等写像になるように学習する．このようにして学習されたエンコーダとデコーダを用いると，潜在ベクトル $\mathbf{z}_n$ は観測変数 $\mathbf{x}_n$ を復元するのに十分な情報をもつと期待できる．いいかえれば，潜在ベクトル $\mathbf{z}_n$ は，もとの観測変数 $\mathbf{x}_n$ がもっていた情報をなるべく落とさないようなものになると期待できる．

　多くの場合，エンコーダとデコーダはニューラルネットワークを使ってモデル化されるため，上記のような性質を満たすように，これらのニューラルネットワークのパラメタを調整することでオートエンコーダを学習できる．エンコーダのパラメタを $\phi \in \Phi$，デコーダのパラメタを $\theta \in \Theta$ とし，学習に用いるデータの集合を $\{\mathbf{x}_n\}_{n=1}^N$ とすると，オートエンコーダの学習は，次式の最適化問題として定式化される．

$$\underset{\theta \in \Theta, \phi \in \Phi}{\text{minimize}} \quad \frac{1}{2} \sum_{n=1}^N \left\| \mathbf{x}_n - \mathsf{Dec}_\theta \circ \mathsf{Enc}_\phi(\mathbf{x}_n) \right\|^2 \tag{5.15}$$

ここでは，もとのデータ $\mathbf{x}_n$ と復元されたデータ $\mathbf{x}'_n = \mathsf{Dec}_\theta \circ \mathsf{Enc}_\phi(\mathbf{x}_n)$ との誤差を 2 乗損失で定量化しており，これを小さくすることで上記の目的を果たすことができる．つまり，式 (5.15) を，例えば確率的勾配降下法で解くことで，オートエンコーダを学習できる．

オートエンコーダの特殊ケースとして，エンコーダとデコーダを線形モデルとしたものが考えられる．このとき，式 (5.15) の最適化問題は解析的に解くことができ，得られる解は**主成分分析**と一致することが知られており[60]，この関係からオートエンコーダの次元削減のしくみを理解することができる．すなわち，主成分分析は，データのばらつきの大きい次元を残し，ばらつきの小さい次元を削除することでデータの次元削減を行う手法[注5]であるから，オートエンコーダも似たようなしくみで次元削減をしていると考えられる．

5.2.2 オートエンコーダの問題点

オートエンコーダのうち，エンコーダを用いると，任意の観測変数 $\mathbf{x} \in \mathbb{R}^D$ に対する潜在ベクトル $\mathbf{z} \in \mathbb{R}^H$ を得ることができるため，これを使ってデータの次元削減を行うことができる．対して，デコーダを用いると，任意の潜在ベクトルから，それに対応する観測変数を復元できるため，これを使って観測変数に対する生成モデルをつくることができる．すなわち，潜在ベクトル $\mathbf{z} \in \mathbb{R}^H$ をランダムに生成したうえで，それを用いて

$$\mathbf{x}' = \mathrm{Dec}(\mathbf{z})$$

を計算することで，新規の観測データを生成することができる．

特に，式 (5.15) にしたがって学習したオートエンコーダのデコーダを用いると，学習に用いたデータに似た観測データを生成できると期待される．

形式上は，デコーダに対して任意のベクトル $\mathbf{z} \in \mathbb{R}^H$ を入力することができるが，学習に用いたデータに近い観測データを生成するためには，限られた範囲内の低次元表現しか入力することが許されない．これを，デコーダの**外挿** (extrapolation) の問題といい，以下で詳しく説明する．

オートエンコーダに用いた訓練データ

$$\mathcal{D}_X = \{\mathbf{x}_n\}_{n=1}^N$$

に対応する潜在ベクトルを

$$\mathcal{D}_Z := \{\mathbf{z}_n = \mathrm{Enc}(\mathbf{x}_n)\}_{n=1}^N$$

注5　実際には，データの属する空間の基底をとり直したうえで次元削減を行う．

とすると，デコーダはこれらの潜在ベクトル $\mathcal{D}_Z$ や，その周辺のデータを入力されることを想定して学習されたことになる．デコーダの入力として，$\mathcal{D}_Z$ 周辺のベクトルを用いる場合と，それ以外のベクトルを用いる場合とに分けて考えてみよう．

まず，$\mathcal{D}_Z$ 周辺のベクトルをデコーダに入力する場合を考える．式 (5.15) によると，デコーダは $\mathcal{D}_Z$ のそれぞれの事例 $\mathbf{z}_n$ を $\mathbf{x}_n$ に変換するように学習したから，$\mathcal{D}_Z$ 周辺のベクトルをデコーダに入力すると $\mathcal{D}_X$ 周辺のデータが得られることになる．このように，訓練データの近くのデータを入力して出力を得ることを**内挿**（interpolation）という，

一方で，$\mathcal{D}_Z$ から外れたデータを入力してしまうとき，訓練時には考慮していない範囲の入力を用いることになるため，どのような出力が得られるか予想がつかなくなり，結果として得られた観測データは $\mathcal{D}_X$ に近いとはいえなくなる．このように，訓練データから離れたデータを入力して出力を得ることを**外挿**という．一般に，機械学習で学習したモデルを用いる際には，外挿を避けて，内挿の範囲内で用いることが望ましいとされる[注6]．

しかし，潜在ベクトル $\mathcal{D}_Z$ は学習によって決まるものであるから，これが潜在空間 $\mathbb{R}^H$ の中でどのように分布しているのか明らかでない．そのため，潜在空間のうち，どの範囲までが内挿で，どこからが外挿になるのかが明らかでないため，デコーダを生成モデルとして用いて訓練データに似たデータを生成できるかどうかがわからないという問題がある．

5.2.3　変分オートエンコーダ

変分オートエンコーダ[33]は，前項で述べた問題を解決するために，訓練データに対する潜在ベクトルが正規分布にしたがうような制約を加えたオートエンコーダである[注7]．この制約により，潜在ベクトルは原点周辺に分布するようになるため，デコーダの入力として原点周辺を用いれば外挿となる可能性が低くなる．これにより，例えば，潜在ベクトルを正規分布から生成して，次のように観測変数を生成することが正当化される．

注6　3.9 節で説明した適用範囲も外挿を避けるためのしくみの 1 つである．
注7　原著論文[33]は巨大なデータセットに対して変分推測を行う手法を提案する中で，その一例として変分オートエンコーダを導入しており，直接的に外挿の問題を解決するためにつくられた手法ではない．

$$Z \sim \mathcal{N}(0, I)$$

$$X = \mathrm{Dec}(Z)$$

(1) 導 出

変分オートエンコーダを導出するにあたって，まず1つの事例 $\mathbf{x}$ のしたがう分布を

$$p_{\boldsymbol{X};\theta}(\mathbf{x}) = \int p_{\boldsymbol{X}|\boldsymbol{Z};\theta}(\mathbf{x} \mid \mathbf{z}) \, p_{\boldsymbol{Z}}(\mathbf{z}) \, \mathrm{d}\mathbf{z} \tag{5.16}$$

とモデル化する．ここで事例 $\mathbf{x}$ の潜在ベクトルを $\mathbf{z}$ とし，その事前分布を $p_{\boldsymbol{Z}}$ とした．このモデルに対して，訓練データ $\mathcal{D} = \{\mathbf{x}_n\}_{n=1}^{N}$ を用いて，変分 EM 法にもとづきパラメタ θ を最尤推定することを通じて変分オートエンコーダを導出する．

変分オートエンコーダを導出する際には，変分分布として $q_{\phi}(\mathbf{z} \mid \mathbf{x})$ という，観測変数 $\mathbf{x}$ で条件付けた分布を用いることが特徴である．基本的な変分ベイズ法では，1つひとつの事例 $\mathbf{x}_n$ の潜在表現 $\mathbf{z}_n$ を変分推測するために，$\{q_{\phi_n}(\mathbf{z}_n)\}_{n=1}^{N}$ という変分分布を用いていた（5.1.2 項(1)参照）が，この方法だと事例の数の分だけ変分分布を用意する必要があるため，事例数が増えると推定すべき変分分布も増えてしまう．

変分オートエンコーダでは，観測変数で条件付けた変分分布を用いることでこの問題を回避する．つまり，観測変数で条件付けすることで，各 $n = 1, 2, \dots, N$ について $q_{\phi}(\cdot \mid \mathbf{x}_n)$ は $\mathbf{z}_n$ を推測する変分分布であると解釈できるため，複数事例で1つの共通した変分分布 $q_{\phi}(\cdot \mid \mathbf{x})$ を使うことができるようになる．

このとき，観測変数で条件付けた変分分布 $q_{\phi}(\cdot \mid \mathbf{x}_n)$ を用いると，観測変数を潜在ベクトルに変換できるから，オートエンコーダでいうところの，エンコーダとみなすことができる．また，式 (5.16) で用いた $p_{\boldsymbol{X}|\boldsymbol{Z};\theta}(\mathbf{x} \mid \mathbf{z})$ を用いると，潜在ベクトルを観測変数に変換できるから，デコーダとみなすことができる．以上のように，変分オートエンコーダでは，観測変数で条件付けた変分分布を導入することで，エンコーダとデコーダを得ることができる．

(2)　定式化

式 (5.16) で定められる分布のパラメタ θ を最尤推定するという問題は，次の最適化問題として定式化される．

$$\underset{\theta}{\text{maximize}} \sum_{n=1}^{N} \log p_{\mathbf{X};\theta}(\mathbf{x}_n) \tag{5.17}$$

周辺化対数尤度 $\log p_{\mathbf{X};\theta}(\mathbf{x})$ は計算困難であるため，その変分下界（式 (5.13)）を最大化することを考える．ここでは変分分布として $q_\phi(\mathbf{z}\mid\mathbf{x})$ を用いるため，変分下界にこの変分分布を代入すると

$$
\begin{aligned}
\ell_{\text{VAE}}&(\theta,\phi;\mathbf{x})\\
&:= \mathbb{E}_{\boldsymbol{Z}\sim q_\phi(\cdot\mid\mathbf{x})}[\log p_{X,Z;\theta}(\mathbf{x},\boldsymbol{Z})] - \mathbb{E}_{\boldsymbol{Z}\sim q_\phi(\cdot\mid\mathbf{x})}[\log q_\phi(\boldsymbol{Z}\mid\mathbf{x})]\\
&= \mathbb{E}_{\boldsymbol{Z}\sim q_\phi(\cdot\mid\mathbf{x})}[\log p_{X\mid Z;\theta}(\mathbf{x}\mid\boldsymbol{Z}) + \log p_Z(\boldsymbol{Z})]\\
&\quad - \mathbb{E}_{\boldsymbol{Z}\sim q_\phi(\cdot\mid\mathbf{x})}[\log q_\phi(\boldsymbol{Z}\mid\mathbf{x})]\\
&= \mathbb{E}_{\boldsymbol{Z}\sim q_\phi(\cdot\mid\mathbf{x})}[\log p_{X\mid Z;\theta}(\mathbf{x}\mid\boldsymbol{Z})] - \text{KL}(q_\phi(\cdot\mid\mathbf{x}) \,\|\, p_Z(\cdot)) \tag{5.18}
\end{aligned}
$$

という下界が得られる．

よって，式 (5.17) を解くかわりに，次の最適化問題を解くことで，変分オートエンコーダを訓練することとする．すなわち，デコーダのパラメタ θ およびエンコーダのパラメタ ϕ は次の最適化問題を解くことで推定する．

$$\underset{\theta,\phi}{\text{maximize}} \sum_{n=1}^{N} \ell_{\text{VAE}}(\theta,\phi;\mathbf{x}_n) \tag{5.19}$$

(3)　目的関数の直感的な解釈

式 (5.19) の直感的な解釈を与える．説明の都合上，目的関数の符号を反転した

$$-\ell_{\text{VAE}}(\theta,\phi;\mathbf{x}) = \underbrace{\mathbb{E}_{\boldsymbol{Z}\sim q_\phi(\cdot\mid\mathbf{x})}[-\log p_{X\mid Z;\theta}(\mathbf{x}\mid\boldsymbol{Z})]}_{\text{再構成損失}} + \underbrace{\text{KL}(q_\phi(\cdot\mid\mathbf{x}) \,\|\, p_Z(\cdot))}_{\text{KL 情報量}}$$

$$\tag{5.20}$$

を考える（符号を反転しているため，式 (5.20) を最小化する）．

式 (5.20) の第 1 項は，観測変数 $\mathbf{x}$ が与えられたとき潜在変数を $\boldsymbol{Z}\sim q_\phi(\cdot\mid\mathbf{x})$ にしたがって生成し，その潜在変数を $p_{X\mid Z;\theta}$ で観測変数に戻したときに，観

測変数 x を再構成できていない程度を測る項で，この項が小さいほどうまく再構成できていることを示す．この項を**再構成損失**（reconstruction loss）という．

式 (5.20) の第 2 項は，エンコーダ $q_\phi(\mathbf{z} \mid \mathbf{x})$ と事前分布 $p_Z(\mathbf{z})$ の近さを測る項で，この項が小さいほど，エンコーダと事前分布が近いことを示す．この項を**カルバック–ライブラー情報量**（**KL 情報量**）という．

変分オートエンコーダの学習は，この 2 つの項のトレードオフによって決まる．第 2 項の KL 情報量を小さくしようと思うと，x の値にかかわらず，エンコーダ $q_\phi(\mathbf{z} \mid \mathbf{x})$ を標準正規分布となるようにすればよいが，そうすると潜在変数 z には観測変数 x の情報は反映されないから，z をデコーダに通してもはじめに入力した x は再構成できず，第 1 項の再構成損失を小さくすることはできない．逆に，再構成損失を小さくしようと思うと，エンコーダ $q_\phi(\mathbf{z} \mid \mathbf{x})$ の分散を大きくしておく必要はなく，むしろ分散を小さくしたほうが潜在変数 z に込められる情報が多くなって再構成しやすくなる．しかしエンコーダの分散を小さくすると，事前分布 $p_Z(\mathbf{z})$ とは大きく異なる分布になってしまうため，KL 情報量が大きくなってしまう．

以上のように，式 (5.20) の 2 つの項はトレードオフの関係にあるため，変分オートエンコーダの学習では両者のバランスをとったうえで最適なパラメタを推定することになる．

(4) 具体的なモデル

変分オートエンコーダのエンコーダやデコーダについて，具体的なモデルの例をあげる．

まず変分オートエンコーダで用いる確率変数である $\boldsymbol{X}$ と $\boldsymbol{Z}$ について，その具体例を示す．観測変数 $\boldsymbol{X}$ については，生成モデルで生成したい対象を観測変数とすればよい．例えば，分子生成モデルをつくりたい場合，観測変数 $\boldsymbol{X}$ は分子グラフや SMILES 系列とする．一方，潜在変数 $\boldsymbol{Z}$ については，実数値ベクトルとすることが多いため，本節ではその場合のモデルについて説明する．潜在変数の属する空間である潜在空間を $\mathbb{R}^H$ （$H \in \mathbb{N}$）とする[注8]．

[注8] 用途によっては，潜在空間を連続空間ではなく離散空間にすることもある．その際には，潜在変数を微分可能にするために，ガンベルソフトマックス[27,46]と呼ばれる手法を使う．

変分オートエンコーダは

事前分布 $p_{\boldsymbol{Z}}$,　エンコーダ $q_\phi(\mathbf{z} \mid \mathbf{x})$,　デコーダ $p_{\boldsymbol{X}|\boldsymbol{Z};\theta}(\mathbf{x} \mid \mathbf{z})$

の 3 つの要素からなる.

このうち, 事前分布は, H 次元標準正規分布 $\mathcal{N}(\mathbf{0}; I_H)$ にすることが多い.

また, エンコーダ $q_\phi(\mathbf{z} \mid \mathbf{x})$ とデコーダ $p_{\boldsymbol{X}|\boldsymbol{Z};\theta}(\mathbf{x} \mid \mathbf{z})$ については, 3.3 節で説明したように, 関数近似器, 活性化関数, 条件付き確率分布の構成のモデルとする. 活性化関数と条件付き確率分布については, それぞれの確率変数の定義域にしたがって適切なものを選べばよい. 観測変数の定義域は問題設定によって変わるため, それに応じてデコーダの活性化関数や条件付き確率分布を適切に設計する必要があるが, 潜在空間は多くの場合 $\mathbb{R}^H$ であるから, エンコーダの活性化関数には恒等関数, 条件付き確率分布には正規分布を用いればよい. 関数近似器については, ほとんどの場合ニューラルネットワークを用いる.

変分分布 q_ϕ を例にとって, より具体的に説明する. 潜在空間を $\mathbb{R}^H$ とするため, q_ϕ は H 次元正規分布とする. 3.3 節では, 正規分布の平均のパラメタのみをニューラルネットワークでモデル化していたが, 変分オートエンコーダでは, 次のようにニューラルネットワークを用いて正規分布の平均と分散共分散行列のパラメタをモデル化する.

$$q_\phi(\mathbf{z} \mid \mathbf{x}) = \mathcal{N}(\mathbf{z}; \boldsymbol{\mu}(\mathbf{x}; \phi_\mu), \mathrm{diag}(\boldsymbol{\sigma}^2(\mathbf{x}; \phi_{\sigma^2}))) \tag{5.21}$$

ここで, $\boldsymbol{\mu}(\mathbf{x}; \phi_\mu)$ は, ϕ_μ でパラメタ化されたニューラルネットワークで, $\mathbb{R}^D$ から $\mathbb{R}^H$ への写像である. また, $\boldsymbol{\sigma}^2(\mathbf{x}; \phi_{\sigma^2})$ は, ϕ_{σ^2} でパラメタ化されたニューラルネットワークで, $\mathbb{R}^D$ から $\mathbb{R}^H_{>0}$ への写像である[注9]. $\mathrm{diag}(\cdot)$ は, 入力したベクトルを対角に並べた対角行列を返す関数である. $H \times H$ の大きさの分散共分散行列の全体をモデル化すると, パラメタの数が多くなり過ぎるため, 対角行列に限定し, その対角成分のみをモデル化するのが一般的である.

注9　正の実数値ベクトルを出力するニューラルネットワーク $\boldsymbol{\sigma}^2(\mathbf{x}; \phi_{\sigma^2})$ をつくるため, 実数値ベクトルを出力するニューラルネットワークを $\log \boldsymbol{\sigma}^2(\mathbf{x}; \phi_{\sigma^2})$ として, その出力を指数関数に通したものを用いることが多い. すなわち

$$\boldsymbol{\sigma}^2(\mathbf{x}; \phi_{\sigma^2}) := \exp\left(\log \boldsymbol{\sigma}^2(\mathbf{x}; \phi_{\sigma^2})\right)$$

とする.

(5) アルゴリズム

変分オートエンコーダを訓練するためには式 (5.19) の最適化問題を解けばよいが，その際には 5.1.2 項 (4) で説明した変分 EM アルゴリズムのように，再パラメタ化法で勾配を推定して，確率的勾配降下法でパラメタを更新すればよい.

ここで，エンコーダ $q_\phi(\mathbf{z} \mid \mathbf{x})$ にしたがう確率変数 $\mathbf{Z} \mid \mathbf{x}$ が，パラメタや $\mathbf{x}$ に依存しない確率変数 ε を用いて

$$\mathbf{Z} \mid \mathbf{x} = \mathbf{t}_q(\varepsilon; \phi, \mathbf{x})$$

と再パラメタ化できるとする. 例えば，式 (5.21) の形のエンコーダの場合，ε を H 次元標準正規分布にしたがう確率分布として

$$\mathbf{t}_q(\varepsilon; \phi, \mathbf{x}) = \boldsymbol{\mu}(\mathbf{x}; \phi_\mu) + \sqrt{\mathrm{diag}(\boldsymbol{\sigma}^2(\mathbf{x}; \phi_{\sigma^2}))}\, \varepsilon$$

とすればよい. ただし，$\sqrt{\mathrm{diag}(\boldsymbol{\sigma}^2(\mathbf{x}; \phi_{\sigma^2}))}$ は，対角行列 $\mathrm{diag}(\boldsymbol{\sigma}^2(\mathbf{x}; \phi_{\sigma^2}))$ の各要素の平方根をとった行列である.

このようなエンコーダの再パラメタ化を用いると，目的関数（式 (5.18)）を，次のようにモンテカルロ近似できる.

$$\widehat{\ell}_{\mathrm{VAE}}(\theta, \phi; \mathbf{x}, \{\varepsilon_m\}_{m=1}^M)$$

$$:= \frac{1}{M} \sum_{m=1}^M \left[\log p_{\mathbf{X} \mid \mathbf{Z}; \theta}(\mathbf{x} \mid \mathbf{t}_q(\varepsilon_m; \phi, \mathbf{x})) - \log \left(\frac{q_\phi(\mathbf{t}_q(\varepsilon_m; \phi, \mathbf{x}) \mid \mathbf{x})}{p_Z(\mathbf{t}_q(\varepsilon_m; \phi, \mathbf{x}))} \right) \right]$$

これを用いると，変分オートエンコーダの学習アルゴリズムは，**アルゴリズム 5.3** のように与えられる.

5.3 変分オートエンコーダを用いた分子生成モデル

ここまで説明した変分オートエンコーダを用いて分子生成モデルをつくる. ここで取り扱う分子生成モデルは，変分オートエンコーダの観測変数 x_n に分子の SMILES 系列を当てはめたモデルであるため，便宜上 SMILES-VAE と呼ぶ. SMILES-VAE は Gómez–Bombarelli *et al.*[21] によって提案されたモデルをもとにしているが，説明の都合上改変した箇所もあるため適宜指摘する.

アルゴリズム 5.3　変分オートエンコーダの学習アルゴリズム

- 入力：デコーダ $p_{\boldsymbol{X}|\boldsymbol{Z};\theta}(\mathbf{x} \mid \mathbf{z})$，エンコーダ $q_\phi(\mathbf{z} \mid \mathbf{x})$，事前分布 $p_{\boldsymbol{Z}}(\mathbf{z})$，$X$ の実現値 $\mathcal{D} = \{\mathbf{x}_n\}_{n=1}^N$，初期値 θ_0, ϕ_0
- 出力：最尤推定量の近似値 $\theta^\star$

1: **for** $t = 1, 2, \ldots, T$ **do**
2: 　　事例 $\mathbf{x}$ を $\mathcal{D}$ からサンプリング
3: 　　$\{\varepsilon_m\}_{m=1}^M \overset{\text{i.i.d.}}{\sim} q_0$ をサンプリング
4: 　　$\dfrac{\partial}{\partial \phi}\widehat{\ell}_{\mathrm{VAE}}(\theta_{t-1}, \phi_{t-1}; \mathbf{x}, \{\varepsilon_m\}_{m=1}^M)$（式 (5.14) を ϕ について自動微分）を計算
5: 　　$\dfrac{\partial}{\partial \theta}\widehat{\ell}_{\mathrm{VAE}}(\theta_{t-1}, \phi_{t-1}; \mathbf{x}, \{\varepsilon_m\}_{m=1}^M)$（式 (5.14) を θ について自動微分）を計算
6: 　　$\phi_t \leftarrow \phi_{t-1} + \alpha_{t-1}\dfrac{\partial}{\partial \phi}\widehat{\ell}_{\mathrm{VAE}}(\theta_{t-1}, \phi_{t-1}; \mathbf{x}, \{\varepsilon_m\}_{m=1}^M)$
7: 　　$\theta_t \leftarrow \theta_{t-1} + \alpha_{t-1}\dfrac{\partial}{\partial \theta}\widehat{\ell}_{\mathrm{VAE}}(\theta_{t-1}, \phi_{t-1}; \mathbf{x}, \{\varepsilon_m\}_{m=1}^M)$
8: **return** θ_T

5.3.1　SMILES-VAE の構成

変分オートエンコーダの観測変数 x_n を分子に相当するものにすることで分子生成モデルをつくることができる．このとき，モデルの設計の自由度としては

(1)　分子 x_n の表現
(2)　エンコーダ $q_\phi(z \mid x)$
(3)　デコーダ $p_{X|Z;\theta}(x \mid z)$

があるため，それぞれについて詳しく説明する．

(1)　分子の表現

分子グラフを用いて分子を表現すると，情報量を大きく落とさずに分子を自然に表現できる一方，グラフデータを直接取り扱うのは困難がともなうことが多い．例えば，グラフを生成しようと考えたとき，どの頂点から生成すべきなのか，どのような順番で頂点や辺を生成すべきかなど，自明でないことが多く，デコーダの設計が難しくなる．一方，SMILES 系列であれば，RNN を用いることで簡単に生成することができる（4.2 節参照）．よってここでは分子の表現としては SMILES を採用し，デコーダで生成した SMILES 系列を，SMILES

の文法にしたがって分子グラフに変換することにする.

このように,分子の表現として SMILES を用いる手法は Gómez–Bombarelli *et al.*[21] によって提案された.Gómez–Bombarelli *et al.*[21] は,分子の文字列表現のうち,SMILES のほかにも **InChI**(international chemical identifier)と呼ばれる表現を試したが,SMILES のほうがよりよい分子生成モデルが得られたと結論付けている.その後の数多くの研究も,この結果を踏襲する形で,SMILES を用いて分子生成モデルをつくっている.

また,SMILES のかわりに SELFIES(2.3 節参照)を用いた分子生成モデルも報告されている.前述のとおり,デコーダで生成した SMILES 系列は分子グラフに変換できないことがあるが,SELFIES 系列は必ず分子グラフに変換できる.本節では,実装を簡単にするため SMILES を用いた生成モデルを採用するが,SELFIES を取り扱うためのライブラリ(2.3.5 項参照)を使うことで,SELFIES を用いた分子生成モデルをつくることもできる.

(2) エンコーダ

エンコーダ $q_\phi(\mathbf{z} \mid x)$ には,式 (5.21) のモデルを用いる.そのためには,$\boldsymbol{\mu}(x; \phi_\mu)$ と $\boldsymbol{\sigma}^2(x; \phi_{\sigma^2})$ の 2 つのニューラルネットワークを指定する必要がある.これらのニューラルネットワークには,SMILES 系列 x を受け取って,H 次元実数値ベクトルを返すものであれば,どのようなモデルでも用いることができる.

ここでは 4.1.4 項で説明した LSTM を用いることにする[注10].LSTM は,系列 $x = \{\mathbf{x}_t \in \mathbb{R}^{D_{\text{in}}}\}_{t=1}^T$ を入力すると,系列 $h = \{\mathbf{h}_t \in \mathbb{R}^{D_{\text{out}}}\}_{t=1}^T$ を出力するニューラルネットワークであるが,出力系列の最後尾のベクトル $\mathbf{h}_T$ は,入力系列全体に依存して決まるベクトルであるため,入力系列全体の情報を含んでいると考えられる.この $\mathbf{h}_T$ を,さらに 2 つの順伝播型ニューラルネットワークに入力して,式 (5.21) のモデルにおける平均と分散共分散行列の対角成分を得る.

LSTM への入力として,SMILES 系列をワンホットベクトルの系列に変換したものを用いることもできるが,ここでは SMILES で使われるアルファベッ

注10 Gómez–Bombarelli *et al.*[21] は,1 次元の畳み込みニューラルネットワーク(convolutional neural network; CNN)と呼ばれる構造のニューラルネットワークを用いている.

ト 1 つひとつに D 次元の埋め込みベクトル（定義 4.2）を割り当て，SMILES 系列を埋め込みベクトルの系列に変換したうえで LSTM に入力することとする．よって，エンコーダは

(1) SMILES 系列 $x = \{x_t\}_{t=1}^T$ を埋め込みベクトル系列 $\mathbf{v} = \{\mathbf{v}_t \in \mathbb{R}^{D_{\mathrm{in}}}\}_{t=1}^T$ に変換する

(2) 埋め込みベクトル系列 $\mathbf{v}$ を LSTM に入力し，隠れ状態の系列 $\mathbf{h} = \{\mathbf{h}_t \in \mathbb{R}^{D_{\mathrm{out}}}\}_{t=1}^T$ を受け取る

(3) 隠れ状態の系列 $\mathbf{h}$ の最後の要素 $\mathbf{h}_T$ を順伝播型ニューラルネットワーク $\boldsymbol{\mu}_{\mathbf{h}}(\mathbf{h}_T; \phi_{\boldsymbol{\mu}})$, $\boldsymbol{\sigma}_{\mathbf{h}}{}^2(\mathbf{h}_T; \phi_{\boldsymbol{\sigma}^2})$ に入力し，エンコーダの出力 $\mathbf{z}$ のしたがう正規分布の平均 $\boldsymbol{\mu} \in \mathbb{R}^H$ と分散共分散行列の対角成分 $\boldsymbol{\sigma}^2 \in \mathbb{R}^H$ を出力する

(4) $\mathbf{z} \sim \mathcal{N}(\boldsymbol{\mu}, \mathrm{diag}(\boldsymbol{\sigma}^2))$ を生成し，エンコーダの出力とする

という構成となる．

(3) デコーダ

デコーダ $p_{X|Z;\theta}(x \mid z)$ には，潜在ベクトル $\mathbf{z} \in \mathbb{R}^H$ を受け取って，それに応じて SMILES 系列に対する確率分布を定義するものであれば，どのようなモデルでも用いることができる．

ここでは，エンコーダと同じく LSTM を用いることとし，またデコーダの LSTM の入力も同様に埋め込みベクトルを用いることにする．すなわち

(1) $\langle\mathrm{sos}\rangle$ に対応する埋め込みベクトルを，LSTM のはじめの入力 $\mathbf{x}_1$ とする

(2) 各ステップ $t = 1, 2, \ldots$ において，LSTM の隠れ状態 $\mathbf{h}_t^{(\mathrm{out})}$ をさらに順伝播型ニューラルネットワークに入力し，時刻 t の文字 x_t' を得る

(3) x_t' に対応する埋め込みベクトルを，次の時刻の LSTM の入力 $\mathbf{x}_{t+1}$ とし，(2) に戻って生成を続ける

という手順にしたがって SMILES 系列を生成する．

ただし，デコーダは潜在ベクトル $\mathbf{z}$ で条件付けられた確率分布であるため，潜在ベクトルの値に応じて生成を制御できる必要がある．ここでは，LSTM で用いる隠れ状態の初期値 $\mathbf{h}_0$ や細胞状態の初期値 $\mathbf{c}_0$ を潜在ベクトル $\mathbf{z}$ に依存させることで，潜在ベクトルの値に応じたデコードを実現することとする．

よって，デコーダを

- 多層ニューラルネットワークを用いて，潜在ベクトルを，隠れ状態や細胞状態の初期値 $\mathbf{h}_0$，$\mathbf{c}_0$ に変換する
- $\mathbf{h}_0$，$\mathbf{c}_0$ を初期値として LSTM で SMILES 系列を生成する

という構成とする．

(4) 学習アルゴリズム

変分オートエンコーダの学習は式 (5.19) の最適化問題として定式化されており，これを確率的勾配法を用いて解くことで変分オートエンコーダを学習することができる．しかし，学習をうまく進めるためには，いくつかの工夫をする必要がある．

例えば，系列生成モデルをデコーダとして用いた変分オートエンコーダを学習する際には，観測変数 $\mathbf{x}$ の情報を反映した潜在ベクトル $\mathbf{z}$ が学習されにくいという問題が指摘されており，その原因の 1 つとして，系列生成モデルの表現力の高さがあげられている [16]．4.2 節でも確認したように，系列生成モデルは潜在ベクトルから有用な情報を与えなくても SMILES 系列を生成することができる．よって，エンコーダの出力の確率分布を標準正規分布に近づけて変分オートエンコーダの目的関数（式 (5.18)）のうちの KL 情報量（第 2 項）を小さくしたうえで，潜在ベクトル $\mathbf{z}$ にかかわらず平均的な SMILES 系列を生成するようなデコーダを学習することで，変分オートエンコーダの目的関数（式 (5.18)）のうち再構成損失（第 1 項）もある程度小さくすることができる．

しかし，このような変分オートエンコーダが学習されてしまうと，潜在ベクトル $\mathbf{z}$ に観測変数 $\mathbf{x}$ の情報が反映されなくなってしまうため，本来の目的である観測変数 $\mathbf{x}$ の潜在表現の獲得ができなくなる．

この問題を解決する方法として，目的関数（式 (5.18)）の KL 情報量に対して係数 $\beta\ (> 0)$ を乗じたものを新たな目的関数にし[注11]，学習中に β を適切に調整するという手法が提案されている [16]．つまり，上記の問題は，再構成損失を小さくするよりも KL 情報量を小さくしたほうが簡単に目的関数の値を小さく

注11　このように，KL 情報量の重みを変更した変分オートエンコーダとして β-VAE[24] が以前から知られており，新たな目的関数はこれと一致する．

できるために生じたと考えられるから，KL 情報量の重みを β ($\in [0, 1]$) 倍してバランスを修正することで，再構成損失を小さくするような変分オートエンコーダを学習できるようになると期待できる．実際，$\beta = 0.1$ などの小さい値にすると，正しく再構成できる確率が向上することが確認できる．

ただし，正しく変分オートエンコーダを学習するためには，最終的に $\beta = 1$ としたうえで収束するまでパラメタの更新を続ける必要がある．このために，最適化の途中で β の値を変更することが行われている．例えば Fu *et al.*[16] は，学習途中に β の値を周期的に上下させるという手法を提案している．しかし，β の値を適切に変更するスケジュール調整は難しいため，本書では β を一定の値に保って学習を行っている．

5.3.2 実装例

SMILES-VAE のモデルの実装を**リスト 5.1** に，学習アルゴリズムを実行するプログラムを**リスト 5.2** に示す．リスト 5.1 では，SmilesVAE クラスと trainer メソッドを実装している．SmilesVAE クラスは，SMILES-VAE のモデルを定義し，さらにモデルを用いて行う計算をメソッドとしていくつか定義するものである．また trainer メソッドは，モデルと訓練・検証用データセットを受け取って，学習アルゴリズムを実行するものである．なお，trainer メソッドについては，大部分は 4.2.2 項で説明したものと共通する[注12]ため，4.2.2 項の説明を参照してほしい．

リスト 5.1 vae_smiles.py

```
1   import torch
2   from torch import nn
3   from torch.utils.data import DataLoader, TensorDataset
4   from torch.distributions import OneHotCategorical, Categorical
5   from tqdm import tqdm
6   from smiles_vocab import SmilesVocabulary
7
8
9   class SmilesVAE(nn.Module):
10
11      def __init__(
```

注12　モデルのハイパーパラメタ β を変更する機能が付いていることと，再構成成功率を計測する点が異なる．

```
12          self,
13          vocab,
14          latent_dim,
15          emb_dim=128,
16          max_len=100,
17          encoder_params={'hidden_size': 128,
18                          'num_layers': 1,
19                          'dropout': 0.},
20          decoder_params={'hidden_size': 128,
21                          'num_layers': 1,
22                          'dropout': 0.},
23          encoder2out_params={'out_dim_list': [128, 128]}):
24      super().__init__()
25      self.vocab = vocab
26      vocab_size = len(self.vocab.char_list)
27      self.max_len = max_len
28      self.latent_dim = latent_dim
29      self.beta = 1.0
30
31      self.embedding = nn.Embedding(vocab_size,
32                                    emb_dim,
33                                    padding_idx=vocab.pad_idx)
34      self.encoder = nn.LSTM(emb_dim,
35                             batch_first=True,
36                             **encoder_params)
37      self.encoder2out = nn.Sequential()
38      in_dim = encoder_params['hidden_size'] * 2 \
39          if encoder_params.get('bidirectional', False)\
40          else encoder_params['hidden_size']
41      for each_out_dim in encoder2out_params['out_dim_list']:
42          self.encoder2out.append(
43              nn.Linear(in_dim, each_out_dim))
44          self.encoder2out.append(nn.Sigmoid())
45          in_dim = each_out_dim
46      self.encoder_out2mu = nn.Linear(in_dim, latent_dim)
47      self.encoder_out2logvar = nn.Linear(in_dim, latent_dim)
48
49      self.latent2dech = nn.Linear(
50          latent_dim,
51          decoder_params['hidden_size'] \
52          * decoder_params['num_layers'])
53      self.latent2decc = nn.Linear(
54          latent_dim,
55          decoder_params['hidden_size'] \
56          * decoder_params['num_layers'])
57      self.latent2emb = nn.Linear(latent_dim, emb_dim)
58      self.decoder = nn.LSTM(emb_dim,
```

```
59                             batch_first=True,
60                             bidirectional=False,
61                             **decoder_params)
62        self.decoder2vocab = nn.Linear(
63            decoder_params['hidden_size'],
64            vocab_size)
65        self.out_dist_cls = Categorical
66        self.loss_func = nn.CrossEntropyLoss(reduction='none')
67
68    @property
69    def device(self):
70        return next(self.parameters()).device
71
72    def encode(self, in_seq):
73        in_seq_emb = self.embedding(in_seq)
74        out_seq, (h, c) = self.encoder(in_seq_emb)
75        last_out = out_seq[:, -1, :]
76        out = self.encoder2out(last_out)
77        return (self.encoder_out2mu(out),
78                self.encoder_out2logvar(out))
79
80    def reparam(self, mu, logvar, deterministic=False):
81        std = torch.exp(0.5 * logvar)
82        eps = torch.randn_like(std)
83        if deterministic:
84            return mu
85        else:
86            return mu + std * eps
87
88    def decode(self, z, out_seq=None, deterministic=False):
89        batch_size = z.shape[0]
90        h_unstructured = self.latent2dech(z)
91        c_unstructured = self.latent2decc(z)
92        h = torch.stack([
93            h_unstructured[
94                :,
95                each_idx:each_idx+self.decoder.hidden_size]
96            for each_idx in range(0,
97                                  h_unstructured.shape[1],
98                                  self.decoder.hidden_size)])
99        c = torch.stack([
100            c_unstructured[
101                :,
102                each_idx:each_idx+self.decoder.hidden_size]
103            for each_idx in range(0,
104                                  c_unstructured.shape[1],
105                                  self.decoder.hidden_size)])
```

```
106        if out_seq is None:
107            with torch.no_grad():
108                in_seq = torch.tensor(
109                    [[self.vocab.sos_idx]] * batch_size,
110                    device=self.device)
111                out_logit_list = []
112                for each_idx in range(self.max_len):
113                    in_seq_emb = self.embedding(in_seq)
114                    out_seq, (h, c) = self.decoder(
115                        in_seq_emb[:, -1:, :],
116                        (h, c))
117                    out_logit = self.decoder2vocab(out_seq)
118                    out_logit_list.append(out_logit)
119                    if deterministic:
120                        out_idx = torch.argmax(out_logit, dim=2)
121                    else:
122                        out_prob = nn.functional.softmax(
123                            out_logit, dim=2)
124                        out_idx = self.out_dist_cls(
125                            probs=out_prob).sample()
126                    in_seq = torch.cat((in_seq, out_idx), dim=1)
127                return torch.cat(out_logit_list, dim=1), in_seq
128        else:
129            out_seq_emb = self.embedding(out_seq)
130            out_seq_emb_out, _ = self.decoder(out_seq_emb, (h, c))
131            out_seq_vocab_logit = self.decoder2vocab(
132                out_seq_emb_out)
133            return out_seq_vocab_logit[:, :-1], out_seq[:-1]
134
135    def forward(self, in_seq, out_seq=None, deterministic=False):
136        mu, logvar = self.encode(in_seq)
137        z = self.reparam(mu, logvar, deterministic=deterministic)
138        out_seq_logit, _ = self.decode(
139            z,
140            out_seq,
141            deterministic=deterministic)
142        return out_seq_logit, mu, logvar
143
144    def loss(self, in_seq, out_seq):
145        out_seq_logit, mu, logvar = self.forward(in_seq, out_seq)
146        neg_likelihood = self.loss_func(
147            out_seq_logit.transpose(1, 2),
148            out_seq[:, 1:])
149        neg_likelihood = neg_likelihood.sum(axis=1).mean()
150        kl_div = -0.5 * (1.0 + logvar - mu ** 2
151                         - torch.exp(logvar)).sum(axis=1).mean()
152        return neg_likelihood + self.beta * kl_div
```

```
153
154     def generate(self,
155                  z=None,
156                  sample_size=None,
157                  deterministic=False):
158         device = next(self.parameters()).device
159         if z is None:
160             z = torch.randn(sample_size,
161                             self.latent_dim).to(device)
162         else:
163             z = z.to(device)
164         with torch.no_grad():
165             self.eval()
166             _, out_seq = self.decode(z,
167                                      deterministic=deterministic)
168             out = [self.vocab.seq2smiles(each_seq)
169                    for each_seq in out_seq]
170             self.train()
171             return out
172
173     def reconstruct(self,
174                     in_seq,
175                     deterministic=True,
176                     max_reconstruct=None,
177                     verbose=True):
178         self.eval()
179         if max_reconstruct is not None:
180             in_seq = in_seq[:max_reconstruct]
181         mu, logvar = self.encode(in_seq)
182         z = self.reparam(mu, logvar, deterministic=deterministic)
183         _, out_seq = self.decode(z, deterministic=deterministic)
184
185         success_list = []
186         for each_idx, each_seq in enumerate(in_seq):
187             truth = self.vocab.seq2smiles(each_seq)[::-1]
188             pred = self.vocab.seq2smiles(out_seq[each_idx])
189             success_list.append(truth==pred)
190             if verbose:
191                 print('{}\t{} -> {}'.format(
192                     truth==pred, truth, pred))
193         self.train()
194         return success_list
195
196
197 def trainer(
198         model,
199         train_tensor,
```

```
200            val_tensor,
201            smiles_vocab,
202            n_epoch=10,
203            lr=1e-3,
204            batch_size=256,
205            beta_schedule=[0, 0, 0, 0, 0, 0.2, 0.4, 0.6, 0.8, 1.0],
206            print_freq=100,
207            device='cuda'):
208     model.train()
209     model.to(device)
210     optimizer = torch.optim.Adam(model.parameters(), lr=lr)
211     train_dataset = TensorDataset(
212         torch.flip(train_tensor, dims=[1]),
213         train_tensor)
214     train_data_loader = DataLoader(train_dataset,
215                                    batch_size=batch_size,
216                                    shuffle=True,
217                                    drop_last=True)
218     val_dataset = TensorDataset(torch.flip(val_tensor, dims=[1]),
219                                 val_tensor)
220     val_data_loader = DataLoader(val_dataset,
221                                  batch_size=batch_size,
222                                  shuffle=True)
223     train_loss_list = []
224     val_loss_list = []
225     val_reconstruct_rate_list = []
226     running_loss = 0
227     running_sample_size = 0
228     each_batch_idx = 0
229     for each_epoch in range(n_epoch):
230         try:
231             model.beta = beta_schedule[each_epoch]
232         except:
233             pass
234         print(' beta = {}'.format(model.beta))
235         for each_train_batch in tqdm(train_data_loader):
236             model.train()
237             each_loss = model.loss(each_train_batch[0].to(device),
238                                    each_train_batch[1].to(device))
239             running_loss += each_loss.item()
240             running_sample_size += len(each_train_batch[0])
241             optimizer.zero_grad()
242             each_loss.backward()
243             optimizer.step()
244             if (each_batch_idx+1) % print_freq == 0:
245                 train_loss_list.append((
246                     each_batch_idx+1,
```

```
247                         running_loss/running_sample_size))
248                     print('#epoch: {}\t#update: {},\tper-example '
249                         'train loss:\t{}'.format(
250                             each_epoch,
251                             each_batch_idx+1,
252                             running_loss/running_sample_size))
253             running_loss = 0
254             running_sample_size = 0
255             each_batch_idx += 1
256         val_loss = 0
257         each_val_success_list = []
258         with torch.no_grad():
259             for each_val_batch in val_data_loader:
260                 val_loss += model.loss(
261                     each_val_batch[0].to(device),
262                     each_val_batch[1].to(device)).item()
263                 each_val_success_list.extend(model.reconstruct(
264                     each_val_batch[0].to(device),
265                     verbose=False))
266         val_loss_list.append((each_batch_idx+1,
267                             val_loss/len(val_dataset)))
268         val_reconstruct_rate_list.append((
269             each_batch_idx+1,
270             sum(each_val_success_list)/len(each_val_success_list)
271         ))
272         print('#update: {},\tper-example val loss:\t{}'.format(
273             each_batch_idx+1, val_loss/len(val_dataset)))
274         print(' * reconstruction success rate: {}'.format(
275             val_reconstruct_rate_list[-1][1]))
276
277     return (train_loss_list,
278             val_loss_list,
279             val_reconstruct_rate_list)
```

リスト 5.2　vae_smiles_main.py

```
1   import numpy as np
2   import matplotlib.pyplot as plt
3   import os
4   import pickle
5   import torch
6   from smiles_vocab import SmilesVocabulary
7   from smiles_vae import SmilesVAE, trainer
8   from rdkit import Chem
9   from rdkit import RDLogger
10
```

```
11  lg = RDLogger.logger()
12  lg.setLevel(RDLogger.CRITICAL)
13
14  def valid_ratio(smiles_list):
15      n_success = 0
16      for each_smiles in smiles_list:
17          try:
18              Chem.MolToSmiles(Chem.MolFromSmiles(each_smiles))
19              n_success += 1
20          except:
21              pass
22      return n_success / len(smiles_list)
23
24  if __name__ == '__main__':
25      smiles_vocab = SmilesVocabulary()
26      train_tensor = smiles_vocab.batch_update_from_file(
27          'train.smi')
28      val_tensor = smiles_vocab.batch_update_from_file('val.smi')
29      max_len = val_tensor.shape[1]
30
31      vae = SmilesVAE(smiles_vocab,
32                      latent_dim=64,
33                      emb_dim=256,
34                      encoder_params={'hidden_size': 512,
35                                      'num_layers': 1,
36                                      'bidirectional': False,
37                                      'dropout': 0.},
38                      decoder_params={'hidden_size': 512,
39                                      'num_layers': 1,
40                                      'dropout': 0.},
41                      encoder2out_params={'out_dim_list': [256]},
42                      max_len=max_len)
43      train_loss_list, val_loss_list, val_reconstruct_rate_list \
44          = trainer(
45              vae,
46              train_tensor,
47              val_tensor,
48              smiles_vocab,
49              lr=1e-4,
50              n_epoch=100,
51              batch_size=256,
52              beta_schedule=[0.1],
53              print_freq=100,
54              device='cuda')
55      plt.plot(*list(zip(*train_loss_list)), label='train loss')
56      plt.plot(*list(zip(*val_loss_list)),
57              label='validation loss',
```

```
58              marker='*')
59    plt.legend()
60    plt.xlabel('# of updates')
61    plt.ylabel('Loss function')
62    plt.savefig('smiles_vae_learning_curve.pdf')
63    plt.clf()
64
65    plt.plot(*list(zip(*val_reconstruct_rate_list)),
66            label='reconstruction rate')
67    plt.legend()
68    plt.xlabel('# of updates')
69    plt.ylabel('Reconstruction rate')
70    plt.savefig('reconstruction_rate_curve.pdf')
71
72    smiles_list = vae.generate(sample_size=1000,
73                              deterministic=True)
74    print('success rate: {}'.format(valid_ratio(smiles_list)))
75
76    torch.save(vae.state_dict(), 'vae.pt')
77
78    with open('vae_smiles.pkl', 'wb') as f:
79        pickle.dump(smiles_list, f)
```

(1)　モデルの説明

　SmilesVAE のモデルは，__init__ メソッドで定義されている．モデルの部品はインスタンス変数として定義されており，その種類と意味を**表 5.1** に示す．

　5.3.1 項で説明したように，SMILES-VAE はエンコーダとデコーダからなる．したがって，エンコーダ・デコーダそれぞれの LSTM のハイパーパラメタ（encoder_params, decoder_params），エンコーダの LSTM の出力を正規分布のパラメタに変換する多層ニューラルネットワークのハイパーパラメタ（encoder2out_params），そして潜在空間の次元 latent_dim を事前に決める必要がある．また，ここでは各文字を埋め込みベクトルに変換したものを LSTM で学習するため，埋め込みベクトルの次元 emb_dim も決める必要がある．これらを __init__ メソッドの引数として与える．残りの引数のうち，max_len は SMILES 系列の生成時に許す最大の系列長を設定するもので，vocab はリスト 4.2（137 ページ）で説明した SmilesVocabulary クラスのインスタンスである．

　モデルの詳細については，5.3.1 項と表 5.1 を対応付けて理解してほしい．

表 5.1 SmilesVAE で用いるインスタンス変数と意味

変数名	機 能
vocab	SmilesVocabulary クラスのインスタンス
embedding	埋め込みベクトル
encoder	エンコーダ
encoder2out	エンコーダの LSTM の出力を変換する多層ニューラルネットワーク
encoder_out2mu	encoder2out の出力を，潜在空間上の正規分布の平均に変換する線形モデル
encoder_out2logvar	encoder2out の出力を，潜在空間上の正規分布の分散共分散行列の対角成分に変換する線形モデル
latent2decc	潜在ベクトルを，デコーダの LSTM の細胞状態に変換するモデル
latent2dech	潜在ベクトルを，デコーダの LSTM の隠れ状態に変換するモデル
decoder	デコーダ
decoder2vocab	デコーダの出力を，アルファベット空間上のロジットベクトルに変換するモデル
out_dist_cls	デコーダの出力の確率分布
loss_func	損失関数

(2) メソッドの説明

SmilesVAE は，**表 5.2** に示したようなメソッドを実装している．表 5.2 に沿って実装の説明をする．

encode メソッドは，SMILES 系列を整数値テンソルで表した in_seq を受け取って，潜在空間上の正規分布の平均と分散共分散行列の対角成分の対数の値を返す．まず self.embedding を用いて in_seq を埋め込みベクトルの系列に変換する．次に，埋め込みベクトルの系列をエンコーダに入力し，隠れ状態の系列 out_seq を得る．これは

$$（サンプルサイズ）\times（系列長）\times（隠れ状態の次元）$$

の大きさの配列で表現される．このうち out_seq の末尾の隠れ状態 last_out = out_seq[:, -1, :] は，入力系列すべてを反映した隠れ状態であるため，これを用いてエンコーダの出力をつくる．具体的には，out_seq の末尾である

表 5.2　SmilesVAE に実装したメソッドと機能

メソッド名	機　能
__init__	モデルの定義
encode	SMILES 系列を正規分布にエンコード
reparam	再パラメタ化法の適用
decode	潜在ベクトルを SMILES 系列にデコード
forward	エンコードとデコードを行い，損失関数の計算に必要な値を算出
loss	損失関数の計算
generate	デコーダを用いて SMILES 系列を生成
reconstruct	再構成成功率の計算

last_out を，順伝播型ニューラルネットワーク encoder_out2mu，および，encoder_out2logvar に入力して，潜在空間上の正規分布の平均と分散共分散行列をつくり，それをエンコーダの出力とする．

　reparam メソッドは，encode メソッドの出力である正規分布のパラメタを受け取って，その正規分布からサンプリングした値を返す．このとき，単純にサンプリングすると，得られた値はエンコーダのパラメタについて微分することができないため，5.1.2 項(2)で説明したような再パラメタ化にもとづいたサンプリングを行う．

　decode メソッドは，潜在ベクトル z を受け取って，それに対応する SMILES 系列とその対数尤度を返す．ここで引数の out_seq が None の場合は正解のSMILES 系列がない場合のデコードに相当し，LSTM から生成されたアルファベットを再び LSTM に入力して，繰り返しアルファベットを生成していくことで SMILES 系列を生成し，得られた SMILES 系列とその対数尤度を返す．一方，None ではない場合は与えられた out_seq に対する対数尤度を計算し，out_seq と対数尤度を返す．ここで対数尤度は

（バッチサイズ）×（系列長）×（アルファベット数）

の大きさの配列である．次に，それぞれの計算手順について説明する．まず共通する手順として，潜在ベクトル z を用いて，デコードに用いる LSTMの隠れ状態 h と細胞状態 c を計算する（90〜105 行目）．その際には，self.latent2dech と self.latent2decc という順伝播型ニューラルネットワー

クを用いる．out_seq が与えられていない場合には，SMILES 系列の 1 文字 1 文字を生成する必要があるため，デコーダの LSTM の入力系列である in_seq の初期状態は〈sos〉とし，逐次的に SMILES 系列の 1 文字 1 文字を生成しつつ，それを in_seq に追加するという操作を行う．その際，まず self.embedding を用いて入力系列を埋め込みベクトルの系列に変換し（113 行目），それをデコーダに入力して出力系列 out_seq を得て（114〜116 行目），さらに self.decoder2vocab を用いてアルファベット集合上の確率ベクトルのロジット値である out_logit に変換する（117 行目）．そのロジット値に対して torch.max を適用して確率が最大となるアルファベットを出力したり（120 行目），カテゴリカル分布を用いて確率的にアルファベットを出力したりする（122〜125 行目）．この出力を in_seq に追記して，最大系列長にいたるまでデコードを繰り返して SMILES 系列やそのロジット値の配列を返す．out_seq が与えられている場合には，out_seq をまとめて埋め込みベクトルの系列に変換し（129 行目），デコーダやその後の順伝播型ニューラルネットワークに入力することで対数尤度の値を計算できる．この出力は損失関数の計算に使われるため，系列長を 1 つ短くしていることに注意してほしい（デコーダの出力は入力系列の 2 文字目から始まるため，損失関数で用いる系列の系列長は 1 つ短くなる）．

　forward メソッドは，SMILES 系列を受け取り，ここまで説明したエンコード，再パラメタ化，デコードを順に行い，デコードされた SMILES 系列のロジット値や，エンコーダの出力である正規分布のパラメタを出力する．これらは損失関数の値を計算するために必要なものである．

　loss メソッドは，forward メソッドを用いて計算された値を用いて実際の損失関数の値を計算する．ここでは β-VAE を用いているため，KL 情報量の値に β がかかっていることに注意してほしい．

　generate メソッドは，デコーダを用いてランダムに分子を生成する．具体的には，潜在ベクトル z が与えられていない場合，標準正規分布から生成し，decode メソッドを用いて z を SMILES 系列に変換し，それを返す．deterministic=True のとき，決定的なデコードになり，deterministic=False のとき，確率的なデコードになる．

　reconstruct メソッドは，SMILES 系列の集合 in_seq を受け取り，SMILES-VAE を用いて，それらを再構成できるかどうかを表すリスト

success_list を返す．主に評価時に用いる．deterministic は generate メソッドと同様である．verbose=True のとき，入力した SMILES 系列と，再構成した SMILES 系列を画面上に表示する．

(3)　SMILES-VAE の実行・評価

　次に，学習を実行するためのプログラム（リスト 5.2）の実装について説明する．実行のためのプログラムは，if __name__ == '__main__': の行以下（24 行目以降）に書かれている．

　まず SMILES-LSTM における前処理（4.2.1 項）と同様に，SMILES による訓練データセット（train.smi）および検証用データセット（val.smi）を読み込んで，SMILES 系列を整数値の系列に変換して取り扱いやすくする（24〜28 行目）．

　次に，本項(1)で実装した SmilesVAE クラスを用いて，SMILES-VAE のモデルをつくり，それを trainer メソッドを用いて訓練する．trainer メソッドを実行した結果，SMILES-VAE のモデル vae が学習された状態になるほか，学習中の訓練・検証用データセットそれぞれにおける損失の値の推移（train_loss_list, val_loss_list）および検証用データセットにおける再構成成功率の推移（val_reconstruct_rate_list）が得られる．こうして得られた学習の推移を表す履歴をグラフに描き（55〜70 行目），学習の成否を判定する材料とする．実際に得られたグラフや考察については，5.3.3 項(1)で詳しく説明する．

　さらに，訓練した SMILES-VAE を用いて新規 SMILES 系列を生成し，それらが分子グラフに変換できるかどうかの検証を行う．具体的には，generate メソッドを用いて新規 SMILES 系列を 1000 本生成し（72〜73 行目），4.2.3 項と同様に valid_ratio メソッドを用いて生成成功確率を算出する．また，ここで生成した新規 SMILES 系列について，5.3.3 項(2)で一部を図示する．

　最後に，学習された SMILES-VAE および生成した新規 SMILES 系列を保存し（76〜79 行目），プログラムは終了する．

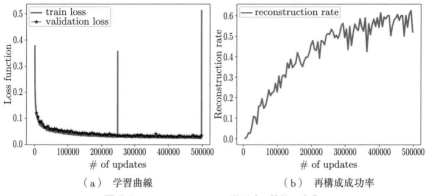

（a） 学習曲線 　　　　　（b） 再構成成功率

図 5.1　SMILES-VAE の学習時の性能の変化

5.3.3　実行例

　前項で実装した SMILES-VAE の学習アルゴリズムと分子生成アルゴリズム
を実行した結果を示す.

(1)　学習アルゴリズム

　学習アルゴリズムを実行したときの様子をいくつかの図を使って説明する.
SMILES-VAE の学習曲線を**図 5.1** (a) に，再構成成功率を図 5.1 (b) に示す.
　まず再構成成功率をみると，多少の上下はあるものの学習を進めていくと再
構成成功率は向上していくことが確認できる. 変分オートエンコーダは，エン
コーダ，デコーダを通して再構成したときの入出力が一致するように学習する
が，この学習目標が達成できていることを示唆している. 図 5.1 (b) の結果か
ら，モデルや学習アルゴリズムは正しく実装されていると推察できる.
　また，学習曲線をみると，ほぼ単調に損失関数の値を小さくできていること
がわかる. 訓練損失にいくつかピークがみられるが，検証データにおける損失
関数の値や再構成成功率には影響はなく，モデルの使用にあたっては問題とな
らないため，このモデルをそのまま採用することとする. この挙動が気になっ
たり，使用上問題があるようなモデルが学習されたりする場合には，ハイパー
パラメタを設定し直したうえで学習をやり直すとよいだろう. さらに，訓練
データで計算した損失関数の値と，検証データで計算した損失関数の値がほぼ
同じであることから，過剰適合していないことも確認できる.

　以上の結果より，前項で説明した実装は SMILES-VAE を正しく実行できていることが推測できる．

(2)　生成アルゴリズム

　本項 (1) で訓練した SMILES-VAE を用いて分子グラフを生成する．SMILES-VAE のデコーダに対して，標準多変量正規分布にしたがう確率変数の実現値

$$\mathbf{z} \sim \mathcal{N}(\mathbf{0}, I_H)$$

を入力することで，SMILES 系列を 1 つ生成でき，それを分子グラフに変換することで分子を生成できる．これはリスト 5.1 の generate メソッドで実装している．

　リスト 5.2 では generate メソッドを用いて 1000 個の SMILES 系列を生成したが，そのうち正しく分子に変換できるものは約 13% であった．その中から 12 個の分子をランダムに選んで**図 5.2** に示す．訓練に用いたデータセットに含まれる分子と似た分子が生成できている一方で，よくみると七員環や八員環が含まれるなど，データセットにはあまりみられない形状の分子も生成されていることがわかる．実際，訓練データ約 127 万個のうち，六員環をもつ分子は約 123 万個，五員環をもつ分子は約 77 万個ある一方で，七員環をもつ分子は約 5 万個，八員環をもつ分子は約 5 千個であり，決してその数は多いとはいえず，必ずしもデータセットを再現できるようなモデルが学習されたとはいえないだろう．

　そのような出現頻度の低い分子が生成される原因の 1 つとして，SMILES系列を生成することを通じて分子を生成している点が考えられる．SMILES系列では環は c1ccccc1 のように同じアルファベットが連続した系列となるため，例えば六員環を生成しようとしたときに，うっかり c を 1 つ多く生成するだけで七員環になってしまう．このように，SMILES 系列は容易に環の長さが変わってしまうような構造になっているため，六員環ではない大きさの環をもつ分子が生成されやすいと考えられる．

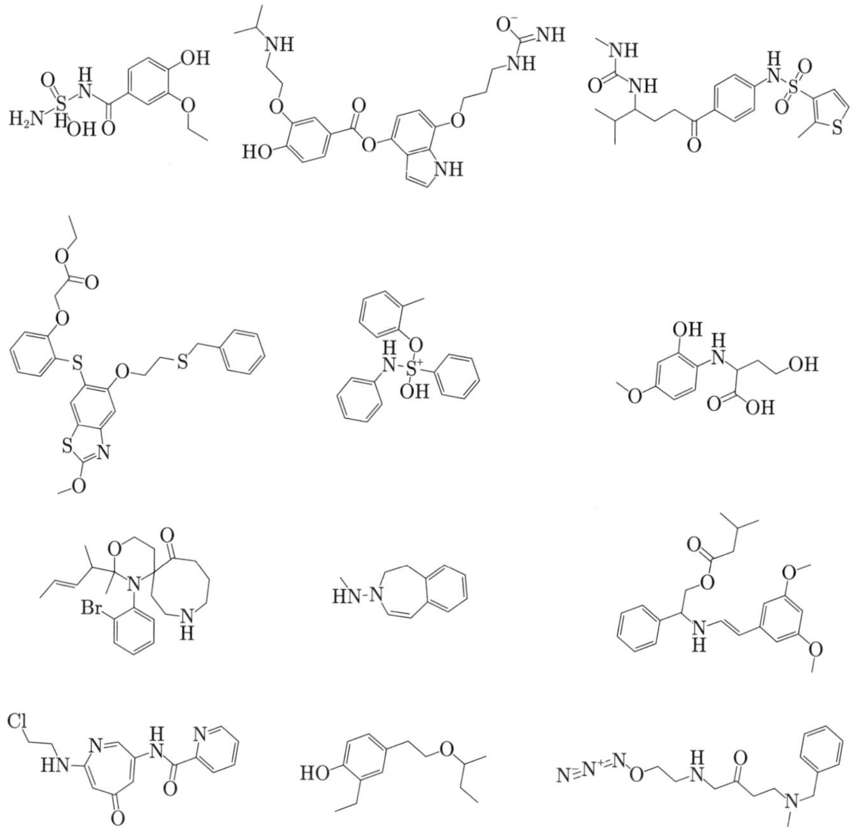

図 5.2 変分オートエンコーダによる分子生成モデルから
ランダムに生成した分子

第 **6** 章

分子生成モデルを用いた
分子最適化

　前章では，生成を制御できる分子生成モデルとして，変分オートエンコーダにもとづいたモデルを導入した．本章では，これを用いた分子最適化手法について説明する．まず，分子最適化問題は，評価関数に関してどの程度情報をもっているかに応じて，異なる問題設定となることを説明する．ここでは，評価関数について，その入出力のみが得られる場合に対して，ブラックボックス最適化を用いた手法を導入する．また，既存のライブラリを活用しながら，これらの手法を実装し，その挙動を観察する．

6.1 分子最適化問題とその難しさ

　本章では，問題 1.3（6 ページ）で定義した分子最適化問題を取り扱う．すなわち，評価関数を $f^\star \colon \mathcal{M} \to \mathbb{R}$ として

$$m^\star = \underset{m \in \mathcal{M}}{\mathrm{argmax}} \ f^\star(m) \tag{6.1}$$

となる分子 $m^\star \in \mathcal{M}$ を求める分子最適化問題を取り扱う．

　式 (6.1) の評価関数 $f^\star$ は，所望の分子であるほど関数値が大きくなるように設計する．例えば，ある物性値を最大化したい場合には，$f^\star$ をその物性値を出力する関数とすればよい．また，ある物性値が $\theta \in \mathbb{R}$ という値をとる分子を求めたい場合には，その物性値を出力する関数 $y \colon \mathcal{M} \to \mathbb{R}$ を用いて

$$f^\star(m) = -\frac{1}{2} \left(y(m) - \theta \right)^2$$

のような評価関数とすればよい．このように，$f^\star$ を所望の分子で最大値をとる評価関数とすることで，式 (6.1) で表される最適化問題を通じて所望の分子

を得ることができる.

　一方,以下のとおり,分子の空間が離散的であること,および,評価関数に関する情報が限られていることが,分子最適化問題の主な難しさである.以下,それら2点の課題と解決策について,より詳細に説明する.

(1)　分子の空間が離散的である

　分子最適化問題の難しさの1つは,評価関数の定義域が分子からなる離散的な空間であることである.仮に定義域が連続的であれば,評価関数の勾配を用いることで解の改善をすることができる.例えば,勾配法(3.5節参照)を用いることで,大域的な最適解は求められないにせよ,比較的簡単に現状よりよい解や局所的な最適解を得ることができる.しかし,定義域が離散的だと,勾配情報のような解の改善に有用な情報が得られないため,連続最適化よりも取り組むことが難しい.

　この課題に対する解決策として,分子の空間を連続的な潜在空間に変換するオートエンコーダ(5.2節参照)を用いて離散最適化問題を連続最適化問題に変換する方法と,強化学習を用いて離散的な空間で最適化問題を解く方法が知られている.以下では主に,連続最適化問題へ変換する前者の方法を説明する.なお,後者については,第7章で詳しく取り上げる.

(2)　評価関数に関する情報が限られている

　式 (6.1) の評価関数 f^* に関して得られる情報は,個々の問題設定によって異なる.ここで問題設定としては,主に**表6.1**の2つが考えられる.

　最も情報が限られた問題設定では,有限個の分子に対する評価関数値のみが与えられた状況で,分子最適化を行うことになる.例えば,既存の実験データを用いて新規物質を発見したい場合がこの問題設定にあたる.これは,1.2.2項で説明したオフラインの設定である.このような問題設定で最適化を行うことができる手法として,例えばオフライン強化学習が知られている.

　もう1つの問題設定では,任意の分子 $m \in \mathcal{M}$ に対して,その評価関数の値 $f^*(m)$ は得ることができるが,それ以外の情報が得られない状況で,分子最適化を行うことになる.例えば,シミュレータを使って物性値を計算する場合や,新たに実験を行って物性値を測定する場合がこの問題設定にあたる.これは,1.2.2項で説明したオンラインの設定である.一見すると多くの情報が得

表 6.1 評価関数について知りうる情報とその実例および標準的な最適化手法

評価関数の情報	実例	最適化手法
有限個の分子に対する評価関数のみ	既存の実験データの活用	オフライン強化学習
任意の分子に対する評価関数の値	シミュレータによる計算	ブラックボックス最適化

られるようにみえるが，標準的な最適化手法では評価関数の値だけではなくその勾配の情報も必要になるため，使用できる最適化手法が限定される．また，一般に評価関数の値を得るコストは小さくないため，評価関数の評価回数をなるべく少なくしたいという要請もある．このような問題設定で最適化を行うことができる手法として**ブラックボックス最適化**が知られている．そのうちの代表的な手法の 1 つとして**ベイズ最適化**（Bayesian optimization）が知られている．

(3) 2 つの課題への対処方法

このように，分子最適化問題では，分子の空間が離散的であることと，評価関数に関する情報が限られていることが課題となる．6.2 節では，分子最適化問題を連続最適化問題へ変換することで，1 つ目の課題に対処する方法を説明する．6.3 節では，評価関数の値のみ得られる問題設定において使うことができるベイズ最適化について説明し，2 つ目の課題に対処する．

6.2 分子最適化問題の連続最適化問題への変換

離散的な最適化問題である分子最適化問題（式 (6.1)）を連続最適化問題へ変換する方法を説明する．これは，第 5 章で導入した変分オートエンコーダを使って，離散的な存在である分子グラフと連続的な存在である実数値ベクトル（潜在ベクトル）との間を行き来することによって実現できる．

6.2.1 準 備

分子のデータセットを用いて学習した変分オートエンコーダ（5.2 節参照）を $q(\mathbf{z} \mid m)$, $p_{M \mid Z}(m \mid \mathbf{z})$ とする．ここで，$m \in \mathcal{M}$ は分子，$\mathbf{z} \in \mathbb{R}^H$ はそれ

に対応する潜在ベクトル，q はエンコーダ，$p_{M|Z}$ はデコーダである．

　また，分子 m の評価関数の値 $y = f^\star(m)$ の計算は，確率分布 $p_{Y|M}(y \mid m)$ からのサンプリングを通じて可能であると仮定する．つまり，分子 m を入力すると，その分子に対する評価関数の値 $f^\star(m)$ を（場合によってはノイズありで）得ることができる．具体的には，確率分布 $p_{Y|M}$ として，機械学習にもとづく予測器や，シミュレータにもとづく予測器を用いることができるほか，実験によって物性値を直接測定する場合も取り扱うことができる注1．ここでは $p_{Y|M}$ も評価関数と呼ぶ．

6.2.2　連続最適化問題への帰着

　まず，デコーダ $p_{M|Z}$ と，評価関数 $p_{Y|M}$ を合成することで，潜在表現 $\mathbf{z} \in \mathbb{R}^H$ で条件付けた下での，それに対応する分子の評価関数の値に対応する確率変数が得られることに注目する．つまり，潜在表現 $\mathbf{z}$ を与えると

$$M \sim p_{M|Z}(\cdot \mid \mathbf{z}) \tag{6.2}$$

$$Y \sim p_{Y|M}(\cdot \mid M) \tag{6.3}$$

と，評価関数の値をサンプリングすることができる．これは，$\mathbf{z}$ を入力すると，Y が出力されるという（確率的な）入出力関係を表していると考えられる．

　式 (6.2)，式 (6.3) の入出力関係を，決定的な関数 $f_Z: \mathbb{R}^H \to \mathbb{R}$ と，ノイズに相当する確率変数 $\varepsilon \sim \mathcal{N}(0, \sigma^2)$ を用いて

$$y = f_Z(\mathbf{z}) + \varepsilon$$

とモデル化することを考える．この関数 f_Z を最大化することで，もとの分子最適化問題を近似的に解くことができる．これを説明するために，f_Z を最大化する点を $\mathbf{z}^\star \in \mathbb{R}^H$ とする．つまり

$$\mathbf{z}^\star = \operatorname*{argmax}_{\mathbf{z} \in \mathbb{R}^H} f_Z(\mathbf{z}) \tag{6.4}$$

とする．デコーダを用いると，$\mathbf{z}^\star$ を

$$M^\star \sim p_{M|Z}(\cdot \mid \mathbf{z}^\star) \tag{6.5}$$

注1　分子 m の物性値の測定は $p_{Y|M}(\cdot \mid m)$ からのサンプリングとみなすことができる．

と分子 $M^\star$ に変換することができる．ここで，$\mathbf{z}^\star$ は評価関数の値を最大にする潜在表現であるから，対応する分子 $M^\star$ も評価関数を大きくすることが期待できる．よって，$M^\star$ を式 (6.1) の近似的な最適解とみなすことができる．

したがって，何かしらの方法で潜在空間上の関数 f_Z を推定しつつ式 (6.4) を解いて最適解 $\mathbf{z}^\star$ を求めることができれば，その $\mathbf{z}^\star$ をデコーダ $p_{M|Z}$ で分子に変換して，もとの分子最適化問題を解くことができる．

6.2.3　f_Z の推定

前項では，関数 f_Z が推定できる前提の下で，分子最適化問題を連続最適化問題へ近似的に帰着できることを説明した．ここでは，分子とその評価関数の値の対からなる既存のデータセット

$$\mathcal{D} = \{(m_n, y_n) \in \mathcal{M} \times \mathbb{R}\}_{n=1}^N$$

を用いて式 (6.5) の目的関数 f_Z を推定する方法を説明する．

f_Z を推定するためには，入力 $\mathbf{z}$ と出力 $f_Z(\mathbf{z})$ の対からなるデータセット $\mathcal{D}_Z$ があればよい．なぜなら，適切な機械学習の手法を用いることで $\mathcal{D}_Z$ から f_Z を推定できるからである．このようなデータセット $\mathcal{D}_Z$ は，エンコーダを使ってつくることができる．すなわち，各 $n = 1, 2, \ldots, N$ について，分子 m_n に対する潜在表現 $\mathbf{z}_n \in \mathbb{R}^H$ を

$$\mathbf{z}_n \sim q_{Z|M}(\cdot \mid m_n)$$

とサンプリングして

$$\mathcal{D}_Z := \{(\mathbf{z}_n, y_n) \in \mathbb{R}^H \times \mathbb{R}\}_{n=1}^N$$

とすれば，f_Z を推定するためのデータセットをつくることができる．

評価関数の情報として有限個の観測しか得られないような問題設定では，以上のようにしてデータセットから f_Z を推定し，その f_Z を用いて式 (6.4) を解くという 2 段階の手順により分子最適化問題を解くことができる[注2]．しかし，任意の分子に対する評価関数の値が得られるような問題設定では，この 2 段階の手法では得られる情報を十分には活用できていない．少なくとも，式 (6.2)，

注2　これはモデルベースのオフライン強化学習の一種とみなせる．

式 (6.3) の入出力関係を用いると，任意の潜在ベクトル $\mathbf{z} \in \mathbb{R}^H$ に対する評価関数の値 $f_Z(\mathbf{z})$ を得ることができるため，その情報を活用したい．これを実現する手法がベイズ最適化である．

6.3　ベイズ最適化を用いた分子最適化

　本節では，任意の入力 $\mathbf{z}$ に対して目的関数 f_Z の値を得ることができる場合の連続最適化問題を解く方法について説明する．このような設定の最適化問題を**ブラックボックス最適化**と呼ぶ．ブラックボックス最適化のための手法はさまざま知られているが，本書ではベイズ最適化を取り上げる．

6.3.1　問題設定

　目的関数 $f_Z \colon \mathbb{R}^H \to \mathbb{R}$ は，入力が与えられた下で対応する出力の値を計算できるが，それ以外の情報（例えば勾配）は得られないとする．このような関数のことをブラックボックス関数と呼ぶ．以下では，ブラックボックス関数 f_Z と，その入出力関係のデータセット $\mathcal{D} = \{(\mathbf{z}, y) \in \mathbb{R}^H \times \mathbb{R}\}_{n=1}^N$ が与えられた下で

$$\mathbf{z}^\star = \underset{\mathbf{z} \in \mathbb{R}^H}{\operatorname{argmax}} \; f_Z(\mathbf{z})$$

を満たす点 $\mathbf{z}^\star$ を求めるという問題を対象とする．

6.3.2　アルゴリズムの概要

　ベイズ最適化では，獲得関数 $a(\mathbf{z}; \mathcal{D})$ を用いて，関数値を評価すべき点を決めることが特徴である．ここで，**獲得関数**（acquisition function）とは，これまでに得られている入出力関係のデータセット $\mathcal{D}$ によって決まる関数であり，獲得関数 $a(\mathbf{z}; \mathcal{D})$ の値は，これまで得られている情報 $\mathcal{D}$ をもとにしたとき，入力 $\mathbf{z} \in \mathbb{R}^H$ に対する関数値 $f_Z(\mathbf{z})$ を得ることが，どの程度関数 f_Z の最大化に寄与するかを表す．このような性質の関数をつくれれば，**アルゴリズム 6.1** のように関数 f_Z を最大化することができる．

　次に，獲得関数の設計指針について説明する．一般に獲得関数は**探索と活用のトレードオフ**（exploration-exploitation trade-off）を考慮して設計する必

アルゴリズム 6.1　ベイズ最適化

- 入力：ブラックボックス関数 $f: \mathbb{R}^H \to \mathbb{R}$, サンプル $\mathcal{D}_N = \{(\mathbf{z}_n, y) \in \mathbb{R}^H \times \mathbb{R}\}_{n=1}^N$, 獲得関数 $a(\mathbf{z}; \mathcal{D})$, 繰返し回数 T
- 出力：解 $\mathbf{z}_{N+T}$

1: **for** $t = 1, 2, \ldots, T$ **do**
2: 　　$\mathbf{z}_{N+t} \leftarrow \underset{\mathbf{z} \in \mathbb{R}^H}{\mathrm{argmax}}\ a(\mathbf{z}; \mathcal{D}_{N+t-1})$ 　　　　▷ 獲得関数を最大にする点を選択する
3: 　　$y_{N+t} \leftarrow f_Z(\mathbf{z}_{N+t})$ 　　　　　　　　　　　　　　▷ 関数値を得る
4: 　　$\mathcal{D}_{N+t} \leftarrow \mathcal{D}_{N+t-1} \cup \{(\mathbf{z}_{N+t}, y_{N+t})\}$ 　　▷ 得られた事例をデータセットに足す
5: **return** $\mathbf{z}_{N+T}$

要があるといわれている．一般に，関数 f_Z について限られた情報しかない状態で f_Z の最適解を求めるためには，$\mathbb{R}^H$ 全体で f_Z がどのような形状になっているかを大まかにでも把握する必要がある（探索）が，最適解を求めるためには，最適解がありそうな領域で，より細かく f_Z の値をみながら最適解を求める必要がある（既存の知識の活用）．しかし，探索と既存の知識の活用は相反する（トレードオフの関係にある）行動なので，f_Z の値の評価回数を少なく抑えるためには，それらのバランスをとりながら最適解を探していかなければならない．これが探索と活用のトレードオフである．

多くの場合は，最適化アルゴリズムの前半では探索に注力して必要な情報を集め，後半では活用に注力して解の改善をすることで，限られた評価回数の中で，よりよい解を得ることを目指す．

上記をもとにすると，獲得関数 $a(\mathbf{z}; \mathcal{D})$ の値を定義するには，各点 $\mathbf{z} \in \mathbb{R}^H$ において，関数値 $f_Z(\mathbf{z})$ の予測値 $\widehat{f}(\mathbf{z}; \mathcal{D})$ とその不確実性 $\sigma(\mathbf{z}; \mathcal{D})$ を見積もることができれば十分である．このとき，概念的には，獲得関数の値は

$$a(\mathbf{z}; \mathcal{D}) = \widehat{f}(\mathbf{z}; \mathcal{D}) + \sigma(\mathbf{z}; \mathcal{D}) \tag{6.6}$$

のように定義される[注3]．この獲得関数は，目的関数の値を不確実性の値で水増ししているものと解釈できる．不確実性が低い領域は，獲得関数の値は目的関数値の予測値と対応するが，不確実性が高い入力については，予測値が小さいとしても不確実性の高さに応じて獲得関数の値が大きくなり，そのような点

[注3]　後述のように，獲得関数の定義方法は複数存在する．式 (6.6) をそのまま用いるものもあれば，概念的には共通していても数式上は式 (6.6) とは異なるものもある．

がより選ばれやすくなる．つまり，探索が十分でないときには不確実性が高い領域が存在するため，そのような入力の関数値を評価するようになる（すなわち，探索する）し，探索が十分だと，獲得関数は目的関数とほぼ同じになるため，活用に注力するようになる．

このような不確実性を見積もることができる予測モデルの 1 つが**ガウス過程**（Gaussian process）である．ガウス過程を用いると，$\mathbf{z}$ から y への単純な予測だけではなく，その予測の不確実性も推定することができる．

以下，ガウス過程（6.3.3 項）と，ガウス過程を用いた予測（6.3.4 項），獲得関数（6.3.5 項）それぞれについて説明する．また 6.4 節では，実際に分子最適化への応用を通じてベイズ最適化の全体について述べる．

6.3.3　ガウス過程

ここでは，**ガウス過程**をごく簡単に説明する．より詳しい説明や，そのほかの応用に関してはガウス過程に関する教科書[55]を参照してほしい．

直感的には，ここまでみてきた有限次元の実数空間 $\mathbb{R}^D$ 上で定義されていた正規分布を無限次元に拡張したものがガウス過程である．関数は無限次元のベクトルと考えることができるため，ガウス過程にしたがう確率変数は関数とみなすことができる．この確率変数を $f: \mathbb{R}^H \to \mathbb{R}$ と書く．

f は確率変数なので，平均や共分散といった統計量を定義できる．f の平均に相当するものを**平均関数**（mean function），共分散に相当するものを**共分散関数**（covariance function）という．それぞれ

$$m(\mathbf{z}) = \mathbb{E}[f(\mathbf{z})]$$
$$k(\mathbf{z}, \mathbf{z}') = \mathbb{E}[(f(\mathbf{z}) - m(\mathbf{z}))(f(\mathbf{z}') - m(\mathbf{z}'))]$$

と定義される．ここで，f の定義域を $\mathcal{Z} = \{1, 2, \ldots, D\}$ とし，$f_d := f(d)$ とすると，平均関数と共分散関数は

$$m_d = \mathbb{E}[f_d]$$
$$k_{d,d'} = \mathbb{E}[(f_d - m_d)(f_{d'} - m_{d'})]$$

となり，多変量正規分布の平均ベクトルと共分散行列に帰着される．これにより，ガウス過程と多変量正規分布が対応付けられる．

正規分布が平均と共分散で一意に定まるように，ガウス過程も平均関数 $m\colon \mathbb{R}^H \to \mathbb{R}$ と共分散関数 $k\colon \mathbb{R}^H \times \mathbb{R}^H \to \mathbb{R}$ で一意に定まる．したがって，平均関数 m と共分散関数 k を用いてガウス過程を $\mathcal{GP}(m, k)$ と表記することとし，確率変数 f がガウス過程にしたがうことを $f \sim \mathcal{GP}(m, k)$ と表す．

ただし，多次元正規分布の共分散行列は正定値（つまり，対称行列で固有値がすべて正）である必要があったように，ガウス過程の共分散関数も正定値である必要がある．共分散関数が正定値であるとは，積分が定義できる任意の関数 $g\colon \mathbb{R}^H \to \mathbb{R}$ に対して，共分散関数 k が

$$\int g(\mathbf{z}) \, k(\mathbf{z}, \mathbf{z}') \, g(\mathbf{z}') \, \mathrm{d}\mathbf{z} \, \mathrm{d}\mathbf{z}' > 0 \tag{6.7}$$

を満たすことをいう．式 (6.7) を満たす共分散関数を**正定値カーネル** (positive definite kernel) という．正定値カーネルの例を以下にあげる．

例 6.1　線形カーネル

最も簡単な正定値カーネルは

$$k_{\mathrm{linear}}(\mathbf{z}, \mathbf{z}') = \mathbf{z}^\top \mathbf{z}'$$

で定義される**線形カーネル** (linear kernel) である．

例 6.2　RBF カーネル

$\ell > 0$ をハイパーパラメタとして

$$k_{\mathrm{rbf}}(\mathbf{z}, \mathbf{z}') = \exp\left(-\frac{\|\mathbf{z} - \mathbf{z}'\|_2^2}{2\ell^2}\right)$$

と定義される正定値カーネルを **RBF カーネル** (radial basis function kernel, **動径基底関数カーネル**) という．

例 6.3　Matérn カーネル

$\ell > 0, \nu > 0$ をハイパーパラメタ，K_ν を第 2 種変形ベッセル関数として

$$k_{\mathrm{Matérn}}(\mathbf{z}, \mathbf{z}') = \frac{2^{1-\nu}}{\Gamma(\nu)} \left(\frac{\sqrt{2\nu}\|\mathbf{z} - \mathbf{z}'\|}{\ell}\right)^\nu K_\nu\left(\frac{\sqrt{2\nu}\|\mathbf{z} - \mathbf{z}'\|}{\ell}\right)$$

と定義される正定値カーネルを **Matérn カーネル** (Matérn kernel) という．

使用する正定値カーネルによって，ガウス過程にしたがう関数 f の形状が変化する．これを RBF カーネルと線形カーネルを用いてみてみよう．

RBF カーネルを使用すると，$\mathbf{z} \approx \mathbf{z}'$ となる $\mathbf{z}$，$\mathbf{z}'$ に対して，$k_{\mathrm{rbf}}(\mathbf{z}, \mathbf{z}') \approx 1$ となるが，これは $f(\mathbf{z})$ と $f(\mathbf{z}')$ の共分散がほぼ 1 となることに相当する．このとき，関数 f をガウス過程からサンプリングすると，多くの場合において $f(\mathbf{z})$ と $f(\mathbf{z}')$ が互いに近い値をとることが期待できる．逆に $\mathbf{z}$ と $\mathbf{z}'$ が離れている場合は $k_{\mathrm{rbf}}(\mathbf{z}, \mathbf{z}') \approx 0$ となり，これは $f(\mathbf{z})$ と $f(\mathbf{z}')$ の共分散がほぼ 0 となることに相当するため，関数 f をガウス過程からサンプリングすると，$f(\mathbf{z})$ と $f(\mathbf{z}')$ はばらばらの値をとることになる．

一方，線形カーネルを使用すると，$\mathbf{z}$ と $\mathbf{z}'$ が離れていても両者の方向が同じであれば $k_{\mathrm{linear}}(\mathbf{z}, \mathbf{z}')$ は大きい値をとりうる．実際，$\mathbf{z}' = c\mathbf{z}$（$c > 0$）とすると

$$k_{\mathrm{linear}}(\mathbf{z}, \mathbf{z}') = c\|\mathbf{z}\|^2 > 0$$

となり，c を大きくするとカーネル関数の値も大きくなる．

このように，正定値カーネルと，ガウス過程にしたがう関数 f の形状には密接な関係があるため，ガウス過程でモデル化したい関数の性質に応じて適切なカーネル関数を選択することが重要である．

6.3.4　ガウス過程を使った予測

次に，目的関数 f_Z に対する関数近似器を，ガウス過程を使って学習する手法を説明する．ガウス過程は関数に対する確率モデルであるため，これを関数近似器の事前分布として使い，さらに目的関数 f_Z の入出力の事例をもとにすると関数近似器の事後分布を求める，すなわち関数近似器をベイズ推測することができる．この事後分布にしたがう関数近似器は，より目的関数 f_Z に近いと考えられるため，これを用いて予測をするとよい結果が得られると期待できる．以上のようにベイズ推測にもとづいて予測器を得る手法を**ガウス過程回帰**（Gaussian process regression）という．

具体例として，実数値ラベルを予測するような予測器をガウス過程で学習してみよう．このとき，関数近似器は，$f\colon \mathbb{R}^H \to \mathbb{R}$ という入出力関係をもつことになる．また，関数近似器の入出力に関するデータを

$$\mathcal{D} = \{(\mathbf{z}_n, y_n) \in \mathbb{R}^H \times \mathbb{R}\}_{n=1}^N$$

とおく．以下では，まずガウス過程を事前分布として，$\mathcal{D}$ が生成されるまでの流れを説明し，$\mathcal{D}$ と f の同時分布を定める．次に，この同時分布に対してベイズの法則を適用することで，$\mathcal{D}$ が与えられた下での回帰モデルの事後分布を計算したり，それを用いて予測を行ったりする方法を説明する．

(1) 生成モデル

ここではデータ $\mathcal{D}$ が生成される過程を説明する．まず，関数近似器 f の事前分布として，ガウス過程 $\mathcal{GP}(m, k)$ を用い，このガウス過程から f を生成する．事前知識がない場合は平均関数として $m(\mathbf{z}) = 0$ を用いることが標準的なため，本書でもそれにならう．次に，生成された f を用いて，各 $n = 1, 2, \ldots, N$ について，特徴量ベクトル $\mathbf{z}_n$ が与えられた下での出力 $f(\mathbf{z}_n)$ を計算する．そして，計算した出力に対して，$\mathcal{N}(0, \sigma^2)$ にしたがう観測ノイズを加算し，目的変数 y_n を得る．これらをまとめると，データ $\mathcal{D}$ が生成される過程は

$$f \sim \mathcal{GP}(0, k) \tag{6.8}$$

$$\varepsilon_n \sim \mathcal{N}(0, \sigma^2) \qquad (n = 1, 2, \ldots, N) \tag{6.9}$$

$$y_n \mid \mathbf{z}_n, \quad f \sim f(\mathbf{z}_n) + \varepsilon_n \qquad (n = 1, 2, \ldots, N) \tag{6.10}$$

と書ける．

(2) ベイズ推測

式 (6.8)〜式 (6.10) の生成モデルにしたがってデータ $\mathcal{D}$ が生成されていると仮定したうえで，関数近似器 f をベイズ推測する．これには，データ $\mathcal{D}$ が得られた下での f の事後分布を計算すればよいが，いま関数近似器 f は無限次元であるため，それ全体の事後分布をコンピュータ上で表現することは難しい．

したがって，関数近似器全体について計算するのではなく，関数近似器で予測したい点 $\mathbf{z}_\star \in \mathbb{R}^H$ での予測値 $f_\star := f(\mathbf{z}_\star)$ の事後分布を求めることにする．

$$Z := \begin{bmatrix} \mathbf{z}_1 & \mathbf{z}_2 & \ldots & \mathbf{z}_N \end{bmatrix}^\top \in \mathbb{R}^{N \times H}$$

$$\mathbf{y} := \begin{bmatrix} y_1 & y_2 & \ldots & y_n \end{bmatrix}^\top \in \mathbb{R}^N$$

$$\mathbf{f} := \begin{bmatrix} f(\mathbf{z}_1) & f(\mathbf{z}_2) & \ldots & f(\mathbf{z}_N) \end{bmatrix}^\top \in \mathbb{R}^N$$

とすると

$$p(f_\star \mid \mathcal{D}, \mathbf{z}_\star)$$

$$= p(f_\star \mid Z, \mathbf{y}, \mathbf{z}_\star) = \int p(f_\star, \mathbf{f} \mid Z, \mathbf{y}, \mathbf{z}_\star) \, d\mathbf{f}$$

$$\propto \int p(f_\star, \mathbf{f}, \mathbf{y} \mid Z, \mathbf{z}_\star) \, d\mathbf{f}$$

$$= \int p(\mathbf{y} \mid \mathbf{f}) p(\mathbf{f}, f_\star \mid Z, \mathbf{z}_\star) \, d\mathbf{f}$$

$$= \int \mathcal{N}(\mathbf{y}; \mathbf{f}, \sigma^2 I) \mathcal{N}\left(\begin{bmatrix} \mathbf{f} \\ f_\star \end{bmatrix}; 0, \begin{bmatrix} k(Z, Z) & k(Z, \mathbf{z}_\star) \\ k(\mathbf{z}_\star, Z) & k(\mathbf{z}_\star, \mathbf{z}_\star) \end{bmatrix} \right) \, d\mathbf{f} \tag{6.11}$$

となる．ここで，定理 A.2（287 ページ）より，式 (6.11) は

$$\mathcal{N}\left(\begin{bmatrix} \mathbf{y} \\ f_\star \end{bmatrix}; 0, \begin{bmatrix} k(Z, Z) + \sigma^2 I & k(Z, \mathbf{z}_\star) \\ k(\mathbf{z}_\star, Z) & k(\mathbf{z}_\star, \mathbf{z}_\star) \end{bmatrix} \right) \tag{6.12}$$

の確率密度関数と等しいから，$p(f_\star \mid \mathcal{D}, \mathbf{z}_\star)$ は式 (6.12) の確率密度関数に比例する．

さらに，定理 A.3（289 ページ）を用いると，$p(f_\star \mid \mathcal{D}, \mathbf{z}_\star)$ が次の正規分布の確率密度関数と等しいことがわかる．

$$\mathcal{N}\left(K_{\star Z}(K_{ZZ} + \sigma^2 I)^{-1}\mathbf{y},\ k_{\star\star} - K_{\star Z}(K_{ZZ} + \sigma^2 I)^{-1}K_{Z\star} \right) \tag{6.13}$$

ここで

$$K_{ZZ} := K(Z, Z)$$

$$K_{Z\star} := K(Z, \mathbf{z}_\star)$$

$$K_{\star Z} := K(\mathbf{z}_\star, Z)$$

$$K_{\star\star} := K(\mathbf{z}_\star, \mathbf{z}_\star)$$

である．式 (6.13) によると，$\mathbf{z}_\star$ における予測値 $f_\star$ は

平均：　$K_{\star Z}(K_{ZZ} + \sigma^2 I)^{-1}\mathbf{y}$ \hfill (6.14)

分散：　$k_{\star\star} - K_{\star Z}(K_{ZZ} + \sigma^2 I)^{-1}K_{Z\star}$ \hfill (6.15)

の正規分布にしたがっている．予測値を 1 つに定める必要がある際には，平均を採用することが多い．また，この分散は予測値の不確実性を表していると解

釈できる．このように予測の不確実性を確率モデルから自然に定義できることは，ガウス過程の特長の 1 つである．

　以上のような手続きで，ガウス過程を用いて不確実性を考慮した予測を行うことができる．

（3）　計算量

　前述のように式 (6.14) の平均を予測値とすることが一般的だが，この計算を実際に行うにはサンプルサイズを N とすると $O(N^3)$ の計算量が必要である．これは，データ全体を使って定義されたカーネル行列 K_{ZZ} の逆行列を計算する必要があるからである[注4]．よって計算量を削減するために，これを近似的に解く手法がさまざま研究されているが，特に上記の課題はカーネル法全般の抱える一般的な課題と共通しているため，カーネル法の文脈で提案されてきた手法が使われることが多い．

　例えば，訓練データを仮想的な M 個（$M \ll N$）のデータに変換してガウス過程を実行することで計算時間を $O(M^2 N + M^3)$ にする手法がある[54]．さらに高速な事後分布推測アルゴリズムも提案されている[68,53]．これらのアルゴリズムを含め，効率的に式 (6.14)，式 (6.15) を計算するアルゴリズムが実装されているライブラリ[注5]も存在するため，必要に応じてこれらの利用を検討してほしい．

6.3.5　獲得関数

　6.3.2 項で説明したように，**獲得関数**とは，現在のデータでの予測をもとに，任意の入力点で目的関数の値を取得するうれしさを定量化する関数である．一般に獲得関数は，その値が大きければ大きいほど，その入力点での目的関数値を取得する効果が大きくなるように設計される．

　いま大きさが N のサンプルを $\mathcal{D}_N$ と表し，これをもとに定義される獲得関数を $a(\mathbf{x}; \mathcal{D}_N)$ とする．この獲得関数を用いると，次に目的関数値を取得する点は

[注4]　ただし，実装上は，逆行列を陽に計算することは計算時間の観点から避けるべきである．かわりに，線形方程式を解くことで，式 (6.14) の値を計算する方法を採るのが望ましい．

[注5]　例えば，GPyTorch[20] などがあげられる．

$$\mathbf{z}_{N+1} = \underset{\mathbf{z} \in \mathbb{R}^H}{\operatorname{argmax}} \ a(\mathbf{z}; \mathcal{D}_N) \tag{6.16}$$

となる.

ベイズ最適化では,式 (6.16) の最大化問題を繰り返し解く必要があるため,獲得関数はなるべく計算が容易であることが望ましい.さらに,勾配などの最適化に必要な情報も容易に手に入ることが望ましい.ただし,多くの場合では,式 (6.16) は非凸最適化問題と呼ばれる大域的最適解を計算することは難しい問題となるため,実装上は,複数の初期値から最適化するなどの工夫をして,近似的に大域的最適解を求めるしくみが必要である.

また,獲得関数は,前述の探索と活用のトレードオフを考慮しつつ設計する必要がある.しかし,その設計には唯一絶対の正解があるわけではなく,さまざまな獲得関数が提案されている.以下,代表的なものを 3 つあげる.いずれも,現在までの観測での最良値を用いることが多いため,N 個の事例中の最良値を

$$f_N^\star = \max_{n=1,2,\dots,N} f(\mathbf{z}_n)$$

と定義する.また,確率や期待値は,データセット $\mathcal{D}_N$ で条件付けたガウス過程にもとづくとする.

例 6.4　改善確率

改善確率（probability of improvement; PI）は

$$a_{\mathrm{PI}}(\mathbf{z}; \mathcal{D}_N) = \mathbb{P}\left[f(\mathbf{z}) > f_N^\star \mid \mathcal{D}_N\right] = \mathbb{E}\left[\mathbb{I}\{f(\mathbf{z}) > f_N^\star\} \mid \mathcal{D}_N\right]$$

と定義される獲得関数である.

これは,$\mathbf{z} \in \mathbb{R}^H$ における関数値 $f(\mathbf{z})$ が,現在の最良値よりもよい値となる確率を表す.この獲得関数にしたがって次の点を選ぶということは,確実に改善する点を選ぶことに注力し,改善幅については考慮しないことに相当する.

例 6.5　期待改善量

期待改善量（expected improvement; EI）は

$$a_{\mathrm{EI}}(\mathbf{z}; \mathcal{D}_N) = \mathbb{E}\left[\max\{f(\mathbf{z}) - f_N^\star, 0\} \mid \mathcal{D}_N\right]$$

と定義される獲得関数である.

これは $\mathbf{z} \in \mathbb{R}^H$ において期待される改善幅を測っており，この獲得関数にしたがって次の点を選ぶということは，期待される改善幅が最も大きい点を選ぶことに相当する．

例 6.6　信頼上界

信頼上界（upper confidence bound; UCB）は，ハイパーパラメタ $\beta_N > 0$ を用いて

$$a_{\mathrm{UCB}}(\mathbf{z}; \mathcal{D}_N, \beta_N) = \mathbb{E}[f(\mathbf{z}) \mid \mathcal{D}_N] + \beta_N \sqrt{\mathbb{V}[f(\mathbf{z}) \mid \mathcal{D}_N]}$$

と定義される獲得関数である．

これは，$\mathbf{z} \in \mathbb{R}^H$ における関数の値を平均値で推定しつつ，不確実性のある点に関してはその分，標準偏差として上乗せしており，探索と活用のトレードオフを素直に表現したものといえる．すなわち，これまで得られた情報をもとに関数値を推定し，その関数値が大きくなる点が選ばれるようにする（既存の知識の活用）一方で，既存の知識では不確実性のある点については，関数値の推定が正しいかどうかがわからないため，そのような点も選ばれやすくしている（探索）．いいかえれば，不確実な点を選ばれやすくするために関数の推定値に不確実性の分を上乗せした獲得関数である．探索が不十分な状況では，不確実な領域での獲得関数の値が大きくなるため，不確実な領域から点が選ばれやすくなり，探索が十分行われた後では，関数値が大きくなる点が選ばれやすくなる．これは，「不確実性の下では楽観的な手を選ぶほうがよい（optimism in the face of uncertainty）」という標語を反映したような獲得関数である．

6.4　ベイズ最適化を用いた分子最適化アルゴリズム

これまで説明した内容をもとに，ベイズ最適化を用いた分子最適化のアルゴリズムを示す．すなわち，6.2 節で説明した内容に沿って分子最適化問題を連続最適化問題に変換し，6.3 節で説明した内容に沿ってそれをベイズ最適化で最適化する．この基本的な枠組みは Gómez–Bombarelli *et al.*[21] によって提案されたものである．

ここでは，罰則付き $\log P$ を評価関数として用いるため，まず罰則付き $\log P$

について説明し，その実装を示す．次に，ベイズ最適化を用いた分子最適化の
アルゴリズムの実装を示し，最後にその実行結果を示す．

6.4.1　罰則付き log P

罰則付き log P（penalized log P）とは，機械学習分野の論文の多くでア
ルゴリズムの性能評価のために使われている評価関数の 1 つで，後述のよう
に実際の創薬などにおいて有用な評価関数であるわけではないが，その手軽さ
から幅広く使われている[39]．罰則付き log P は，2.4 節で説明したオクタノー
ル／水分配係数 log P に対して環の長さ，および，合成の難しさを表す**合成難
易度指標**（synthetic accessibility score）による罰則を加えたものである[15]．
環の長さについては，分子に含まれる最大の環の大きさから 6 を引いた値とす
る．また，合成難易度指標は合成が難しいほど大きな値となる．

データセットで計算された平均と標準偏差を使って標準化した log P を
$\overline{\log P}(m)$，環の長さを $\overline{\mathrm{Ring}}(m)$，合成難易度指標を $\overline{\mathrm{SAScore}}(m)$ とする．こ
のとき，罰則付き log P は，

$$\mathrm{plog}\,P(m) := \overline{\log P}(m) - \overline{\mathrm{SAScore}}(m) - \overline{\mathrm{Ring}}(m) \tag{6.17}$$

と定義される．

罰則付き log P の最大化は，以前は分子最適化のベンチマークタスクとして
広く採用されていた．しかし，創薬の観点からこのタスクの有用性が疑問視さ
れたり，このベンチマークタスク上での手法の比較が意味をなさない状況[注6]
になったりした結果，現在では罰則付き log P の最大化問題をベンチマークタ
スクとして用いることはあまり望ましくないと考えられている．ただし，現在
でもアルゴリズムの動作チェックなどの目的では使用されているため，本書で
もこれを用いている．

リスト 6.1 に罰則付き log P を計算するプログラムの例を示す．また，
表 6.2 にここで実装したメソッドの一覧を示す．

compute_plogp（20 行目）では罰則付き log P を計算するために torchdrug
というライブラリを用いている．式 (6.17) で定義したように，罰則付き log P

注6　RDKit による log P の推定を用いた罰則付き log P では，炭素原子を鎖状につな
　　　ぐと，際限なく大きくできることがわかっている．このようにベンチマークとして機
　　　能しなくなる原因に関してもさまざま調べられている[31,41,56]．

リスト 6.1 罰則付き $\log P$ の計算プログラム

```
 1  from rdkit import Chem
 2  import torch
 3  from torchdrug.data.molecule import PackedMolecule
 4  from torchdrug.metrics import penalized_logP
 5
 6
 7  def filter_valid(smiles_list):
 8      success_list = []
 9      fail_idx_list = []
10      for each_idx, each_smiles in enumerate(smiles_list):
11          try:
12              smiles = Chem.MolToSmiles(
13                  Chem.MolFromSmiles(each_smiles))
14              success_list.append(smiles)
15          except:
16              fail_idx_list.append(each_idx)
17      return success_list, fail_idx_list
18
19
20  def compute_plogp(smiles_list):
21      filtered_smiles_list, fail_idx_list \
22          = filter_valid(smiles_list)
23      if not filtered_smiles_list:
24          return -30.0 * torch.ones(len(smiles_list))
25      packed_dataset = PackedMolecule.from_smiles(
26          filtered_smiles_list)
27      _plogp_tensor = penalized_logP(packed_dataset)
28      plogp_tensor = torch.zeros(len(smiles_list),
29                                 dtype=torch.float)
30      each_other_idx = 0
31      for each_idx in range(len(plogp_tensor)):
32          if each_idx in fail_idx_list:
33              plogp_tensor[each_idx] = -30.0
34          else:
35              plogp_tensor[each_idx] = _plogp_tensor[each_other_idx]
36              each_other_idx += 1
37      return plogp_tensor
```

はデータセットを用いて標準化した値を用いるため，本来，標準化に用いるデータセットによって異なる評価関数となる．しかし，ベンチマークとしてこの評価関数を用いる際には，手法間で評価関数の値を比較できる必要があるため，データセットを固定した罰則付き $\log P$ が用いられる．これを計算する機能を提供しているライブラリの 1 つが torchdrug である．

表 6.2　リスト 6.1 に実装したメソッドとその機能

メソッド名	機　能
compute_plogp	罰則付き $\log P$ の計算
filter_valid	SMILES 系列のリストを受け取り，正しく分子に変換できるものを抽出

　ただし，torchdrug は独自のデータ構造で分子を保持しており，罰則付き $\log P$ の計算もそのデータ構造を介して行う必要があるため，罰則付き $\log P$ を計算するには，SMILES 系列からそのデータ構造に変換する必要がある．しかし，変換に用いるメソッドは，正しく分子構造に変換できる SMILES 系列が入力されることを想定しているため，分子構造に変換できない SMILES 系列を事前に取り除いておく必要がある．よって，compute_plogp の内部では，入力された SMILES 系列のリスト smiles_list を次のように処理している．

(1) filter_valid メソッドを用いて，正しく分子構造に変換できる SMILES 系列のリスト filtered_smiles_list，および，変換できない SMILES 系列のインデックスからなるリスト fail_idx_list を得る（21〜21 行目）

(2) PackedMolecule.from_smiles メソッドを用いて，filtered_smiles_list を torchdrug のライブラリ用のデータ構造に変換し（25〜26 行目），penalized_logP メソッドを用いて罰則付き $\log P$ を計算する（27 行目）

(3) 正しくない SMILES 系列には -30.0 の値を割り振ったうえで（32〜33 行目），罰則付き $\log P$ の計算結果を返す

　また，compute_plogp の内部で使われている filtered_valid メソッドでは，RDKit での読み込みが成功すれば正しい SMILES 系列と見なし，失敗すれば正しくないものとしている．

6.4.2　実装例

　ベイズ最適化による分子最適化アルゴリズムの Python によるプログラム例をリスト 6.2 に示す.

リスト 6.2　ベイズ最適化による分子最適化のプログラム

```
 1  import gzip
 2  import pickle
 3  import pandas as pd
 4  import torch
 5  import math
 6  from botorch.optim import optimize_acqf
 7  from botorch.acquisition import UpperConfidenceBound
 8  from botorch.models import SingleTaskGP
 9  from botorch.fit import fit_gpytorch_mll
10  from botorch.utils.transforms import (standardize,
11                                        normalize,
12                                        unnormalize)
13  from gpytorch.mlls import ExactMarginalLogLikelihood
14  from torch.utils.data import DataLoader, TensorDataset
15
16  from smiles_vocab import SmilesVocabulary
17  from smiles_vae import SmilesVAE
18  from metrics import filter_valid, compute_plogp
19
20  from rdkit import RDLogger
21
22  lg = RDLogger.logger()
23  lg.setLevel(RDLogger.CRITICAL)
24
25
26  def bo_dataset_construction(vae,
27                              input_tensor,
28                              smiles_list,
29                              batch_size=128,
30                              max_batch=10):
31      dataloader = DataLoader(TensorDataset(input_tensor),
32                              batch_size=batch_size,
33                              shuffle=False)
34      z_list = []
35      plogp_list = []
36      out_smiles_list = []
37      for each_batch_idx, each_tensor in enumerate(dataloader):
38          if each_batch_idx == max_batch:
39              break
```

```
40        smiles_sublist = smiles_list[
41            batch_size * each_batch_idx
42            : batch_size * (each_batch_idx+1)]
43        with torch.no_grad():
44            z, _ = vae.encode(each_tensor[0].to(vae.device))
45        z_list.append(z.to('cpu').double())
46        plogp_tensor = compute_plogp(smiles_sublist)
47        plogp_list.append(plogp_tensor.double())
48        out_smiles_list.extend(smiles_sublist)
49    return (torch.cat(z_list),
50            torch.cat(plogp_list),
51            out_smiles_list)
52
53
54 def obj_func(z, vae):
55    z = z.to(torch.float32)
56    for _ in range(100):
57        smiles_list = vae.generate(z, deterministic=False)
58        success_list, failed_idx_list = filter_valid(smiles_list)
59        if success_list:
60            smiles_list = success_list[:1]
61            break
62    plogp_tensor = compute_plogp(smiles_list).double()
63    return plogp_tensor, smiles_list
64
65 if __name__ == '__main__':
66    smiles_vocab = SmilesVocabulary()
67    train_tensor, train_smiles_list\
68        = smiles_vocab.batch_update_from_file('train.smi',
69                                              with_smiles=True)
70    val_tensor, val_smiles_list \
71        = smiles_vocab.batch_update_from_file('val.smi',
72                                              with_smiles=True)
73    max_len = train_tensor.shape[1]
74    latent_dim = 64
75
76    vae = SmilesVAE(smiles_vocab,
77                    latent_dim=latent_dim,
78                    emb_dim=256,
79                    encoder_params={'hidden_size': 512,
80                                    'num_layers': 1,
81                                    'bidirectional': False,
82                                    'dropout': 0.},
83                    decoder_params={'hidden_size': 512,
84                                    'num_layers': 1,
85                                    'dropout': 0.},
86                    encoder2out_params={'out_dim_list': [256]},
```

```
87                          max_len=max_len).to('cuda')
88      vae.load_state_dict(torch.load('vae.pt'))
89      vae.eval()
90
91      z_tensor, plogp_tensor, smiles_list = bo_dataset_construction(
92          vae,
93          train_tensor,
94          train_smiles_list)
95      n_trial = 500
96
97      for each_trial in range(n_trial):
98          standardized_y = standardize(plogp_tensor).reshape(-1, 1)
99          bounds = torch.stack([z_tensor.min(dim=0)[0],
100                                z_tensor.max(dim=0)[0]])
101         normalized_X = normalize(z_tensor, bounds)
102         gp = SingleTaskGP(normalized_X, standardized_y)
103         mll = ExactMarginalLogLikelihood(gp.likelihood, gp)
104         fit_gpytorch_mll(mll)
105         UCB = UpperConfidenceBound(gp, beta=0.1)
106         candidate, acq_value = optimize_acqf(
107             UCB,
108             bounds=torch.stack([-0.1 * torch.ones(latent_dim),
109                                 1.1 * torch.ones(latent_dim)]),
110             q=1,
111             num_restarts=5,
112             raw_samples=10)
113         unnormalized_candidate = unnormalize(candidate, bounds)
114
115         plogp_val, each_smiles_list = obj_func(
116             unnormalized_candidate, vae)
117         z_tensor = torch.cat([z_tensor, unnormalized_candidate])
118         plogp_tensor = torch.cat([plogp_tensor, plogp_val])
119         smiles_list.extend(each_smiles_list)
120         print(' * {}\t{}'.format(
121             each_trial,
122             plogp_val))
123
124     plogp_tensor = plogp_tensor[-n_trial:]
125     smiles_list = smiles_list[-n_trial:]
126     _, ascending_idx_tensor = plogp_tensor.sort()
127
128     print('plogp\tsmiles')
129     out_dict_list = []
130     for each_idx in ascending_idx_tensor.tolist()[::-1][:10]:
131         print('{}\t{}'.format(plogp_tensor[each_idx],
132                               smiles_list[each_idx]))
133         out_dict_list.append({'smiles': smiles_list[each_idx],
```

```
134                                         'plogp': plogp_tensor[each_idx]})
135
136      res_df = pd.DataFrame(out_dict_list)
137      with gzip.open('smiles_vae_best_mol.pklz', 'wb') as f:
138          pickle.dump(res_df, f)
139
140      with gzip.open('smiles_vae_bo_full.pklz', 'wb') as f:
141          pickle.dump((smiles_list, plogp_tensor), f)
```

大まかな処理の流れは以下のとおりである.

① リスト 5.1 で学習した SMILES-VAE を読み込む（76～88 行目）
② 6.2.3 項の手順にしたがって，SMILES-VAE のエンコーダを用いて，分子とその評価関数の値の対からなるデータセット $\mathcal{D} = \{(m_n, y_n)\}_{n=1}^{N}$ を，潜在空間上のデータセット $\mathcal{D}_Z = \{(\mathbf{z}_n, y_n)\}_{n=1}^{N}$ に変換する（91～94 行目）
③ $\mathcal{D}_Z$ をもとに，ベイズ最適化を行う（97～122 行目）
④ 見つかった分子のうち，罰則付き $\log P$ の大きい分子上位 10 個を表示する（128～134 行目）

このうち②と③について，次で詳しく説明する.

(1)　潜在空間上のデータセットへの変換

リスト 6.2 の bo_dataset_construction メソッドを用いて，潜在空間上のデータセットへの変換を行う. このメソッドの引数を**表 6.3**にまとめた. ここで，smiles_list のそれぞれの SMILES 系列を整数値テンソルに変換したものが input_tensor に相当するが，smiles_list を罰則付き $\log P$ の計算に，input_tensor をエンコーダへの入力に使うため，この 2 つを引数として受け取る必要がある.

bo_dataset_construction メソッドの内部では，まず batch_size の大きさのミニバッチ単位で処理をするためにデータローダをつくっている（31～33 行目）. このデータローダを用いた for 文の中で，次のようにベイズ最適化に必要なデータセットをミニバッチ単位でつくっている.

(1) input_tensor のミニバッチと対応する SMILES 系列リストのミニバッチを取得し smiles_sublist とする（40～42 行目）

表 **6.3** bo_dataset_construction メソッドの引数一覧

変数名	機能
vae	SMILES-VAE のモデル
input_tensor	SMILES 系列を整数系列として表現したテンソル
smiles_list	SMILES 系列のリスト
batch_size	エンコーダを用いる際のバッチサイズ
max_batch	データセットとして用いるバッチ数

(2) エンコーダを用いて潜在ベクトル z を計算する（43〜44 行目）

(3) compute_plogp を用いて罰則付き $\log P$ を計算する（46 行目）

(4) 以上の処理を，max_batch 回繰り返す（37〜39 行目）[注7]

この処理の結果得られる

- 潜在ベクトルのテンソル
- 罰則付き $\log P$ のテンソル
- SMILES 系列のリスト

を出力とする.

(2) ベイズ最適化

ベイズ最適化を行う対象の目的関数は，リスト 6.2 では obj_func というメソッドで定義されている（54〜63 行目）. この目的関数は，潜在ベクトルを受け取って，それに対応する分子に対する評価関数の値（ここでは罰則付き $\log P$）を返す関数であるため，obj_func の引数として潜在ベクトル z を受け取ることになる. また，潜在ベクトルを分子にデコードする必要があるため，変分オートエンコーダのモデル vae も同時に引数として受け取る.

この目的関数の値を計算するには，z をデコードして対応する SMILES 系列を得て（57 行目），それに対して compute_plogp メソッドで罰則付き $\log P$ の値を計算すればよい（62 行目）. ただし，SMILES-VAE の場合，潜在ベクトルを正しい SMILES 系列にデコードできる確率が高くないため，ここでは

注7 ベイズ最適化を開始する際に用いるデータセットの大きさはあまり大きくないことが多いため，ここでもそれにならい，batch_size × max_batch の大きさのデータセットをつくることとした.

正しい SMILES 系列が得られるまでデコードを繰り返すことにしている.

ベイズ最適化は,メイン関数以下の for 文の中で実行されている(97〜122 行目).ここでは

(1) ガウス過程の入出力に対応する z_tensor および plogp_tensor を標準化する(98〜101 行目)

(2) 上記のデータを用いてガウス過程を学習する(102〜104 行目)

(3) 獲得関数として,信頼上界(例 6.6)を計算し,獲得関数の最適化を通じて次に目的関数の値を計算する候補点 candidate を求める(105〜112 行目)

(4) candidate は標準化された入力空間における点であるため,これをもとの入力空間に戻し(113 行目),目的関数の値を計算してデータセットを更新する(115〜119 行目)

という手続きを繰り返すことでベイズ最適化を行っている.

6.4.3　実行例

リスト 6.2 を実行して得られた分子のうち,罰則付き $\log P$ を大きくする分子上位 9 個とその罰則付き $\log P$ の値を**図 6.1** に示す.

訓練データに含まれる分子の罰則付き $\log P$ の最大値は 14.88 である一方,今回発見した分子で最もよいものの罰則付き $\log P$ の値は 5.06 であるため,訓練データに含まれる分子よりもよい分子は見つけられていない.しかし,訓練データの罰則付き $\log P$ の上位 99 パーセンタイルは 4.24 であることから,十分よい分子が見つけられたといえるだろう.

また,6.4.1 項の注 6 で述べたような炭素が長く鎖状に連なる構造をもつ分子はみられず,おおむね訓練データの分子に近い構造の分子が得られていることがわかる.これは,デコーダが訓練データに似た分子を生成するように学習していることで,訓練データと大きく異なる分子構造は生成されにくいためだと考えられる.

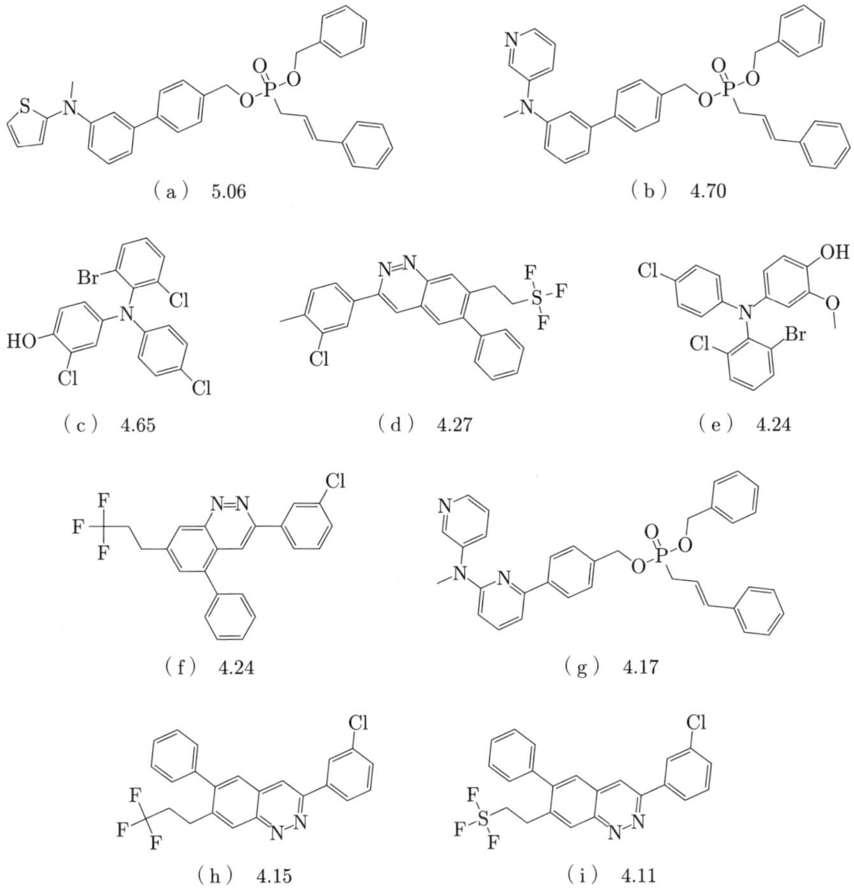

（a）　5.06　　（b）　4.70　　（c）　4.65　　（d）　4.27　　（e）　4.24　　（f）　4.24　　（g）　4.17　　（h）　4.15　　（i）　4.11

図 6.1　SMILES-VAE とベイズ最適化を組み合わせた分子最適化アルゴリズム
で得られた分子のうち，上位 9 個の構造式とその罰則付き $\log P$ の値

第7章

強化学習を用いた
分子生成モデルと分子最適化

　強化学習は，逐次的な意思決定問題において最適な意思決定方策を数理的に求める枠組みの1つである．例えば，原子を1つひとつ追加して分子を組み立てるような生成方法は逐次的な意思決定とみなすことができるので，強化学習を用いることで最適な分子を求めることができることが期待できる．

　本章では，まず強化学習の基礎について説明した後，強化学習で分子を最適化する方法について説明する．また，簡単な例として，SMILES を生成する LSTM を強化学習を用いて訓練する手法を実装し，その挙動を確認する．

7.1　強化学習の定式化

　強化学習は，環境の中でエージェントに意思決定を繰り返し行わせて，最適な意思決定方策を学習する手法である（1.3.4 項参照）．

　本節では，まず 7.1.1 項で，環境の確率モデルである**マルコフ決定過程**（Markov decision process; **MDP**）を定義し，7.1.2 項で，強化学習の問題設定の例をいくつか取り上げる．

7.1.1　マルコフ決定過程

　環境は，状態をもち，その状態は各離散時刻 $t = 0, 1, 2, \ldots$ で時間発展していくとする．この時間発展のことを**状態遷移**（state transition）という．状態遷移は，現在の状態と，外部から与えられる行動によって決まるものと定義される．なお，遷移先の状態が確率的に決まる環境もあれば，決定的に決まる

環境もある.

環境のとりうる状態の空間 $\mathcal{S}$ を**状態空間** (state space) という. また, 各状態 $s \in \mathcal{S}$ でとることができる行動の空間 $\mathcal{A}(s)$ を**行動空間** (action space) という. これらは強化学習を利用する私たちが定義する空間であり, 離散的な場合もあれば連続的な場合もある.

環境の状態遷移は, 現在の状態 $s \in \mathcal{S}$ と, 行動 $a \in \mathcal{A}(s)$ で条件付けられた状態空間上の確率分布

$$p(s' \mid s, a) \in \Delta(\mathcal{S})$$

で定義され, この分布にしたがって次の時刻の状態 $s' \in \mathcal{S}$ が決まる. ここで, 次の時刻の状態を**次状態** (next state) といい, 現在の状態と行動が与えられた下で次状態のしたがう確率分布を**状態遷移確率** (state transition probability distribution) という. また, 初期状態がしたがう分布 $\rho_0(s) \in \Delta(\mathcal{S})$ を**初期状態分布** (initial state distribution) という. 時刻 0 の状態 s_0 は ρ_0 にしたがって決まることとなる.

また, **エージェント** (agent) は, 環境の状態を観測し, 自身のもつ方策にしたがって環境に対して行動を与えるものとして定義される. すなわち, エージェントは, 現在の状態をもとにとるべき行動を決める (= 意思決定する) 必要があり, 各離散時刻で意思決定を続けていくことになるから, このような環境とエージェントの相互作用は, 逐次的な意思決定の 1 つのモデル化であることがわかる. エージェントのもつ**方策** (policy) は, 状態で条件付けられた行動空間上の確率分布

$$\pi(a \mid s) \in \Delta(\mathcal{A}(s))$$

で定義される. また, 方策の集合を Π と表す. 方策を確率分布で定義することからわかるように, エージェントは行動を決定的に決める必要はなく, 確率的に選んでもよい.

環境とエージェントの相互作用を規定回数繰り返して終了する有限時間長の設定と, 無限に繰り返していく無限時間長の設定が考えられるが, 本書では有限時間長の設定を取り扱う. 無限時間長の設定については強化学習の教科書[63,76]を参照してほしい. 以下では, 相互作用の回数を T とおき, 時刻を $t = 0, 1, \ldots, T-1$ と表す.

アルゴリズム 7.1 エピソード生成

- 入力：方策 π，マルコフ決定過程 $(\mathcal{S}, \mathcal{A}, p, \rho_0, r)$
- 出力：エピソード $\{(s_t, a_t, s_{t+1}, r_t)\}_{t=0}^{T-1}$

1: $s_0 \sim \rho_0(\cdot)$
2: **for** $t = 0, 1, \ldots, T-1$ **do**
3:      $a_t \sim \pi(\cdot \mid s_t)$
4:      $s_{t+1} \sim p(\cdot \mid s_t, a_t)$
5:      $r_t \leftarrow r(s_t, a_t)$
6: **return** $\{(s_t, a_t, s_{t+1}, r_t)\}_{t=0}^{T-1}$

エージェントの意思決定の指針となるものが**報酬**（reward）である．状態 s の環境に対して行動 a をとるたびに，環境からエージェントに報酬 $r(s, a) \in \mathbb{R}$ が与えられるが，行動のよし悪しによって与えられる報酬が異なることがエージェントの意思決定の動機付けとなる．なお，一般的には報酬も確率変数としてモデル化するが，本書で扱う範囲では決定的な報酬で十分であるので，以下では報酬は決定的とし，

$$r \colon \mathcal{S} \times \mathcal{A} \to \mathbb{R}$$

を**報酬関数**（reward function）という．これら状態空間，行動空間，状態遷移確率，初期状態分布，報酬関数の 5 つ組

$$(\mathcal{S}, \mathcal{A}, p, \rho_0, r)$$

を，**マルコフ決定過程**という[注1]．マルコフ決定過程では，**アルゴリズム 7.1** のように，エージェントと環境が相互作用して状態行動列や報酬を生成する．ここで，得られる状態行動列と報酬を合わせて**エピソード**（episode）という．

マルコフ決定過程では，エージェントは毎時刻得られる報酬の和である**累積報酬**（cumulative reward）をできるだけ大きくするように動機付けられる．ただし，エージェントの行動選択や状態遷移が確率的であるため，累積報酬も確率変数となる．一般的な定式化では，累積報酬の期待値である**期待累積報酬**（expected cumulative reward）

[注1] この名前は，状態遷移がマルコフ的，つまり「1 時刻前の情報にのみ依存する」ことに由来する．

$$J(\pi) = \mathbb{E}^{\pi} \left[\sum_{t=0}^{T-1} \gamma^t r(S_t, A_t) \right] \tag{7.1}$$

を最大にすることを目指す. ここで, $\mathbb{E}^{\pi}$ は, 方策 π を用いて環境と相互作用する際の確率的な挙動に関して, 期待値をとる演算子である. 式 (7.1) では, 各時刻の状態と行動 (S_t, A_t) が確率変数であるため, それらに関して期待値をとっている. また, $\gamma \in (0, 1]$ を**割引率**(discount factor) といい, 将来の報酬よりも直近の報酬に重みを付け, 将来の報酬を割り引くために用いられる. 式 (7.1) のような指数的な重みを用いる以外にも将来の報酬を割り引く方法はさまざま考えられるが, 指数的な重みを用いる方法には, 期待累積報酬の再帰的な計算が可能になったり, 無限時間長でも累積報酬を定義できたりする利点があるため, よく用いられる. ただし, 本書で扱う範囲内では割引の必要がないため, 以下では $\gamma = 1$ として割引率を無視する.

マルコフ決定過程において, 期待累積報酬を最大にする方策を**最適方策**(optimal policy) と呼ぶ. すなわち, 式 (7.1) で表される期待累積報酬を用いると, 最適方策 $\pi^{\star} \in \Pi$ は, 次のように定義される.

$$\pi^{\star} = \operatorname*{argmax}_{\pi \in \Pi} J(\pi)$$

7.1.2　問題設定

マルコフ決定過程において最適方策を求めるという問題は, どのような情報をもとにするのかに応じていくつかの種類がある. **プランニング**(planning) は, 状態遷移確率や報酬を含め, 環境の情報がすべて既知であると仮定する問題設定である. 一方, **強化学習**は, 状態遷移確率や報酬を未知とする問題設定である. さらに, 強化学習は, 未知な環境を推定するための情報の取得方法に応じて 2 つに分類される. 1 つは**オンライン強化学習**(online reinforcement learning), または単に強化学習と呼ばれる. オンライン強化学習は, エージェントと環境とが無制限に相互作用できる問題設定であり, 相互作用を通じて状態遷移確率や報酬に関する情報を収集しながら最適方策を求める. 対して, **オフライン強化学習**(offline reinforcement learning) は, エージェントと環境との相互作用を認めず, 相互作用した履歴 $\{(s_n, a_n, s'_n, r_n)\}_{n=1}^{N}$ のみから最適方策を求める. 以上のように, 最適方策を求めるために使える情報の多

寡が，プランニング，オンライン強化学習，オフライン強化学習の違いである．

7.2 分子最適化の強化学習としての定式化

前節での説明を踏まえて，分子最適化を強化学習として定式化する方法を説明する．分子最適化を強化学習の枠組みで定式化するには，分子の組上げをマルコフ決定過程を用いてモデル化し，得られる分子に対する評価関数の値を報酬とすることが基本的な方針となる．分子の組上げ方法はさまざま考案されているが，ここではそのうち代表的な方法を 3 つ紹介する．

7.2.1 SMILES を用いた定式化

最も基本的な分子の組上げ方法は，SMILES を用いて分子を組み上げる方法である．すなわち，1 文字ずつ文字を追加し，SMILES 系列をつくることを通じて分子を組み上げるというものである．

SMILES で用いる文字の集合を Σ とすると，状態空間は

$$\mathcal{S} = (\{\langle \mathrm{sos} \rangle, \langle \mathrm{eos} \rangle\} \cup \Sigma)^*$$

と定義される．ここで，$\langle \mathrm{sos} \rangle$ は開始記号，$\langle \mathrm{eos} \rangle$ は終了記号に相当する（4.2 節参照）．初期状態として $\langle \mathrm{sos} \rangle$ を用いるため

$$\rho_0(\langle \mathrm{sos} \rangle) = 1$$

となる．また，各時刻 $t = 1, 2, \ldots, T-1$ での状態を

$$s_t = (\langle \mathrm{sos} \rangle, \sigma_1, \sigma_2, \ldots, \sigma_t) \qquad (\sigma_1, \ldots, \sigma_t \in \Sigma \cup \{\langle \mathrm{eos} \rangle\})$$

とする．このとき，状態 $s \in \mathcal{S}$ で，エージェントのとれる行動を

$$\mathcal{A}(s) = \Sigma \cup \{\langle \mathrm{eos} \rangle\}$$

として

$$s_{t+1} = s_t \oplus a_t$$

という決定的な状態遷移を考える．ここで $\oplus$ は文字列の連結を表し，例えば

$$CCC \oplus O = CCCO$$

となる．また，エージェントが $a_t = \langle eos \rangle$ という行動をとると SMILES 系列の生成は終了となり，残りの時間は $\langle eos \rangle$ という行動をとり続けるとする．

　報酬としては，最大化したい評価関数の値を用いることが考えられる．その場合，いったん SMILES 系列を生成した後に分子に変換して評価関数の値を計算する必要があるが，SMILES 系列から分子に変換できない場合も考慮して報酬を設計する必要がある．これを考慮した報酬関数の定義を次に説明する．

　状態 s から $\langle sos \rangle$ や $\langle eos \rangle$ を除去して SMILES 列をつくり，さらにそれを分子グラフへ変換する関数を

$$\text{SMILES2Mol}: (\Sigma \cup \{\langle sos \rangle, \langle eos \rangle\})^* \to \mathcal{M} \cup \{\bot\}$$

とする．ここで，$\bot$ は分子グラフに変換できない状態を表す．また，分子グラフを入力とする評価関数を

$$f^\star: \mathcal{M} \to \mathbb{R}$$

とする．分子グラフに変換できない文字列が入力されたときに対応できるように，この評価関数を次のように拡張する．すなわち，分子グラフに変換できない状態が入力されたときには，罰則の目的で

$$f^\star(\bot) = -C \qquad (C \gg 0)$$

のように，小さい値を返すように拡張する．これらを用いると報酬関数は次のように定義できる．

$$r(s, a) = \begin{cases} 0 & (a \neq \langle eos \rangle \text{ の場合}) \\ f^\star \circ \text{SMILES2Mol}(s \oplus a) & (a = \langle eos \rangle \text{ の場合}) \end{cases} \tag{7.2}$$

以上により，分子最適化問題（問題 1.2，5 ページ）を強化学習として定式化できる．

　上記の定式化は，SMILES を用いた定式化のほんの一例に過ぎない．ほかの定式化として，例えば，Olivecrona *et al.*[50] では，大量 SMILES 系列で事前学習した RNN を用いて目的関数や報酬を定義している．すなわち，最終状態で得られる SMILES 系列を

$$s_T = a_0 \oplus a_1 \oplus \cdots a_{T-1}$$

とすると，方策 $\pi(a \mid s)$ で計算した対数尤度は

$$\ell^{\pi}(s_T) = \sum_{t=0}^{T-1} \log \pi(a_t \mid s_t)$$

と計算できる．一方，事前学習した RNN で同じ SMILES 系列の対数尤度を計算すると

$$\ell_0(s_T) = \sum_{t=0}^{T-1} \log p(s_t \mid s_0, \ldots, s_{t-1})$$

となる．これらを用いて

$$J(\pi) = -\left(\ell_0(s_T) + \sigma \cdot f^{\star} \circ \mathrm{SMILES2Mol}(s_T) - \ell^{\pi}(s_T)\right)^2 \tag{7.3}$$

という目的関数を最大化する問題として定式化している．ここで，$\sigma\,(>0)$ はハイパーパラメタである．

この目的関数を大きくするには，$\ell^{\pi}(s_T)$ を

$$\ell_0(s_T) + \sigma \cdot f^{\star} \circ \mathrm{SMILES2Mol}(s_T)$$

に近づけるように調整すればよい．このときエージェントは，事前学習した RNN が生成しやすい分子で，かつ評価関数の値が大きくなる分子を生成するように動機付けられる．この目的関数と一致するような報酬の設計方法については，原著論文[50]を参照してほしい．

7.2.2 グラフの組上げとしての定式化

より発展的な分子の組上げ方法として，分子グラフを用いて分子を組み上げる方法が考えられる．その一例として You *et al.*[72] の定式化について説明する．

原子価の制約を満たした分子グラフ全体を状態空間 $\mathcal{S}$ とする．また，炭素原子1つからなる分子グラフ C を初期状態とする．つまり，$\rho_0(\mathrm{C}) = 1$ とする．

行動や状態遷移は，ユーザが与える部分構造の集合 $\mathcal{C} = \{c_1, c_2, \ldots, c_S\}$（例えば原子の集合）を用いて定められる．時刻 t で状態 s_t にいるとし，そのとき得られている分子グラフを g_t とする，状態遷移をする際には，まず g_t

（ a ）時刻 t の状態は分子グラフ g_t で表現される（$\mathcal{C}$ は新しく付け加える部分構造の集合）

（ b ）行動 a_t は $g_t \cup \mathcal{C}$ の中で辺を張る頂点対と辺の種類，およびエピソードを終了するか否かを表す（例では，頂点 1 と 3 の間に単結合の辺を張り，生成を終了しない行動を表している）

（ c ）行動で指定された辺を張っても原子価の制約を破らない場合，辺を張った分子グラフを次状態の分子グラフ g_{t+1} とする

図 7.1　You *et al.*[72)] が用いた状態遷移モデル

に対して，$\mathcal{C}$ に含まれるグラフのすべてを足したグラフ $g_t \cup \mathcal{C}$ を考える．g_t と $\mathcal{C}$ との間には辺を張っていないため，この段階では非連結なグラフである．**図 7.1**（a）の例では，g_t は C＝C という分子グラフであり，$\mathcal{C} = \{C, O, N\}$ という部分構造の集合を考えている．

　行動は，このグラフ $g_t \cup \mathcal{C}$ に対して，辺を張り，生成を続けるかどうかを定める．すなわち，行動を

$$\mathbf{a}_t = \left(v_t^{(0)}, v_t^{(1)}, e_t, d_t \right)$$

と定義する．ここで，$v_t^{(0)}, v_t^{(1)} \in V(g_t \cup \mathcal{C})$ は辺を張る頂点を指し，$g_t \cup \mathcal{C}$ の頂点集合である $V(g_t \cup \mathcal{C})$ から 2 つ頂点が選ばれる．また，$e_t \in E$ は，その辺のラベル，$d_t \in \{0, 1\}$ は辺を張った後に生成を終了するか否かを表す．ただし，$v_t^{(0)}$ と $v_t^{(1)}$ の少なくとも 1 つは g_t の頂点から選ぶ必要がある．すなわち，g_t と $\mathcal{C}$ に含まれる部分構造の間に辺を張ることや，g_t の中の頂点間に辺を張ることは許されるが，$\mathcal{C}$ に含まれる部分構造の間に辺を張ることは許されない．図 7.1（b）の例では，頂点 1 と 3 の間に単結合の辺を張り，生成を終了しない（$d_t = 0$）という行動を表している．

　環境は，行動 $\mathbf{a}_t$ を受け取ると，辺 $\left(v_t^{(0)}, v_t^{(1)} \right)$ を張り，$v_t^{(0)}$ と $v_t^{(1)}$ と連結ではないグラフを削除し，得られた中間的な分子グラフ $\widetilde{g}_{t+1}$ が原子価の制約を満たすかどうか判断する．制約を満たす場合，$g_{t+1} = \widetilde{g}_{t+1}$ として得られた分子グラフに遷移する．制約を満たさない場合は $g_{t+1} = g_t$ としてグラフの変

更を取り止める．図 7.1（c）の例では，辺を追加しても原子価の制約を満たすため，得られた分子グラフに遷移する．この操作を繰り返していくことで，分子グラフを組み上げていく．

上記で報酬としては，式（7.2）と同様に，エピソードの最後に最大化したい評価関数の値を用いることができる．このほか，You et al.[72] はグラフの生成途中にも報酬を与えることで，より学習しやすくしている．グラフの生成途中の報酬としては，原子価の制約を満たすか否か，さらにはデータ分布からの乖離度合いを用いることができる．生成途中にこのような報酬を与えると，もとの最適化問題（問題 1.2）と乖離してしまうが，エージェントにより多くの情報を与えることができ，より高速で安定した学習が期待できる．

7.2.3 化学反応を用いた定式化

少し特殊な方法だが，化学反応を用いて分子を組み上げることも可能である．この組上げ方法では，初期状態をある分子として，それに対してさまざまな化学反応を適用していくことで目的の分子を生成する．このような方法を用いると，目的の分子と一緒に，それを合成するための化学反応の列も同時に得ることができる．よって，この方法で見つかる分子には，当然少なくとも 1 つの合成経路が存在することが保証される．これはほかの方法にはない特長である．一方，SMILES を用いる方法や分子グラフを組み上げる方法では，見つかった分子に逆合成解析を適用しなければ，合成経路を推定することができないし，合成経路が見つかる保証もない．

以下，文献 22) の定式化をもとに，化学反応を用いて分子を生成する方法を説明する．この定式化では，**テンプレート**（template）という概念を用いて化学反応を記述している．テンプレートとは，化学反応を一般化したものであり，直感的には，反応物質が特定の構造をもつときにその構造を組み替えて生成物をつくるルールに相当する．これは，正規表現を用いた文字列置換を分子グラフに拡張したものと考えることができる．

テンプレートは，SMARTS と呼ばれる分子グラフに対する正規表現をもとにした **Reaction SMARTS** を用いて記述することができる．ここでは，RDKit のドキュメント[40] で用いられている

$$[C:1]=[O,N:2]>>[C:1][*:2] \tag{7.4}$$

という例を用いて Reaction SMARTS を説明することとする.

Reaction SMARTS は

    A > B > C

という構造をもっている. A には反応物に対するパターンの集合, B には触媒に対するパターンの集合, C には生成物に対するパターンの集合が入る. それぞれのパターンについて, 複数の物質が関与する際[注2]には, それらを . で区切って表記する. ただし, 式 (7.4) の例では, 反応物に対するパターンは 1 つで [C:1]=[O,N:2], 触媒は 0 個, 生成物は [C:1][*:2] の 1 つであるため, 区切り文字. は使われていない.

　それぞれのパターンの中では, 大かっこを用いて 1 つひとつの原子にマッチするパターンが書かれている. 例えば, [C:1] は炭素原子にマッチし, [O,N:2] は酸素原子または窒素原子にマッチする (カンマ , は or に相当する). これらによって, 反応物に対するパターン [C:1]=[O,N:2] は, C=O と C=N にマッチする.

　式 (7.4) において, 生成物は [C:1][*:2] というパターンだが, これらの数字は, 反応物の原子の数字と対応している. また, * は任意の原子とマッチするワイルドカードである. ここでは反応物の原子のうち, 2 という番号が付いている原子をそのままもってくることに対応する. よって, 式 (7.4) で定義される Reaction SMARTS は, 反応物にある C=O や C=N という構造を, CO や CN に置き換える操作と解釈できる. なお, 生成物でマッチする箇所が複数存在する場合, それぞれに対して生成物が得られるため, その中から 1 つの生成物を選ぶ必要がある.

　上記のように化学反応のテンプレートの集合と反応物の集合から定義される化学反応モデルを用いると, 次のように強化学習の環境を定義できる.

- 状態空間 $\mathcal{S}$ は分子グラフの空間全体とし, 特に, 時刻 t で手もとにもっている分子を現在の状態 $s_t \in \mathcal{S}$ とする
- 行動空間 $\mathcal{A}$ はテンプレートの集合と反応物の集合からなる. 時刻 t の行動 $a_t \in \mathcal{A}(s_t)$ は, 状態 s_t の分子に適用できるテンプレートと, その化学反応で用いる反応物で定義される

注2　例えば, 複数の反応物がかかわる化学反応の場合, A は複数のパターンからなる.

- 状態遷移は，化学反応を用いて定義される．すなわち，状態 s_t の分子に対して，行動 a_t によって指定されたテンプレートと反応物で決まる化学反応を適用し，結果として得られた生成物を次状態 s_{t+1} とする
- 報酬関数は，ほかの環境と同じように評価関数を用いて設計すればよい

この方法を用いれば確かに反応経路が得られるという利点がある一方で，強化学習としての扱いが難しくなるという課題がある．化学反応のテンプレート数は高々数百個であるのに対して，化学反応で用いる反応物は数千から数万個であり，巨大かつ離散的な行動空間になってしまうからである．行動空間が巨大な場合，確率的な方策 $\pi(a \mid s)$ の下で，例えば

$$a^\star = \underset{a \in \mathcal{A}}{\operatorname{argmax}}\ \pi(a \mid s)$$

のように貪欲に行動を決定することにさえ多大な計算コストがかかってしまう．対策として，Gottipati *et al.* は分子の特徴量ベクトルを用いて反応物を指定するような行動空間を定義することを提案している．これによって行動空間が連続的になり，一見より難しい問題になるように思えるが，距離の概念を備えた連続空間を使うことで，離散空間よりも扱いやすくなることが期待できる．

7.2.4　分子最適化の強化学習による定式化の性質

強化学習を用いて分子を生成する方法として，代表的な 3 つを説明した．ここで，これらの方法で定式化される強化学習の問題の性質について整理したい．

まず，これらの方法ではいずれも分子の組上げ方を陽に指定しているため，状態遷移は既知であるが，報酬関数は既知の場合もあれば未知の場合もある．なぜなら，報酬関数として，もとの最適化問題（式 (1.1)，5 ページ）の目的関数である評価関数 $f^\star$ を用いており，評価関数が未知の場合は報酬関数も未知となるからである．

また，状態空間として，分子全体を含むような空間を用いているため，状態空間のサイズのベクトルや行列の情報を陽にもっておくことはできない．行動空間の大きさのベクトルや行列を陽にもつことは可能ではあるが，その大きさはそれぞれ異なる．SMILES を用いる方法や分子グラフを組み上げる方法な

ら，行動空間の大きさは高々原子の種類の定数倍であるのでとりうる行動の個数は数十から数百個程度であるが，化学反応を用いる方法だと行動空間の大きさは化学反応のテンプレート数や化学反応に用いる反応物の個数に依存するから，とりうる行動の個数は数万個やそれ以上になる可能性がある．このため，行動空間にまつわる計算がボトルネックになることが多く，アルゴリズム上で工夫が必要になる．

　強化学習の手法を適用したり新しいアルゴリズムをつくったりする際には，これらの問題の特徴を踏まえる必要がある．例えば，後述の行動価値関数（式 (7.16)）をコンピュータ上で愚直に表現しようとすると，$|\mathcal{S}| \times |\mathcal{A}|$ の大きさの行列を用いることになるが，状態空間 $\mathcal{S}$ の大きさが膨大すぎてこのように愚直に行動価値関数を表現することは不可能である．よって，行動価値関数を表形式でもつ必要がある強化学習手法を分子最適化問題に使うことはできない．このように，問題の特徴によって，使える手法と使えない手法があることに注意が必要である．

7.3　方策勾配法

　ここまで，分子最適化問題を強化学習によって定式化する方法について説明してきた．これらのいずれかの方法を用いることで，強化学習の環境を構築することができる．本節では，与えられた環境で最もよい方策である最適方策を得る方法を説明する．

　最適方策を実際に得る手法はさまざまあるが，本書では特に**方策勾配法**（policy gradient methods）と呼ばれる種類の手法を取り扱う．方策勾配法は，目的関数（式 (7.1)）を方策について直接最適化する方法である．方策勾配法にもとづく手法は，方策を陽にもっているため，方策を得るための計算的・時間的コストがない．また，特に関数近似器や予測分布を使って方策や価値関数を表現するときにも，方策勾配法が最も安定して使えることが多い．このような特長があるため，方策勾配法を取り上げて説明する．

7.3.1　方策最適化の定式化

　方策 $\pi(a \mid s)$ は，状態 $s \in \mathcal{S}$ で条件付けた下での，行動 $a \in \mathcal{A}$ に関する分布

であった. これをコンピュータ上で表現する際の最も簡単な方法は $|\mathcal{S}| \times |\mathcal{A}|$ の行列で表現することであろう.

しかし, 状態空間または行動空間のいずれかのサイズが大きかったり, 連続空間であったりする場合, 計算資源との兼合いでこの表現方法を使うことができない. 特に, 分子最適化問題の場合, 対象とする分子全体からなる状態空間を用いるため, 少なくとも状態空間のサイズは大きくなり, この表現方法を使うことができない. かわりに, 関数近似器にもとづく予測分布を用いて方策を表現することになる. したがって, 以下では方策は関数近似器のパラメタ $\theta \in \Theta$ で特徴付けられるものとし, $\pi_\theta(a \mid s)$ と書くことにする. すると, 最適方策を求める問題は

$$\underset{\theta \in \Theta}{\text{maximize}} \quad J(\pi_\theta) \tag{7.5}$$

と表すことができる.

式 (7.5) の目的関数をパラメタ θ に関して微分して得られる勾配を計算できれば, 勾配法を用いて最適化問題を解くことができる. この勾配を求めるため, 式 (7.1) の目的関数を書き換える. 方策 π_θ によって得られる軌跡を $\tau = (s_0, a_0, s_1, a_1, \ldots, s_{T-1}, a_{T-1})$ とすると, 軌跡 τ のしたがう確率分布は

$$p^{\pi_\theta}(\tau) = \prod_{t=0}^{T-1} p(s_t \mid s_{t-1}, a_{t-1}) \, \pi_\theta(a_t \mid s_t) \tag{7.6}$$

となる. また累積報酬を

$$r(\tau) := \sum_{t=0}^{T-1} r(s_t, a_t) \tag{7.7}$$

とおく[注3]. 式 (7.6), 式 (7.7) を用いると, 式 (7.1) は

$$J(\pi_\theta) = \int r(\tau) \, p^{\pi_\theta}(\tau) \, \mathrm{d}\tau \tag{7.8}$$

と書ける.

7.3.2 方策勾配定理

最適化問題 (式 (7.5)) を解くには, 式 (7.8) の目的関数のパラメタ θ に関す

注3 前述のとおり, 式 (7.7) では割引率を $\gamma = 1$ として無視している.

る勾配を計算して勾配法で（局所）最適解を求めればよい．この目的関数の勾配は次の定理 7.1 で与えられることが知られている．

定理 7.1（方策勾配定理）

期待累積報酬 $J(\pi_\theta)$ の，方策のパラメタ θ に関する偏微分は次のように書ける．

$$\frac{\partial J(\pi_\theta)}{\partial \theta} = \mathbb{E}^{\pi_\theta}\left[\left(\sum_{t=0}^{T-1} \frac{\partial \log \pi_\theta(A_t \mid S_t)}{\partial \theta}\right) r(\tau)\right] \tag{7.9}$$

この定理の証明をする前に直感的なイメージを説明しておく．仮に $r(\tau)$ という重みを付けない式を考えてみよう．その式は，方策 π_θ にしたがって生成した軌跡に対して，同じ方策 π_θ を用いて対数尤度を評価し，それを方策のパラメタ θ について微分した式となる．よって，その勾配を用いると，方策 π_θ の対数尤度を大きくする方向にパラメタ θ を更新することとなる．すなわち，対数尤度の最大化を解いていると解釈できる．この解釈をもとに式 (7.9) をみてみると，累積報酬 $r(\tau)$ で重み付けている点が異なる．累積報酬 $r(\tau)$ での重み付けは，高い累積報酬を実現する軌跡 τ が得られる確率を高める効果があり，結果として期待累積報酬 $J(\pi_\theta)$ を大きくする方向にパラメタ θ を更新できる．

定理 7.1 の証明　式 (7.8) の両辺を θ で微分すると

$$\frac{\partial J(\pi_\theta)}{\partial \theta} = \int r(\tau) \frac{\partial p^{\pi_\theta}(\tau)}{\partial \theta} \, d\tau \tag{7.10}$$

が得られるが，この右辺は期待値として解釈できないため，モンテカルロ近似などの計算手法を適用することができない．モンテカルロ近似を適用するために，式 (7.10) の右辺を期待値として解釈できる形に書き換えることを目指す．この書き換えのために，次の恒等式を用いる．

$$\frac{\partial \log p^{\pi_\theta}(\tau)}{\partial \theta} = \frac{1}{p^{\pi_\theta}(\tau)} \frac{\partial p^{\pi_\theta}(\tau)}{\partial \theta}$$

これを変形すると

$$\frac{\partial p^{\pi_\theta}(\tau)}{\partial \theta} = \frac{\partial \log p^{\pi_\theta}(\tau)}{\partial \theta} \, p^{\pi_\theta}(\tau)$$

となる．これを式 (7.10) の右辺に代入すると

$$\frac{\partial J(\pi_\theta)}{\partial \theta} = \int r(\tau) \frac{\partial \log p^{\pi_\theta}(\tau)}{\partial \theta} \, p^{\pi_\theta}(\tau) \, \mathrm{d}\tau$$

$$= \mathbb{E}^{\pi_\theta} \left[\frac{\partial \log p^{\pi_\theta}(\tau)}{\partial \theta} \, r(\tau) \right] \tag{7.11}$$

となる．また，ある 1 つの軌跡 τ に対して

$$\frac{\partial \log p^{\pi_\theta}(\tau)}{\partial \theta} = \frac{\partial}{\partial \theta} \left[\sum_{t=0}^{T-1} \left(\log p(s_t \mid s_{t-1}, a_{t-1}) + \log \pi_\theta(a_t \mid s_t) \right) \right]$$

$$= \sum_{t=0}^{T-1} \frac{\partial \log \pi_\theta(a_t \mid s_t)}{\partial \theta}$$

が成り立つ．これを式 (7.11) に代入すると

$$\frac{\partial J(\pi_\theta)}{\partial \theta} = \mathbb{E}^{\pi_\theta} \left[\left(\sum_{t=0}^{T-1} \frac{\partial \log \pi_\theta(A_t \mid S_t)}{\partial \theta} \right) r(\tau) \right]$$

が得られる．よって定理 7.1 が示された． $\square$

　方策勾配定理とモンテカルロ近似を組み合わせることで，実際に計算可能な勾配の推定量を導くことができる（**アルゴリズム 7.2**）．アルゴリズム 7.2 に示した方策勾配推定法と勾配法を組み合わせて方策を学習する手法を **REINFORCE 法**[67] という．

　アルゴリズム 7.2 は，現在の方策 π_θ で環境と相互作用して得られた K 本の軌跡のうち，累積報酬が高い軌跡により重みを付けてパラメタを更新していると解釈できる．このとき，サンプリング回数は現在の方策で累積報酬が高くなるような軌跡が得られる程度の回数に設定する必要がある．例えば，評価関数の値がよい分子が少ない場合，サンプリング回数 K を小さくしてしまうと 1 つもよい分子を得ることができず，方策を改善させることができなくなってしまう．適切なサンプリング回数については個々の環境や方策によって異なるため，状況に合わせて設定する必要があることに注意してほしい．

7.3.3 方策勾配の分散を抑える方法

　アルゴリズム 7.2 の方策勾配推定アルゴリズムを用いると，方策勾配の不偏

アルゴリズム 7.2　方策勾配推定

- 入力：方策 π，サンプリング回数 K
- 出力：方策勾配の推定量

1: $g \leftarrow 0$
2: **for** $k = 1, 2, \ldots, K$ **do**
3: 　　$\tau_k \sim p^{\pi_\theta}(\tau)$　　　　　　　　▷ 方策 π_θ で行動し，軌跡をサンプリングする
4: 　　$g \leftarrow g + \left(\displaystyle\sum_{t=0}^{T-1} \frac{\partial \log \pi_\theta(a_{k,t} \mid s_{k,t})}{\partial \theta} \right) r(\tau_k)$

　　　　　　　　　　　　　　　　　▷ 報酬で重みを付けた対数尤度を足し込む
5: **return** g/K

推定量を得ることができるが，一般にその推定量の分散が大きいことが知られている．したがって，分散を抑えるための工夫がさまざま提案されているが，基本的なアイデアは

(1) 累積報酬 $r(\tau)$ の分散を抑える
(2) ベースライン関数の利用

のいずれかである．以下，いずれの方法でも共通して用いる補題を説明した後，それぞれについて説明する．

補題 7.1

任意の $t = 0, 1, \ldots, T-1$，任意の関数 $v_t: \mathcal{S} \to \mathbb{R}$ に対して

$$\mathbb{E}^{\pi_\theta} \left[\frac{\partial \log \pi_\theta(A_t \mid S_t)}{\partial \theta} v_t(S_t) \right] = 0 \tag{7.12}$$

が成り立つ．

証明　式 (7.12) は軌跡全体に関して期待値をとっているが，この軌跡全体に関する期待値を $S_0, A_0, S_1, A_1, \ldots, S_t$ に関する期待値と，それが与えられた下での $A_t, S_{t+1}, A_{t+1}, S_{t+2}, A_{t+2}, \ldots, S_{T-1}, A_{T-1}$ に関する期待値に分割すると

$$\mathbb{E}^{\pi_\theta} \left[\frac{\partial \log \pi_\theta(A_t \mid S_t)}{\partial \theta} \, v_t(S_t) \right]$$

$$= \mathbb{E}^{\pi_\theta}_{S_0, A_0, \ldots, S_t} \left[\mathbb{E}^{\pi_\theta}_{A_t, \ldots, S_{T-1}, A_{T-1}} \left[\frac{\partial \log \pi_\theta(A_t \mid S_t)}{\partial \theta} \, v_t(S_t) \,\middle|\, S_0, A_0, \ldots, S_t \right] \right]$$

$$= \mathbb{E}^{\pi_\theta}_{S_0, A_0, \ldots, S_t} \left[\mathbb{E}^{\pi_\theta}_{A_t} \left[\frac{\partial \log \pi_\theta(A_t \mid S_t)}{\partial \theta} \, v_t(S_t) \,\middle|\, S_0, A_0, \ldots, S_t \right] \right]$$

となる．このとき，内側の期待値について

$$\mathbb{E}^{\pi_\theta}_{A_t} \left[\frac{\partial \log \pi_\theta(A_t \mid S_t)}{\partial \theta} \, v_t(S_t) \,\middle|\, S_0 = s_0, \, A_0 = a_0, \, \ldots, \, S_t = s_t \right]$$

$$= \int \frac{\partial \log \pi_\theta(a_t \mid s_t)}{\partial \theta} \, v_t(s_t) \, \pi_\theta(a_t \mid s_t) \, \mathrm{d}a_t$$

$$= \int \frac{\partial \pi_\theta(a_t \mid s_t)}{\partial \theta} \, v_t(s_t) \, \mathrm{d}a_t$$

$$= \frac{\partial}{\partial \theta} \int \pi_\theta(a_t \mid s_t) \, v_t(s_t) \, \mathrm{d}a_t$$

$$= \frac{\partial}{\partial \theta} v_t(s_t) = 0$$

が成り立つ．したがって，補題 7.1 は示された． □

(1) 累積報酬 $r(\tau)$ の分散を抑える

累積報酬 $r(\tau)$ の分散が大きいのは，この累積報酬が T ステップの軌跡全体に依存しているからである．したがって，分散を抑えるために，まず次のような式変形を考える．

$$\frac{\partial J(\pi_\theta)}{\partial \theta} = \mathbb{E}^{\pi_\theta} \left[\left(\sum_{t=0}^{T-1} \frac{\partial \log \pi_\theta(A_t \mid S_t)}{\partial \theta} \right) r(\tau) \right]$$

$$= \mathbb{E}^{\pi_\theta} \left[\left(\sum_{t=0}^{T-1} \frac{\partial \log \pi_\theta(A_t \mid S_t)}{\partial \theta} \right) \left(\sum_{t'=0}^{T-1} r(S_{t'}, A_{t'}) \right) \right]$$

$$= \sum_{t=0}^{T-1} \sum_{t'=0}^{T-1} \mathbb{E}^{\pi_\theta} \left[\frac{\partial \log \pi_\theta(A_t \mid S_t)}{\partial \theta} \, r(S_{t'}, A_{t'}) \right] \tag{7.13}$$

上式の各項は異なる (t, t') の対をもつが，$t' < t$ となるものに対して

$$\mathbb{E}^{\pi_\theta} \left[\frac{\partial \log \pi_\theta(A_t \mid S_t)}{\partial \theta} \, r(S_{t'}, A_{t'}) \right]$$

$$= \mathbb{E}^{\pi_\theta}_{\tau_{\leq t'}} \left[\mathbb{E}^{\pi_\theta}_{\tau_{> t'}} \left[\frac{\partial \log \pi_\theta(A_t \mid S_t)}{\partial \theta} \, r(S_{t'}, A_{t'}) \, \middle| \, \tau_{\leq t'} \right] \right]$$

$$= \mathbb{E}^{\pi_\theta}_{\tau_{\leq t'}} \left[r(S_{t'}, A_{t'}) \mathbb{E}^{\pi_\theta}_{\tau_{> t'}} \left[\frac{\partial \log \pi_\theta(A_t \mid S_t)}{\partial \theta} \, \middle| \, \tau_{\leq t'} \right] \right]$$

$$= 0 \quad (\because \text{補題 7.1})$$

が成り立つ．ここで，$\mathbb{E}^{\pi_\theta}_{\tau_{\leq t'}}$ は π_θ で得られる軌跡 τ のうち

$$\tau_{\leq t'} = (s_0, a_0, s_1, a_1, \dots, s_{t'}, a_{t'})$$

に関する期待値をとる演算子であり，$\mathbb{E}^{\pi_\theta}_{\tau_{> t'}}[\cdot \mid \tau_{\leq t'}]$ は，$\tau_{\leq t'}$ で条件付けた下で

$$\tau_{> t'} = (s_{t'+1}, a_{t'+1}, s_{t'+2}, a_{t'+2}, \dots, s_{T-1}, a_{T-1})$$

について期待値をとる演算子である．

これらを用いると，式 (7.13) は

$$\sum_{t=0}^{T-1} \sum_{t'=t}^{T-1} \mathbb{E}^{\pi_\theta} \left[\frac{\partial \log \pi_\theta(A_t \mid S_t)}{\partial \theta} \, r(S_{t'}, A_{t'}) \right]$$

$$= \mathbb{E}^{\pi_\theta} \left[\sum_{t=0}^{T-1} \frac{\partial \log \pi_\theta(A_t \mid S_t)}{\partial \theta} \left(\sum_{t'=t}^{T-1} r(S_{t'}, A_{t'}) \right) \right]$$

$$= \mathbb{E}^{\pi_\theta} \left[\sum_{t=0}^{T-1} \frac{\partial \log \pi_\theta(A_t \mid S_t)}{\partial \theta} \, r(\tau_{\geq t}) \right] \tag{7.14}$$

と等しくなる．もとの方策勾配の式である式 (7.9) と上の式 (7.14) を比べると，式 (7.14) のほうが累積する報酬が少ない．よって，式 (7.14) をもとにしたモンテカルロ推定量のほうが分散が小さくなると期待できる．

また，式 (7.14) をさらに変形すると

$$\mathbb{E}^{\pi_\theta}\left[\sum_{t=0}^{T-1}\frac{\partial \log \pi_\theta(A_t \mid S_t)}{\partial \theta}\, r(\tau_{\geq t})\right]$$

$$=\sum_{t=0}^{T-1}\mathbb{E}^{\pi_\theta}_{\tau_{\leq t}}\left[\mathbb{E}^{\pi_\theta}_{\tau_{>t}}\left[\frac{\partial \log \pi_\theta(A_t \mid S_t)}{\partial \theta}\, r(\tau_{\geq t})\,\middle|\,\tau_{\leq t}\right]\right]$$

$$=\sum_{t=0}^{T-1}\mathbb{E}^{\pi_\theta}_{\tau_{\leq t}}\left[\mathbb{E}^{\pi_\theta}_{\tau_{>t}}\left[\frac{\partial \log \pi_\theta(A_t \mid S_t)}{\partial \theta}\, r(\tau_{\geq t})\,\middle|\,S_t,\,A_t\right]\right]$$

$$(\because\ \text{マルコフ性})$$

$$=\sum_{t=0}^{T-1}\mathbb{E}^{\pi_\theta}_{\tau_{\leq t}}\left[\frac{\partial \log \pi_\theta(A_t \mid S_t)}{\partial \theta}\mathbb{E}^{\pi_\theta}_{\tau_{>t}}\left[r(\tau_{\geq t})\mid S_t,\,A_t\right]\right]$$

$$=\mathbb{E}^{\pi_\theta}\left[\sum_{t=0}^{T-1}\frac{\partial \log \pi_\theta(A_t \mid S_t)}{\partial \theta}\mathbb{E}^{\pi_\theta}_{\tau_{>t}}\left[r(\tau_{\geq t})\mid S_t,\,A_t\right]\right] \tag{7.15}$$

が得られる．式 (7.15) と式 (7.14) を比べると，期待値演算子の中の累積報酬が期待累積報酬に置き換わっている．よって，期待累積報酬の推定量で分散が低いものがある場合，式 (7.15) にもとづくモンテカルロ推定量のほうが式 (7.14) にもとづくものより分散が小さくなる．

整理すると，ここまで説明した方策勾配の式はいずれも等価であるが，モンテカルロ近似のしやすさが異なっている．式 (7.9) よりも式 (7.14) のほうが付随するモンテカルロ推定量の分散を小さくできると期待できる．さらに，期待累積報酬を安定的に推定できるのであれば，式 (7.14) よりも式 (7.15) のほうが付随するモンテカルロ推定量の分散を小さくすることができる．

本節の最後に，式 (7.15) に現れる期待累積報酬の具体的な推定方法について説明する．$t = 0, 1, \ldots, T-1$ について，期待累積報酬を

$$Q^\pi_t(s, a) := \mathbb{E}^\pi_{\tau_{>t}}[r(\tau_{\geq t}) \mid S_t = s,\, A_t = a] \tag{7.16}$$

とおく．これを展開すると

$$Q^\pi_t(s, a)$$

$$=\mathbb{E}^\pi_{\tau_{>t}}[r(\tau_{\geq t}) \mid S_t = s,\, A_t = a]$$

$$=r(s, a) + \mathbb{E}^\pi_{\tau_{>t}}\left[r(\tau_{\geq t+1}) \mid S_t = s,\, A_t = a\right]$$

$$=r(s, a) + \mathbb{E}^\pi_{S_{t+1}, A_{t+1}}\left[\mathbb{E}^\pi_{\tau_{>t+1}}[r(\tau_{\geq t+1}) \mid S_{t+1},\, A_{t+1}]\,\middle|\,S_t = s,\, A_t = a\right]$$

$$=r(s, a) + \mathbb{E}^\pi_{S_{t+1}, A_{t+1}}\left[Q^\pi_{t+1}(S_{t+1},\, A_{t+1})\,\middle|\,S_t = s,\, A_t = a\right]$$

となり，再帰的な構造があることがわかる．したがって，時刻 t における期待累積報酬は，時刻 $t+1$ における期待累積報酬を用いて書くことができる．仮に環境が既知だとして，計算時間などの制約も考えないことにすると，この再帰的な構造を用いて

$$Q_T^\pi(s, a) = 0$$
$$Q_t^\pi(s, a) = r(s, a) + \mathbb{E}_{S_{t+1}, A_{t+1}}^\pi \left[Q_{t+1}^\pi(S_{t+1}, A_{t+1}) \mid S_t = s, A_t = a \right]$$
$$(t = 0, 1, \ldots, T - 1)$$

$$(7.17)$$

と $Q_t^\pi(s, a)$ $(t = 0, 1, \ldots, T)$ を計算することができる．この再帰式を**ベルマン方程式**（Bellman equation）という．また，$\{Q_t^\pi(s, a)\}_{t=0}^T$ を，方策 π の**行動価値関数**（action-value function）という．

環境が既知で状態行動空間が大きくない場合は式 (7.17) の再帰式を直接使って行動価値関数を計算できるが，それ以外では，行動価値関数の推定に工夫が必要である．さらに，式 (7.15) にもとづき方策勾配を推定する場合，方策勾配の推定と行動価値関数の推定という，2 つの推定問題を解く必要がある．これらの発展的な行動価値関数の推定については 7.3.4 項で説明する．

累積報酬の分散を抑えるという方針によって，2 つの方策勾配の式が得られた．1 つは，軌跡の途中からの累積報酬を利用したもので

$$\frac{\partial J(\pi_\theta)}{\partial \theta} = \mathbb{E}^{\pi_\theta} \left[\sum_{t=0}^{T-1} \frac{\partial \log \pi_\theta(A_t \mid S_t)}{\partial \theta} r(\tau_{\geq t}) \right] \qquad (7.18)$$

である．もう 1 つは，行動価値関数（$\approx$ 期待累積報酬）を利用したもので

$$\frac{\partial J(\pi_\theta)}{\partial \theta} = \mathbb{E}^{\pi_\theta} \left[\sum_{t=0}^{T-1} \frac{\partial \log \pi_\theta(A_t \mid S_t)}{\partial \theta} Q_t^{\pi_\theta}(S_t, A_t) \right] \qquad (7.19)$$

である．式 (7.18)，式 (7.19) は，もとの方策勾配の式（式 (7.9)）と等価であるが，これらをもとにしたモンテカルロ推定量は，もとの方策勾配から得られるものよりも小さい分散をもつことが期待でき，より精度高く方策勾配を推定できると期待できる．

(2) ベースライン関数の利用

方策勾配の推定量の分散を小さくするのに有効なもう 1 つの方法は, ベースライン関数を利用する方法である. **ベースライン関数** (baseline function)

$$v_t: \mathcal{S} \to \mathbb{R} \qquad (t = 0, 1, \dots, T-1)$$

とは, 行動価値関数 $Q_t^{\pi}(s, a)$ $(t = 0, 1, \dots, T-1)$ に対して

$$Q_t^{\pi}(s, a) - v_t(s)$$

のように作用し, ゼロ点を調整するために使われる関数のことをいう. 前掲の補題 7.1 を用いると, 任意のベースライン関数を用いて方策勾配が

$$\frac{\partial J(\pi_\theta)}{\partial \theta} = \mathbb{E}^{\pi_\theta} \left[\sum_{t=0}^{T-1} \frac{\partial \log \pi_\theta(A_t \mid S_t)}{\partial \theta} (Q_t^{\pi_\theta}(S_t, A_t) - v_t(S_t)) \right] \tag{7.20}$$

と書けるため, 方策勾配の推定値の分散が小さくなるようなベースライン関数を用いることで分散を抑えることができる.

次に, 式 (7.20) で v_t を適切に設定すると, 方策勾配の推定量の分散を小さくできることを示す. 簡単のため, θ を 1 次元とし, $v_t(s)$ が定数, つまり $v_t(s) = v_t$ $(\forall s \in \mathcal{S})$ の場合の理論的な結果を示したものが次の命題 7.1 である.

命題 7.1

$\theta \in \mathbb{R}$ とすると

$$\mathbb{V}^{\pi_\theta} \left[\frac{\partial \log \pi_\theta(A_t \mid S_t)}{\partial \theta} (Q_t^{\pi_\theta}(S_t, A_t) - v_t) \right]$$

は

$$v_t = \frac{\mathbb{E}^{\pi_\theta} \left[\left(\dfrac{\partial \log \pi_\theta(A_t \mid S_t)}{\partial \theta} \right)^2 Q_t^{\pi_\theta}(S_t, A_t) \right]}{\mathbb{E}^{\pi_\theta} \left(\dfrac{\partial \log \pi_\theta(A_t \mid S_t)}{\partial \theta} \right)^2}$$

のときに最小値をとる.

証明　簡単のため

$$G_t := \frac{\partial \log \pi_\theta(A_t \mid S_t)}{\partial \theta}, \qquad Q_t := Q_t^{\pi_\theta}(S_t, A_t)$$

とおく. $\mathbb{E}^{\pi_\theta} G_t = 0$ に注意しながら分散を計算すると

$$\mathbb{V}^{\pi_\theta} \left[G_t(Q_t - v_t) \right]$$
$$= \mathbb{E}^{\pi_\theta} \left[G_t{}^2(Q_t - v_t)^2 \right] - \left(\mathbb{E}^{\pi_\theta} \left[G_t(Q_t - v_t) \right] \right)^2$$
$$= \mathbb{E}^{\pi_\theta} \left[G_t{}^2 Q_t{}^2 - 2G_t{}^2 Q_t v_t + G_t{}^2 v_t^2 \right] - \left(\mathbb{E}^{\pi_\theta} G_t Q_t - v_t \mathbb{E}^{\pi_\theta} G_t \right)^2$$
$$= \mathbb{E}^{\pi_\theta} [G_t{}^2] \, v_t^2 - 2\mathbb{E}^{\pi_\theta} [G_t{}^2 Q_t] \, v_t + C$$

が得られる. ただし, C は v_t によらない定数である. これは, v_t に関する 2 次関数であり

$$v_t = \frac{\mathbb{E}^{\pi_\theta} \left[\left(\dfrac{\partial \log \pi_\theta(A_t \mid S_t)}{\partial \theta} \right)^2 Q_t^{\pi_\theta}(S_t, A_t) \right]}{\mathbb{E}^{\pi_\theta} \left(\dfrac{\partial \log \pi_\theta(A_t \mid S_t)}{\partial \theta} \right)^2}$$

のときに最小値をとる. □

　命題 7.1 で得られた最適なベースライン v_t は, 期待累積報酬の重み付き和として解釈でき, これを期待累積報酬自身から引いた値を用いることで, 方策勾配の推定量の分散を最小化できる. この命題の 1 つの解釈としては, 方策勾配の計算に必要なのは, 期待累積報酬の「絶対的」な値ではなく, 各状態でどの行動が「相対的」によいのかである, ということだろう.

　実用上は命題 7.1 で導出したような最適なベースライン関数ではなく, 重み付けのない和で定義される

$$V_t^{\pi_\theta}(s) := \mathbb{E}_{A_t \sim \pi_\theta(s)} \left[Q_t^{\pi_\theta}(s, A_t) \right] \tag{7.21}$$

という関数をベースライン関数として用いることが多い. というのも, 式 (7.21) の関数は, 下で示すように行動価値関数と同様に再帰的な構造をもち, 行動価値関数と同様に推定できるからである.

$$V_t^{\pi_\theta}(s)$$

$$= \mathbb{E}_{A_t \sim \pi_\theta(s)} \left[Q_t^{\pi_\theta}(s, A_t) \right]$$

$$= \mathbb{E}_{A_t \sim \pi_\theta(s)} \left[r(s, A_t) + \mathbb{E}_{S_{t+1}, A_{t+1}}^{\pi} \left[Q_{t+1}^{\pi}(S_{t+1}, A_{t+1}) \mid S_t = s, A_t \right] \right]$$

$$= \mathbb{E}_{A_t \sim \pi_\theta(s)} \left[r(s, A_t) + \mathbb{E}_{S_{t+1}} \left[V_{t+1}^{\pi}(S_{t+1}) \mid S_t = s, A_t \right] \right]$$

式 (7.21) を**状態価値関数** (value function/state-value function) という.

以上によって，ベースライン関数を用いることで最終的に得られる方策勾配は

$$\frac{\partial J(\pi_\theta)}{\partial \theta} = \mathbb{E}^{\pi_\theta} \left[\sum_{t=0}^{T-1} \frac{\partial \log \pi_\theta(A_t \mid S_t)}{\partial \theta} (Q_t^{\pi_\theta}(S_t, A_t) - V_t^{\pi_\theta}(S_t)) \right]$$

$$= \mathbb{E}^{\pi_\theta} \left[\sum_{t=0}^{T-1} \frac{\partial \log \pi_\theta(A_t \mid S_t)}{\partial \theta} A_t^{\pi_\theta}(S_t, A_t) \right]$$

となる．ここで

$$A_t^{\pi}(s, a) := Q_t^{\pi}(s, a) - V_t^{\pi}(s)$$

を**アドバンテージ関数** (advantage function) という．アドバンテージ関数 $A_t^{\pi}(s, a)$ は，状態 s における行動 a の相対的なよさを表している.

状態価値関数は，行動価値関数と同じように推定できる．また，アドバンテージ関数を推定する方法として，一般化アドバンテージ推定法[73] などが知られている．これらの推定方法を組み合わせると，より正確に方策勾配を推定できるようになる.

ここまで，さまざまな方策勾配にかかわる式を説明した．いずれの式も，勾配を何かしらの確率変数の期待値として計算しており，それぞれ等しい期待値をもつが異なる分散をもつ．ポイントは，方策勾配をコンピュータで計算する際はモンテカルロ推定を行う必要があるから，方策勾配を正確に推定するためになるべく小さい分散となる式を使い分けることである.

7.3.4 アクタークリティック法

方策勾配にかかわる式では，状態価値関数，行動価値関数，および，状態価値関数と行動価値関数の差分に相当するアドバンテージ関数が使われていた．前項ではこれらの関数が計算できる前提で方策勾配にかかわる式を導出してい

たが，実際にこれらの関数をどのように計算するのかについては詳しく述べていなかった．

　方策勾配にもとづく方策最適化で，価値関数の推定をともなうものを総称して**アクタークリティック法**（actor-critic methods）という．方策（＝アクター，actor）が環境と相互作用して得られる軌跡のよさを，価値関数（＝クリティック，critic）[注4]が評価（批評）し，さらにその評価をもとに方策を更新していくことがその名の由来である．

　アクタークリティック法では，方策と価値関数という互いに依存し合う 2 つの関数を学習する必要があるため，この 2 つの学習アルゴリズムをどのように同時に進めていくのかが 1 つの課題となる．理論的には，方策よりも価値関数の学習を優先することが望ましいとされる．例えば，Konda and Tsitsiklis はアクタークリティック法をオンラインで実行すると収束することを証明しているが，そこでは方策の学習に用いる学習率 β_k (> 0) と，価値関数の学習に用いる学習率 γ_k (> 0) について，$\dfrac{\beta_k}{\gamma_k} \to 0\ (k \to \infty)$ が成り立つことを要請している [35]．

　方策の学習については前節で取り上げたように方策勾配を用いて更新すればよい．よって，以下では特に行動価値関数に注目し，さまざまな状況での行動価値関数の推定方法について説明する．

(1)　環境既知かつ状態行動空間が離散であまり大きくない場合

　まずは最も簡単な設定として，状態行動空間が離散であまり大きくなく，また環境が既知の場合を考えよう．この設定では，各時刻 $t = 0, 1, \ldots, T-1$ の行動価値関数 $Q_t^\pi(s, a)$ は，$|\mathcal{S}| \times |\mathcal{A}|$ の行列を用いて表現できる．これを**表形式**（tabular）のモデルという．また，環境も既知であるため，再帰式（式 (7.17)）を用いて価値関数を計算できる．具体的に行動価値関数を計算するアルゴリズムを記述すると，**アルゴリズム 7.3** のようになる．このアルゴリズムは，時間計算量が $O(T|\mathcal{S}|^2|\mathcal{A}|^2)$，空間計算量が $O(T|\mathcal{S}||\mathcal{A}|)$ となるので，状態空間もしくは行動空間のいずれかが大きい環境の場合，アルゴリズム 7.3 で行動価値関数を推定することが難しくなる．

[注4]　批評家の意をもつ．

アルゴリズム 7.3 環境既知かつ状態行動空間が離散の場合の行動価値関数推定

- 入力：方策 π
- 出力：行動価値関数 $\{Q_t^\pi(s, a)\}_{t=0}^{T-1}$

1: **for** $s \in \mathcal{S}$ **do**
2:     **for** $a \in \mathcal{A}$ **do**
3:         $Q_T^\pi(s, a) \leftarrow 0$
4: **for** $t = T-1, T-2, \ldots, 0$ **do**
5:     **for** $s \in \mathcal{S}$ **do**
6:         **for** $a \in \mathcal{A}(s)$ **do**
7:             $Q_t^\pi(s, a) \leftarrow$
                $r(s, a) + \sum_{s_{t+1} \in \mathcal{S}} \sum_{a_{t+1} \in \mathcal{A}(s_{t+1})} p(s_{t+1} \mid s, a)$
                $\pi(a_{t+1} \mid s_{t+1}) Q_{t+1}^\pi(s_{t+1}, a_{t+1})$
8: **return** $\{Q_t^\pi(s, a)\}_{t=0}^{T-1}$

---

(2) 環境未知かつ状態行動空間が離散であまり大きくない場合

次に，環境は未知だが，環境との相互作用は可能な場合を考える．ただし，状態行動空間は離散であまり大きくないとする．この場合も上記と同様，各時刻の行動価値関数 $Q_t^\pi(s, a)$ は $|\mathcal{S}| \times |\mathcal{A}|$ の行列を用いた表形式のモデルで表現できる．

環境が未知，つまり状態遷移確率や報酬が未知であるので，再帰式を直接使って行動価値関数を計算することはできないが，環境との相互作用は可能なので，方策 π を用いて環境と相互作用することで，環境に関するデータを集めることはできる．よって，相互作用によって得られたデータを用いて行動価値関数を推定することが可能である．以下では，簡単のため，無制限にエピソードを取得できると仮定して，特にエピソード

$$\tau = (s_0, a_0, r_0, s_1, a_1, r_1, \ldots, s_{T-1}, a_{T-1}, r_{T-1}, s_T)$$

の集合 $\mathcal{D}$ を用いた推定を考える．

最も簡単な行動価値関数の推定方法はモンテカルロ推定を用いる方法である．つまり

$$\widehat{Q}_t^\pi(s, a) = \widehat{\mathbb{E}}_{\tau \sim \mathcal{D}} \left[r(\tau_{\geq t}) \mid S_t = s, A_t = a \right] \tag{7.22}$$

と行動価値関数を推定する．ここで，期待値のサンプル近似[注5]は，データセット $\mathcal{D}$ の中で，時刻 t での状態が s，行動が a となるエピソードを集計して行うことができる．行動価値関数は式 (7.16) で定義されることから，式 (7.22) は式 (7.16) を単純にモンテカルロ近似したものである．

　モンテカルロ推定は，実装の容易さや理論的な性質のよさが特長である．モンテカルロ推定に使えるエピソードが増えれば増えるほど，$\widehat{Q}_t^\pi(s, a)$ は $Q_t^\pi(s, a)$ に近づくが，一方でサンプル効率の悪さが短所とされている．つまり，モンテカルロ近似で $Q_t^\pi(s, a)$ を推定する際には，エピソードの集合の中から $(s_t, a_t) = (s, a)$ となるエピソードしか使うことができず，使えるサンプルの大きさが限られる．また，累積報酬 $r\left(\tau_{\geq t}\right)$ は $T - t$ 個の報酬の和であるため，その分散は t が小さくなるほど大きくなり，よりサンプル効率の悪さが際立つ．

　これらのモンテカルロ推定の短所を改善する方法として，Q_t^π を推定するために，Q_{t+1}^π の推定値を用いる**ブートストラップ** (bootstrap) と呼ばれる手法が知られている．まず，ブートストラップにもとづく推定方法について説明した後，ブートストラップをすることで，モンテカルロ推定よりも多くのエピソードを活用することができることを，例を用いて説明する．

　まず，時刻 T での行動価値関数は，式 (7.17) (234 ページ) より

$$Q_T^\pi(s, a) = 0$$

と定義されていた．また，時刻 $T - 1$ での行動価値関数は，同じ式 (7.17) より

$$\begin{aligned} Q_{T-1}^\pi(s, a) &= r(s, a) + \mathbb{E}_{S_T, A_T}^\pi\left[Q_T^\pi(S_T, A_T) \mid S_{T-1} = s, A_{T-1} = a\right] \\ &= r(s, a) \end{aligned}$$

と表される．本書では前述のとおり決定的な報酬関数を考えているため，この行動価値関数を推定するには報酬関数全体が明らかになっている必要がある．そのため，ここではエピソードの集合から報酬関数 $r(s, a)$ 全体が推定できている，つまり，すべての状態行動 $(s, a) \in \mathcal{S} \times \mathcal{A}$ に対する報酬が観測できているとする[注6]．すると，時刻 $T - 1$ での行動価値関数の推定量は

$$\widehat{Q}_{T-1}^\pi(s, a) = r(s, a) \tag{7.23}$$

注5　定義 1.8（21 ページ）の記法を用いた．
注6　このとき，未知量は状態遷移確率と初期状態分布である．

で与えられる．決定的な報酬関数であるので，式 (7.23) は真値と一致する[注7]．

次に，時刻 $T-2$ での行動価値関数は，式 (7.17) より

$$Q_{T-2}^{\pi}(s, a)$$
$$= r(s, a) + \mathbb{E}_{S_{T-1}, A_{T-1}}^{\pi}\left[Q_{T-1}^{\pi}(S_{T-1}, A_{T-1}) \mid S_{T-2}=s, A_{T-2}=a\right]$$

$$(7.24)$$

と表される．式 (7.24) の 2 つの項をそれぞれ推定すれば，Q_{T-2}^{π} を推定できる．このうち第 1 項の報酬関数については，すでに推定できている．第 2 項については，まず期待値演算子

$$\mathbb{E}_{S_{T-1}, A_{T-1}}^{\pi}[\cdot \mid S_{T-2}=s, A_{T-2}=a]$$

をサンプル近似する．つまり，データセットの中で $(s_{T-2}, a_{T-2}) = (s, a)$ となるエピソードを集計し，その次の時刻の状態行動 (s_{T-1}, a_{T-1}) を用いて $Q_{T-1}^{\pi}(s_{T-1}, a_{T-1})$ を計算し，それらの平均を計算するという操作で置き換える．その際に，$Q_{T-1}^{\pi}(s_{T-1}, a_{T-1})$ のかわりに，式 (7.23) で構成した推定量を用いる．このように，Q_{T-2}^{π} の推定量をつくるために Q_{T-1}^{π} の推定量を使うことを，強化学習ではブートストラップという．このブートストラップにもとづく推定量を用いると，時刻 $T-2$ での行動価値関数は

$$\widehat{Q}_{T-2}^{\pi}(s, a)$$
$$= r(s, a) + \widehat{\mathbb{E}}_{S_{T-1}, A_{T-1}}^{\pi}\left[\widehat{Q}_{T-1}^{\pi}(S_{T-1}, A_{T-1}) \mid S_{T-2}=s, A_{T-2}=a\right]$$

$$(7.25)$$

と推定できる．これを時刻 $T-1, T-2, \ldots, 0$ と繰り返していくことで，各時刻の行動価値関数の推定量 $\{\widehat{Q}_t^{\pi}\}_{t=0}^{T-1}$ を得ることができる．これらの推定量は，$\widehat{Q}_t^{\pi}$ は $\widehat{Q}_{t+1}^{\pi}$ を用いて定義されるという構造をもっている．

ここで，$Q_{T-2}^{\pi}(s, a)$ の単純なモンテカルロ推定（式 (7.22)）と，ブートストラップによる推定（式 (7.25)）を比較し，どちらがより多くのデータを使えるかを検討してみよう．

単純なモンテカルロ推定では，データセット $\mathcal{D}$ に含まれるエピソードのうち

注7　確率的な報酬関数の場合は，状態行動 (s, a) に続く報酬 r を集計して，その平均でもってサンプル近似すればよい．これは必ずしも真値と一致するとは限らないが，サンプルサイズが大きくなるにしたがって真値に近づく．ただし，いずれの場合でも，それぞれの状態行動 $(s, a) \in \mathcal{S} \times \mathcal{A}$ に続く報酬を，少なくとも 1 回以上観測する必要があることに注意してほしい．

$$(s_{T-2}, a_{T-2}) = (s, a)$$

となるエピソードのみを用いる．これらのエピソードのうち，時刻 $T-2$ 以降の部分を集めてきた集合を

$$\mathcal{D}(s_{T-2} = s, a_{T-2} = a) = \left\{ \left(s_{T-2}^{(n)}, a_{T-2}^{(n)}, s_{T-1}^{(n)}, a_{T-1}^{(n)} \right) \right\}_{n=1}^{N}$$

と書くことにする．ここで，$s_{T-2}^{(n)} = s,\ a_{T-2}^{(n)} = a$ であることに注意する．

対して，ブートストラップの場合，期待値演算子をサンプル近似するときと，1 時刻先の行動価値関数を推定するとき，それぞれにおいてデータを使う．期待値演算子をサンプル近似する際に用いるデータは $\mathcal{D}(s_{T-2} = s, a_{T-2} = a)$ である．また，行動価値関数 Q_{T-1}^{π} のうち，$\left\{ Q_{T-1}^{\pi} \left(s_{T-1}^{(n)}, a_{T-1}^{(n)} \right) \right\}_{n=1}^{N}$ を推定すれば十分であるが，この推定には

$$\bigcup_{n=1}^{N} \mathcal{D} \left(s_{T-1} = s_{T-1}^{(n)}, a_{T-1} = a_{T-1}^{(n)} \right) \tag{7.26}$$

のデータを用いることになる．ここで，$\mathcal{D}(s_{T-2} = s, a_{T-2} = a)$ に含まれるエピソードは式 (7.26) にも含まれるが，それ以外のエピソードも式 (7.26) には含まれている可能性がある．というのも

$$(s_{T-2}, a_{T-2}) \neq (s, a), \quad かつ，\quad (s_{T-1}, a_{T-1}) = \left(s_{T-1}^{(n)}, a_{T-1}^{(n)} \right)$$

となる経路が存在しうるからである．このような経路が存在し，かつ，実際にその経路をたどるエピソードがデータセットに含まれている場合には，$\mathcal{D}(s_{T-2} = s, a_{T-2} = a)$ 以外のデータも用いられているといえる．補足のために，簡単な例を用いた説明を**図 7.2** に示す．

つまり，ブートストラップによる行動価値関数の推定のほうが，単純なモンテカルロ推定よりもデータを効率的に使用でき，そのため推定の精度がより高いと考えられる．

(3)　状態行動空間が離散で巨大または連続空間の場合

最後に，表形式のモデルを使って行動価値関数を表現できないほど，状態行動空間が大きい場合を考える．このような例として，状態行動空間が離散であるが，そのサイズが大きい場合や，状態空間，行動空間のいずれかが連続である場合があげられる．

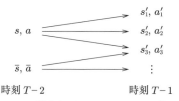

図 7.2 モンテカルロ推定とブートストラップで使うデータの違い

(データセットで状態行動対が $(s_{T-2}, a_{T-2}) = (s, a)$ のエピソードを抽出したときに, 3 つのエピソードが抽出できたとする. それらの時刻 $T-1$ での状態行動対を (s'_n, a'_n) $(n = 1, 2, 3)$ とすると, モンテカルロ推定ではこの 3 エピソードを用いて $Q^\pi_{T-2}(s, a)$ を推定する. 一方, ブートストラップにもとづく推定方法では, それら以外のエピソードも使用できる. 例えば, データセット中に $(s_{T-2}, a_{T-2}) = (\bar{s}, \bar{a}) \neq (s, a)$ かつ $(s_{T-1}, a_{T-1}) = (s'_3, a'_3)$ となるエピソードが存在するとき, このエピソードは $Q^\pi_{T-1}(s'_3, a'_3)$ の推定に用いられ, $Q^\pi_{T-1}(s'_3, a'_3)$ の推定値は $Q^\pi_{T-2}(s, a)$ の推定に用いられるため, ブートストラップにもとづく推定では, このエピソードを使用できる. 一方, モンテカルロ推定では使用できない)

　このような場合, 表形式のモデルを用いるかわりに, より自由度が制限された関数近似器を用いて行動価値関数をモデル化することが必要になる. 以下では, 関数近似器のパラメタとパラメタの空間をそれぞれ θ, Θ とし, 行動価値関数のモデルを $\{Q^\pi_t(s, a; \theta)\}^T_{t=0}$ と書く. 具体的な関数近似器としては, 例えば線形モデルやニューラルネットワークなどを用いる.

　行動価値関数の推定には, 上記と同様にモンテカルロ推定やブートストラップによる推定を用いることができる. 例えば, モンテカルロ推定で

$$\theta^\star_t = \underset{\theta \in \Theta}{\operatorname{argmin}} \; \frac{1}{2} \sum_{(s_t, a_t, r(\tau_{\geq t})) \in \mathcal{D}} \left(Q^\pi_t(s_t, a_t; \theta) - r(\tau_{\geq t})\right)^2 \tag{7.27}$$

のように, 時刻 t における状態行動対 (s_t, a_t) から, それ以降の累積報酬 $r(\tau_{\geq t})$ を予測する問題として定式化することが考えられる. 式 (7.27) を各時刻 $t = 0, 1, \ldots, T-1$ について解くことで, 行動価値関数の関数近似器を推定することができる. ここで, 状態行動空間上のすべての状態行動対に関するデータがそろっていなくても, 行動価値関数のモデルを推定できることがポイントである. これによって, 状態行動空間が巨大で, それを網羅するほどのデータが存在しない場合であっても, 行動価値関数のモデルを推定することができる.

　また, ブートストラップによる推定を用いて, $t = T-1, T-2, \ldots, 1, 0$ の順に次の最適化問題を解いて, 最適なパラメタ $\{\theta^\star_t\}^{T-1}_{t=0}$ を求めていくアル

ゴリズムが考えられる.

$$\theta_t^\star = \underset{\theta \in \Theta}{\operatorname{argmin}} \ \frac{1}{2} \sum_{(s_t, a_t, s_{t+1}, r_t) \in \mathcal{D}} \left(Q_t^\pi(s_t, a_t; \theta) - (r_t + Q_{t+1}^\pi(s_{t+1}, a_{t+1}; \theta_{t+1}^\star)) \right)^2 \tag{7.28}$$

ただし, $Q_T^\pi(s, a; \theta) = 0$ とする.

　この目的関数はベルマン方程式 (式 (7.17)) をもとにしている. 真の行動価値関数は, ベルマン方程式を厳密に満たす必要があるが, 関数近似器の表現力が十分でない場合, ベルマン方程式を厳密に満たすようなパラメタが存在しない可能性がある. したがって次善の策として, 「ベルマン方程式を満たしていない度合い」を測り, それを最小化する方法が考えられる. 式 (7.28) の目的関数はこれを定量化したものである.

　式 (7.28) は, 一般的な教師あり学習の手法を使って解くことができる. これには, 説明変数を (s_t, a_t), 目的変数を $r_t + Q_{t+1}^\pi(s_{t+1}, a_{t+1}; \theta_{t+1}^\star)$ として, 一般的な教師あり学習のアルゴリズムを用いるだけでよい. このようなアルゴリズムを**適合 Q 評価法** (fitted Q evaluation; FQE)[42] という[注8].

　以上, 問題設定に応じたさまざまな価値関数の推定方法について説明した. このような手法で方策勾配の中の価値関数を推定することで, 方策勾配法をより安定して実行可能になる. より発展的な推定方法を知りたい場合は, 強化学習の専門書[63] を参照してほしい.

7.4　オフライン強化学習

　ここまで本章では, オンライン強化学習を想定していた. つまり, 環境とエージェントは無制限に相互作用できると仮定していたため, 任意の方策でのエピソードを無制限に取得できることを前提としていた.

　しかし, 現実的な状況を考えると, この仮定が成り立たない場合がある. 例えば, 7.2.1 項や 7.2.2 項で説明したような SMILES や分子グラフの組上げの

注8　適合 Q 評価法と似たアルゴリズムに, **適合 Q 反復法** (fitted Q iteration; FQI)[14] がある. これは最適方策の行動価値関数について成り立つ**ベルマン最適方程式** (Bellman optimality equation) に対して, 適合 Q 評価法と同様の手続きを踏んだアルゴリズムであり, ディープ Q ネットワーク (deep Q-network; DQN)[47] の基礎技術の 1 つとして位置付けられる.

環境の場合，状態遷移は既知であっても報酬関数は未知なことが多い．という
のも，報酬関数は分子の物性値を用いて定義されることが多く，物性値は実験
して測定するか，コンピュータ上で時間をかけてシミュレーションするかしな
ければ得られないためである．このような状況では，任意の方策でエピソード
を生成する際に，手早く報酬の情報を得ることが難しいため，オンライン強化
学習の手法を適用することが難しい．

　このように環境から必要な情報を得ることが難しかったり，そのコストが高
かったりする場合，別の方法として，既存のデータを活用することを考えるの
が自然であろう．つまり，上記の例でいえば，環境との相互作用をしないかわ
りに，既知の分子とその評価関数値の対からなるデータセットを用いてよい方
策を学習することを考えるということである．この問題設定を取り扱うのが，
オフライン強化学習（offline reinforcement learning），または**バッチ強化学習**
（batch reinforcement learning）である．

　最も単純なオフライン強化学習手法は，「データセットを使って環境のモデ
ルを推定した後，そのモデルを真の環境だと仮定して通常のオンライン強化学
習手法で最適方策を求める」というものであろう．実際，多くの分子最適化の
論文では，評価関数値を予測するモデルを構築してそれを報酬関数としてお
り，このアプローチが暗黙的に採用されている．

　しかし，このやり方ではうまくいかないことがある．その原因の1つは，直
観的には，外挿の問題が生じるからだと考えられている[18]．**図7.3**を用いて，
これをもう少し詳しく説明しよう．図7.3の横軸は状態行動空間を表してい
る．図中に × で示した状態行動対 (s, a) に対して，報酬 $r(s, a)$ がデータと
して得られているとして，これらのデータを用いて報酬関数を推定するとし
よう．一般に関数近似器を用いて推定する場合，訓練データから離れるにし
たがって予測の信頼度が落ちる．つまり，図中に黒線で示した真の報酬関数
$r(s, a)$ に対して，データから学習した予測器は，データのある領域ではよく
予測できてもデータがない領域ではどのような値を返すか明らかでなく，グラ
フの灰色の領域のどこを通ってもおかしくない．つまり予測器は，真の関数と
同じような上に凸の関数となるかもしれないし，左側に行くにしたがって大き
な値をとるかもしれない．この不確かさによる間違いを含んだ環境モデルを信
じて方策を学習してしまうと，予測モデルにもとづく環境では性能がよくて
も，肝心の真の環境では性能が悪いような方策が得られてしまう．結果，方策

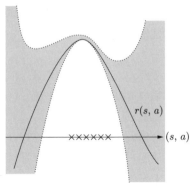

図 7.3　オフライン強化学習の難しさの 1 つとして外挿の問題がある

によって発見された分子を合成して真の評価関数値を評価してみても，よい値にならない可能性が十分にある．

　上記の問題の対処法の 1 つとして，外挿にならない範囲で方策最適化をすることが考えられる．例えば，Fujimoto and Gu[17] は，方策がデータと乖離しないような正則化を加えて学習する方法を提案している．これを，**行動複製**（behavior cloning）と呼ぶ．また，Kumar *et al.*[38] は，悲観的（pessimistic）に価値を見積もり，その価値にしたがって方策の改善を行う手法を提案している．本書ではオフライン強化学習の詳細には立ち入らないが，興味のある読者はオフライン強化学習のチュートリアル資料[43] や解説[75] を参照してほしい．

7.5　SMILES-LSTM を方策とした方策最適化

　強化学習を用いた分子最適化手法の一例として，Olivecrona *et al.*[50] による SMILES と LSTM を用いた分子最適化手法（7.2.1 項参照）をもとにした実装について説明する．7.2.1 項で説明した環境では，1 つひとつの行動は SMILES で用いる文字を選ぶことに対応し，これまで選んだ文字からなる系列が状態に対応していたことを思い出してほしい．

7.5.1　実装する環境・方策

　Olivecrona *et al.*[50] によって提案された手法では，まず大量の SMILES 列からなるデータ $\mathcal{D}$ を用いて LSTM を事前学習する．LSTM を事前学習す

るための実装については，4.2 節で説明した系列モデルの学習のための実装
（リスト 4.5，リスト 4.6）をそのまま用いればよい．このように事前学習した
LSTM は，SMILES で用いる文字を 1 つひとつ生成する系列モデルである
ため

$$p_\theta(a_t \mid \langle \text{sos} \rangle, a_0, a_1, \ldots, a_{t-1}) \qquad (t = 0, 1, \ldots)$$

を定めるが，$s_t = (a_0, a_1, \ldots, a_{t-1})$ であることに注意すると $p_\theta(a_t \mid s_t)$ と
も書ける．つまり，事前学習した LSTM を方策とみなすことができる．した
がって，事前学習することで，データに近い分子の SMILES 系列を生成でき
る方策を獲得することができる．この方策は最適方策であるとは限らないが，
少なくとも SMILES 系列を生成できる方策から強化学習を始めることで，よ
り効率のよい学習ができることが期待できる．

　上記のようにして得られた方策から始めて，例えば REINFORCE 法を適用
すれば，与えられた環境における最適方策を求めることができる．実装上は，
アルゴリズム 7.4 に示すように，報酬で重みを付けた対数尤度を大きくするよ
うにパラメタを更新すればよい．

　アルゴリズム 7.4 を実装して，実際のタスクでの性能を検証してみよう．こ
のために，6.4 節と同様に式 (6.17)（204 ページ）で定義した罰則付き $\log P$
の最大化問題を取り扱うこととする．

　報酬関数として

$$r(s, a) = \begin{cases} \text{plog } P \circ \text{SMILES2Mol}(s) & (a = \langle \text{eos} \rangle) \\ 0 & (a \neq \langle \text{eos} \rangle) \end{cases} \tag{7.29}$$

という関数を考える．ただし，分子に変換できない SMILES に対しては -30
の報酬（$\text{plog } P(\bot) = -30$）とする．このとき，割引率を $\gamma = 1$ とすると，最
終的に得られる分子の罰則付き $\log P$ の値が累積報酬と一致するため，強化学
習を用いて罰則付き $\log P$ の最大化を直接解くことができる．なお，式 (7.29)
は事前学習モデルの尤度などを含んでおらず，Olivecrona *et al.*[50] による定
式化とは異なることに注意してほしい．

アルゴリズム 7.4 SMILES-LSTM を用いた方策勾配法

- 入力：SMILES 列集合 $\mathcal{D}$, LSTM モデル $p_\theta(a_t \mid s_t)$, 報酬関数 $r(s)$
- 出力：最適方策 $p_{\theta^*}(a_t \mid s_t)$

1: LSTM モデル p_θ を $\mathcal{D}$ で事前学習
2: **for** $k = 0, 1, \ldots, K-1$ **do**
3: 　エピソード $(a_0, a_1, \ldots, a_{T-1})$, $(r_0, r_1, \ldots, r_{T-1})$ を p_θ と $r(s)$ にしたがって生成
4: 　損失を次のように計算

$$\ell(\theta) = \sum_{t=0}^{T-1} r_t \log p_\theta(a_t \mid s_t)$$

5: 　誤差逆伝播法で $\dfrac{\partial \ell}{\partial \theta}(\theta)$ を計算し，パラメタを次のように更新

$$\theta \leftarrow \theta + \frac{\partial \ell}{\partial \theta}(\theta)$$

6: **return** p_θ

7.5.2 リスト 7.1 の解説

SMILES-LSTM のモデルの定義（SmilesLSTM クラス）や，モデルの訓練を行う関数 trainer, rl_trainer を**リスト 7.1** に示す．SmilesLSTM クラスと trainer 関数については，リスト 4.5（141 ページ）と同じものを用いている（4.2.2 項参照）[注9]．また，rl_trainer は，SMILES-LSTM を強化学習の方策と見立てて，REINFORCE 法にもとづいて強化学習を行う関数である．

リスト 7.1 アルゴリズム 7.4 の Python プログラム

```
1  import torch
2  from rdkit import Chem
3  from torch import nn, tensor
4  from torch.utils.data import DataLoader, TensorDataset
5  from torch.distributions import OneHotCategorical
6  from tqdm import tqdm
7  from smiles_vocab import SmilesVocabulary
8  from torchdrug.data.molecule import PackedMolecule
9  from torchdrug.metrics import penalized_logP
10
```

注9 trainer 関数は，方策の事前学習に用いている．

```
11   from rdkit import RDLogger
12
13   lg = RDLogger.logger()
14   lg.setLevel(RDLogger.CRITICAL)
15
16   def filter_valid(smiles_list):
17       success_list = []
18       fail_idx_list = []
19       for each_idx, each_smiles in enumerate(smiles_list):
20           try:
21               smiles = Chem.MolToSmiles(
22                   Chem.MolFromSmiles(each_smiles))
23               success_list.append(smiles)
24           except:
25               fail_idx_list.append(each_idx)
26       return success_list, fail_idx_list
27
28
29   class SmilesLSTM(nn.Module):
30
31       def __init__(self, vocab, hidden_size, n_layers):
32           super().__init__()
33           self.vocab = vocab
34           vocab_size = len(self.vocab.char_list)
35           self.lstm = nn.LSTM(
36               vocab_size,
37               hidden_size,
38               n_layers,
39               batch_first=True)
40           self.out_linear = nn.Linear(hidden_size, vocab_size)
41           self.out_activation = nn.Softmax(2)
42           self.out_dist_cls = OneHotCategorical
43           self.loss_func = nn.CrossEntropyLoss(reduction='none')
44
45       def forward(self, in_seq):
46           in_seq_one_hot = nn.functional.one_hot(
47               in_seq,
48               num_classes=self.lstm.input_size).to(torch.float)
49           out, _ = self.lstm(in_seq_one_hot)
50           return self.out_linear(out)
51
52       def loss(self, in_seq, out_seq):
53           return self.loss_func(
54               self.forward(in_seq).transpose(1, 2),
55               out_seq)
56
57       def generate(self, sample_size=1, max_len=100, smiles=True):
```

```
58          device = next(self.parameters()).device
59          with torch.no_grad():
60              self.eval()
61              in_seq_one_hot = nn.functional.one_hot(
62                  tensor([[self.vocab.sos_idx]] * sample_size),
63                  num_classes=self.lstm.input_size).to(
64                      torch.float).to(device)
65              h = torch.zeros(
66                  self.lstm.num_layers,
67                  sample_size,
68                  self.lstm.hidden_size).to(device)
69              c = torch.zeros(
70                  self.lstm.num_layers,
71                  sample_size,
72                  self.lstm.hidden_size).to(device)
73              out_seq_one_hot = in_seq_one_hot.clone()
74              out = in_seq_one_hot
75              for _ in range(max_len):
76                  out, (h, c) = self.lstm(out, (h, c))
77                  out = self.out_activation(self.out_linear(out))
78                  out = self.out_dist_cls(probs=out).sample()
79                  out_seq_one_hot = torch.cat(
80                      (out_seq_one_hot, out), dim=1)
81              self.train()
82              if smiles:
83                  return [self.vocab.seq2smiles(each_onehot)
84                          for each_onehot
85                          in torch.argmax(out_seq_one_hot, dim=2)]
86              return out_seq_one_hot
87
88
89  def trainer(
90          model,
91          train_tensor,
92          val_tensor,
93          smiles_vocab,
94          lr,
95          n_epoch,
96          batch_size,
97          print_freq,
98          device):
99      model.train()
100     model.to(device)
101     optimizer = torch.optim.Adam(model.parameters(), lr=lr)
102     train_dataset = TensorDataset(train_tensor[:, :-1],
103                                   train_tensor[:, 1:])
104     train_data_loader = DataLoader(train_dataset,
```

```
105                                 batch_size=batch_size,
106                                 shuffle=True)
107     val_dataset = TensorDataset(val_tensor[:, :-1],
108                                 val_tensor[:, 1:])
109     val_data_loader = DataLoader(val_dataset,
110                                 batch_size=batch_size,
111                                 shuffle=True)
112     train_loss_list = []
113     val_loss_list = []
114     running_loss = 0
115     running_sample_size = 0
116     batch_idx = 0
117     for each_epoch in range(n_epoch):
118         for each_train_batch in tqdm(train_data_loader):
119             optimizer.zero_grad()
120             each_loss = model.loss(each_train_batch[0].to(device),
121                                 each_train_batch[1].to(device))
122             each_loss = each_loss.mean()
123             running_loss += each_loss.item()
124             running_sample_size += len(each_train_batch[0])
125             each_loss.backward()
126             optimizer.step()
127             if (batch_idx+1) % print_freq == 0:
128                 train_loss_list.append(
129                     (batch_idx+1,
130                     running_loss/running_sample_size))
131                 print('#update: {},\tper-example '
132                     'train loss:\t{}'.format(
133                         batch_idx+1,
134                         running_loss/running_sample_size))
135                 running_loss = 0
136                 running_sample_size = 0
137                 if (batch_idx+1) % (print_freq*10) == 0:
138                     val_loss = 0
139                     with torch.no_grad():
140                         for each_val_batch in val_data_loader:
141                             each_val_loss = model.loss(
142                                 each_val_batch[0].to(device),
143                                 each_val_batch[1].to(device))
144                             each_val_loss = each_val_loss.mean()
145                             val_loss += each_val_loss.item()
146                     val_loss_list.append((
147                         batch_idx+1,
148                         val_loss/len(val_dataset)))
149                     print('#update: {},\tper-example '
150                         'val loss:\t{}'.format(
151                             batch_idx+1,
```

```
152                                      val_loss/len(val_dataset)))
153                 batch_idx += 1
154        return model, train_loss_list, val_loss_list
155
156    def rl_trainer(
157            model,
158            train_tensor,
159            train_tgt,
160            smiles_vocab,
161            n_epoch=1000,
162            sample_size=1000,
163            batch_size=128,
164            print_freq=100,
165            device='cuda'):
166        model.train()
167        model.to(device)
168        optimizer = torch.optim.Adam(model.parameters(), lr=1e-3)
169        train_loss_list = []
170        avg_reward_list = []
171        running_loss = 0
172        running_sample_size = 0
173        batch_idx = 0
174        for each_epoch in range(n_epoch):
175            rl_tensor = model.generate(sample_size=sample_size,
176                                       smiles=False)
177            rl_tensor = torch.argmax(rl_tensor, dim=2)
178            rl_smiles_list, fail_idx_list = filter_valid(
179                [model.vocab.seq2smiles(each_idx_seq)
180                 for each_idx_seq in rl_tensor])
181            if not rl_smiles_list:
182                rl_smiles_list = train_tensor[:sample_size]
183                plogp_tensor = train_tgt[:sample_size]
184            else:
185                rl_packed_dataset \
186                    = PackedMolecule.from_smiles(rl_smiles_list)
187                _plogp_tensor = penalized_logP(rl_packed_dataset)
188                plogp_tensor = torch.zeros(len(rl_tensor),
189                                           dtype=torch.float)
190                each_other_idx = 0
191                for each_idx in range(len(plogp_tensor)):
192                    if each_idx in fail_idx_list:
193                        plogp_tensor[each_idx] = -30.0
194                    else:
195                        plogp_tensor[each_idx] \
196                            = _plogp_tensor[each_other_idx]
197                        each_other_idx += 1
198                print(' * mean plogp: {}'.format(plogp_tensor.mean()))
```

```
199          avg_reward_list.append((each_epoch,
200                                   plogp_tensor.mean().item())))
201      rl_dataset = TensorDataset(rl_tensor[:, :-1],
202                                 rl_tensor[:, 1:],
203                                 plogp_tensor)
204      rl_data_loader = DataLoader(rl_dataset,
205                                  batch_size=batch_size,
206                                  shuffle=True)
207      for each_train_batch in tqdm(rl_data_loader):
208          optimizer.zero_grad()
209          each_reward = each_train_batch[2].to(device)
210          each_loss = model.loss(each_train_batch[0].to(device),
211                                 each_train_batch[1].to(device))
212          each_loss = (each_reward @ each_loss).mean() \
213              / len(each_reward)
214          running_loss += each_loss.item()
215          running_sample_size += len(each_train_batch[0])
216          each_loss.backward()
217          optimizer.step()
218          if (batch_idx+1) % print_freq == 0:
219              train_loss_list.append(
220                  (batch_idx+1,
221                  running_loss/running_sample_size))
222              print('#update: {},\tper-example '
223                  'train loss:\t{}'.format(
224                      batch_idx+1,
225                      running_loss/running_sample_size))
226              running_loss = 0
227              running_sample_size = 0
228          batch_idx += 1
229  return model, train_loss_list, avg_reward_list
```

trainer と rl_trainer の違いは主に 2 つある。1 つは，訓練データを関数
の外部から与えるか，関数の内部でつくるかである。trainer は，最尤推定を
行うための関数であるため，訓練データを用いて対数尤度を計算する必要があ
り，そのための訓練データを外部から与える必要がある。対して，rl_trainer
は，方策にしたがって行動して得られたエピソードをもとに，累積報酬が大き
いエピソードにより重みを付けて学習を進めていく関数であるため，基本的に
外部から訓練データを与える必要はない[注10]。

[注10] ただし，正しい SMILES がまったく生成できない場合には学習を進めることが難し
くなるので，その際には外部から与えられた訓練データをかわりに用いる実装として
いる。

もう 1 つの違いは，目的関数である．trainer は対数尤度を目的関数としており，rl_trainer は対数尤度を累積報酬で重み付けしたものを仮想的に目的関数として，勾配を計算している．ここでは式 (7.14) を用いて勾配を計算しているが，特に今回用いる環境では最終時刻にのみ報酬が発生するため，方策勾配は

$$\frac{\partial J(\pi_\theta)}{\partial \theta} = \mathbb{E}^{\pi_\theta} \left[r(S_{T-1}, A_{T-1}) \sum_{t=0}^{T-1} \frac{\partial \log \pi_\theta(A_t \mid S_t)}{\partial \theta} \right] \qquad (7.30)$$

と書ける．これは，累積報酬（つまり最終時刻の報酬）で対数尤度を重み付けしたものを自動微分することで求めることができる．

リスト 7.1 に与えた実装には，式 (7.30) とは異なる点が 1 つある．本来は，式 (7.30) のように，エピソードを生成する方策と対数尤度を計算する方策は一致させる必要があるが，この実装では，設定次第ではこれらの方策が必ずしも一致していないことがある．すなわち，ここでは rl_data_loader からミニバッチ each_train_batch を取り出して，対数尤度および勾配の計算後に方策のパラメタの更新を繰り返しているが，方策のパラメタを 1 回更新した後では，その方策はデータを生成した方策と一致しなくなる．よって，生成したエピソード数とミニバッチサイズが一致している場合を除き，これらの方策は一致しないため，式 (7.30) とは少し異なる値を推定していることになる．

このような実装を採用している理由は，データ生成の効率を上げるためである．小さい量のデータを何度も生成するよりも，ある程度まとめた量のデータを一括で生成するほうが計算効率がよいことが多いため，正確性を犠牲にしてでもより効率的に計算したい場合には，上記のようにまとめてデータを生成する．もし理論的に正しいアルゴリズムを実行したい場合には，生成するエピソード数とミニバッチサイズを一致させればよい．

以上を踏まえたうえでリスト 7.1 の rl_trainer を説明する．この前半では，現在の方策から sample_size 個のエピソードを生成し（175〜180 行目），それぞれに対する報酬として罰則付き $\log P$ を計算している（185〜197 行目）．具体的には，model.generate メソッドを使って SMILES 系列のワンホットベクトルによる表現を生成し，torch.argmax を用いてワンホットベクトルをインデックスに変換し，さらに SMILES 系列のリスト rl_smiles_list に変換している．また，報酬である罰則付き $\log P$ を計算するために，torchdrug と

いうライブラリを用いている．このために，`PackedMolecule.from_smiles`
メソッドを用いて torchdrug のライブラリ用のデータ構造に変換している．
ただし，分子グラフに変換できない SMILES 系列については −30 の報酬とし
ている．このような処理を経て，報酬のテンソル `plogp_tensor` を得ている．
これらを用いて，アルゴリズムの後半に用いるデータセット `rl_dataset` や，
データローダ `rl_data_loader` をつくっている．

　また，`rl_trainer` の後半では，`rl_data_loader` を用いて方策勾配を求
め，それを用いて方策のパラメタを更新している．ほとんどの部分は `trainer`
と共通だが，報酬のテンソル `each_reward` を用いて対数尤度の重み付き平均
を求めている点が異なる（212〜213 行目）．

7.5.3　リスト7.2の解説

　次に，強化学習にもとづく学習アルゴリズムを実行するプログラムを
リスト7.2 に示す．

リスト7.2　リスト 7.1 の実行プログラム

```
 1  import gzip
 2  import math
 3  import matplotlib.pyplot as plt
 4  import pandas as pd
 5  from smiles_vocab import SmilesVocabulary
 6  from smiles_lstm_reinforce import SmilesLSTM, trainer, rl_trainer
 7  from metrics import plogp
 8  import pickle
 9  from rdkit import Chem
10  import torch
11  from torchdrug.data.molecule import PackedMolecule
12  from torchdrug.metrics import penalized_logP
13  from tqdm import tqdm
14  from rdkit import RDLogger
15
16  lg = RDLogger.logger()
17  RDLogger.DisableLog('*')
18  lg.setLevel(RDLogger.CRITICAL)
19
20  device = 'cuda'
21
22  def valid_ratio(smiles_list):
23      n_success = 0
```

```
24      success_list = []
25      for each_smiles in smiles_list:
26          try:
27              smiles = Chem.MolToSmiles(
28                  Chem.MolFromSmiles(each_smiles))
29              n_success += 1
30              success_list.append(smiles)
31          except:
32              pass
33      return n_success / len(smiles_list), success_list
34
35  if __name__ == '__main__':
36      smiles_vocab = SmilesVocabulary()
37      train_tensor, train_smiles_list \
38          = smiles_vocab.batch_update_from_file('train.smi',
39                                                return_smiles=True)
40      val_tensor, val_smiles_list \
41          = smiles_vocab.batch_update_from_file('val.smi',
42                                                return_smiles=True)
43
44      train_plogp_tensor = plogp(train_smiles_list,
45                                 'train_plogp.pklz')
46      val_plogp_tensor = plogp(val_smiles_list,
47                               'val_plogp.pklz')
48
49      lstm = SmilesLSTM(smiles_vocab,
50                        hidden_size=512,
51                        n_layers=4)
52
53      try:
54          lstm.load_state_dict(torch.load('pretrained.pt'))
55          print('load pretrained.pt')
56      except:
57          lstm, train_loss_list, val_loss_list = trainer(
58              lstm,
59              train_tensor,
60              val_tensor,
61              smiles_vocab,
62              lr=1e-3,
63              n_epoch=20,
64              batch_size=128,
65              print_freq=100,
66              device=device)
67          torch.save(lstm.state_dict(), 'pretrained.pt')
68          plt.plot(*list(zip(*train_loss_list)), label='train loss')
69          plt.plot(*list(zip(*val_loss_list)),
70                   label='validation loss',
```

```
71          marker='*')
72      plt.legend()
73      plt.xlabel('# of updates')
74      plt.ylabel('Loss function')
75      plt.savefig('learning_curve.pdf')
76      plt.clf()
77
78  lstm, rl_train_loss_list, avg_reward_list = rl_trainer(
79      lstm,
80      train_tensor,
81      train_plogp_tensor,
82      smiles_vocab,
83      n_epoch=1000,
84      sample_size=128,
85      batch_size=128,
86      print_freq=100,
87      device=device)
88
89  plt.plot(*list(zip(*avg_reward_list)), marker='.')
90  plt.xlabel('# of updates')
91  plt.ylabel('Expected return')
92  plt.savefig('rl_curve.pdf')
93
94  smiles_list = lstm.generate(sample_size=1000)
95  success_ratio, success_smiles_list = valid_ratio(smiles_list)
96  print('success rate: {}'.format(success_ratio))
97
98  if success_smiles_list:
99      success_packed_dataset \
100         = PackedMolecule.from_smiles(success_smiles_list)
101     plogp_tensor = penalized_logP(success_packed_dataset)
102     print(' * plogp mean = {}'.format(plogp_tensor.mean()))
103     res_df = pd.DataFrame(zip(smiles_list,
104                              plogp_tensor.tolist()),
105                          columns=['smiles', 'plogp'])
106     with gzip.open('mol.pklz', 'wb') as f:
107         pickle.dump(res_df, f)
```

　この前半（57〜66 行目）では，訓練データを再現できるように SMILES-LSTM を学習する事前学習を行い，後半部分（78〜87 行目）では強化学習にもとづく学習を行っている．前半はリスト 4.6（148 ページ）に示した実行プログラムとほぼ共通であるが，事前学習済みのモデルが 'pretrained.pt' というファイルで保存されている場合には，事前学習をスキップして，このファイルに保存されているモデルをかわりに用いている点が異なる．後半では強

化学習にもとづく学習を行っている．これは前半で trainer を使うところを
rl_trainer に変えることで実現している．

7.5.4　実行例

　リスト 7.2 の実行結果を示す．実行時のパラメタはリスト 7.2 のメソッドの
引数をみてほしい．

　事前学習の学習曲線を**図 7.4** (a) に，強化学習の各エポックでの期待累積報
酬の推定値を図 7.4 (b) に示す．ここで，事前学習は 4.2 節で取り扱った系列
モデルの学習と同一なので，図 4.2（150 ページ）と同じようなグラフが得ら
れている（図 7.4 (a)）．また，図 7.4 (b) には，アルゴリズム 7.4（248 ページ）
の各繰返し後に得られる方策の期待累積報酬が描かれている．これをみると，
ほぼ単調に期待累積報酬（つまり罰則付き $\log P$ の期待値）を大きくできてお
り，最終的に 25 付近に収束している．

　学習後に分子を 1000 個生成した結果は mol.pklz に保存されている．
mol.pklz の結果をみると，図 7.4 (b) で期待累積報酬の値が収束している
ことを裏付けるように，同じ分子が生成されている．一般に，最適方策は決定
的な方策であり，さらに，今回用いた環境は決定的であるから，同じ分子が生
成されること自体は不思議ではない．

　生成された分子を図 7.4 (c) に示す．これは炭素原子が 100 個，鎖状に並ん
だものである[注11]．罰則付き $\log P$ の値は 26.13 であるが，事前学習に用いた
訓練データに含まれる分子の罰則付き $\log P$ の平均値は 0.46 であることと比
較しても，罰則付き $\log P$ の値を十分大きくできているといえる．6.4.1 項で
触れたように，ここで用いた罰則付き $\log P$ のシミュレータは実際には予測器
を用いたものであり，炭素が鎖状に連なった長さが長くなれば長くなるほど高
い値を返すような予測器になっているため，図 7.4 (c) のような分子が最適と
なる．ただし，この分子は真の罰則付き $\log P$ を大きくするとは限らないこと
に注意してほしい．なぜなら，図 7.4 (c) のような分子は，予測器の予測が信
頼できない領域に存在し，外挿となっていると考えられるからである．

　このように，事前学習に用いたデータセットに含まれる分子と大きく異なる

注11　生成する文字数の上限を 100 としたため，長さ 100 の鎖状の構造が得られた．上限
　　　を大きくすれば，より長い鎖の分子が得られると予想される．

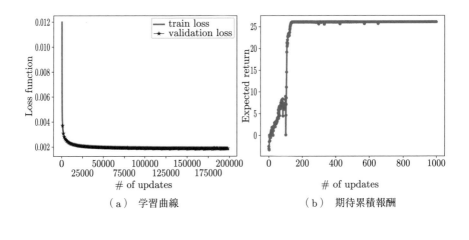

（a） 学習曲線　　　　　　　　（b） 期待累積報酬

（c） 最適な分子

図 7.4　リスト 7.2 での学習曲線，期待累積報酬の推定値と，得られた最適な分子

分子が得られるのが強化学習の特長である．しかし，報酬関数を予測器で代用
する場合には，その予測器の予測が信頼できない領域で最適な分子が見つかる
可能性があり，見つかった分子は真の評価関数で評価すると本当は最適でない
ことが多い．この問題については，8.3 節で詳しく説明する．

第 **8** 章

発展的な分子生成モデル

　本書でここまで説明した分子生成モデルや分子最適化手法はいずれも基礎的なものである．最後に，ここで少しだけ発展的な分子生成モデルについて説明する．特に，創薬などの実応用にあたっては化学の知識など専門的なドメイン知識を組み合わせることが重要になるので，そのような方法について説明する．

　なお，さまざまな手法のアイデアの紹介にとどめるので，詳細については関連文献を参照してほしい．

8.1 原子団を組み合わせる分子生成

　本書で述べてきた分子生成モデルの多くは SMILES 系列を生成するものであり，いわば原子を 1 つひとつ結合させて分子を組み上げるものである．しかし，環式化合物のように特徴的で普遍的に出現する環構造をもつ化合物や，官能基のように化合物の性質を左右する構造（原子団）を明示的に用いれば，より効率的に分子を生成できる．また，このような原子団を用いて分子を組み上げることで，より化学的に妥当な分子が生成されやすくなることも期待できる．さらに，原子団の結合をうまく取り扱うことで，原子価の制約についても容易に満たすことができるようになるだろう．以下では，複数の原子を 1 単位として分子を組み上げる手法の例として，Jin *et al.*[29)]の手法と Kajino[30)] の手法を紹介する．

　これらの原子団を用いて分子を組み上げる手法では，一般にグラフの**木分解**（tree decomposition），または**ジャンクション木**（junction tree）と呼ばれる表現を中間表現として用いる．すなわち，**図 8.1** のように，分子グラフを木表現に変換したうえで，その木表現に対して生成モデルを学習するアプローチを採る．ここで，木分解とは，任意のグラフを木として表現したものであり，閉

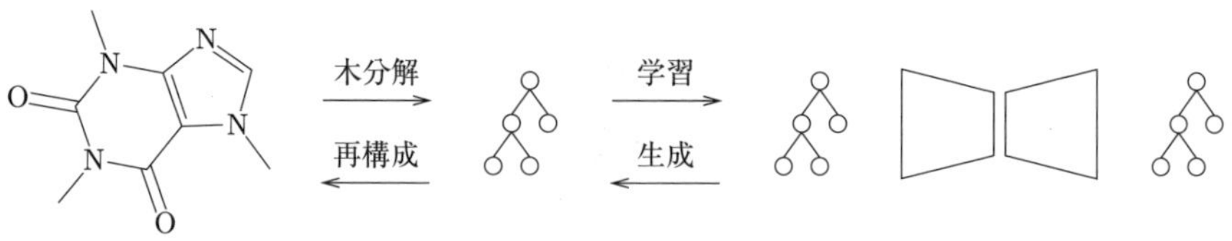

図 8.1　木分解を用いた手法の概念図

（分子グラフの木分解を中間表現として用いることで，ニューラルネットワークは分子グラフを学習するかわりに，木を学習すれば十分になる）

路を含むグラフ[注1]であっても，木構造を用いて表現できることが特長である．木表現を中間表現として用いる利点として，主に次の 2 つがあげられる．

(1) 木表現から分子グラフを再構成する際に，原子価の制約を満たす分子グラフに必ず戻せることが保証できるような木表現が存在する

(2) 分子グラフを直接学習するより，その木表現を学習するほうが容易である

以降では，8.1.1 項で木分解について説明した後，それを用いた分子生成モデルを 8.1.2 項，8.1.3 項で紹介する．

8.1.1　木分解

木分解は定義 8.1 のように与えられる．直感的には，グラフを「遠目」に見たときにみえる木構造を表現したものが木分解である．つまり，もとのグラフの閉路などをそれぞれひとまとまりにして新しい 1 つの頂点としてとらえ，新しい頂点どうしを木状につなげたような表現である．閉路を含む一般のグラフよりも木のほうがアルゴリズム上取り扱いやすいため，グラフ理論やグラフアルゴリズムでこのような表現が用いられている．

> **定義 8.1（木分解）**
>
> 　任意のグラフ $G = (V_G, E_G)$ に対して，木 $T = (V_T, E_T)$ と木の頂点（これをここでは木頂点と呼ぶ）上のラベルで，次の条件を満たすものをグラフ G の**木分解**という．

注1　分子グラフでは環構造をもつことに対応する．

(1) 各木頂点 $v_T \in V_T$ 上のラベル $\ell(v_T)$ がグラフ G の誘導部分グラフ[注2]

(2) グラフ G の各頂点 $v_G \in V_G$ がいずれか 1 つ以上の木頂点に属し（複数の木頂点に属してもよい），それらの木頂点が T 上で連結

(3) グラフ G の各辺 $e_G \in E_G$ が，いずれか 1 つの木頂点に属する（複数の木頂点に属してはいけない）

例えば，グラフ G 全体を 1 つの木頂点としたものも自明な木分解である．また，グラフ G が木のとき，各頂点を木頂点としたものも木分解となる．このように，木分解は一意には定まらず，1 つのグラフに対して複数の木分解が存在しうることに注意してほしい．複数の木分解が存在する場合，グラフ理論の分野では木幅（treewidth）と呼ばれる，いわば木分解の「木らしくなさ」を表す量がより小さな木分解を用いるのが一般的であるが，分子生成の分野では木幅を気にすることは少ない．かわりに，例えばベンゼン環を 1 つの木頂点とするなど，原子団を意識した木分解を用いることが多い．

さらに，グラフを拡張した概念である**ハイパーグラフ**（hypergraph）[注3]に対しても，同様に木分解を定義することができる．8.1.2 項で紹介するジャンクション木変分オートエンコーダはグラフに対する木分解を用いているが，8.1.3 項で紹介する分子ハイパーグラフ文法変分オートエンコーダはハイパーグラフに対する木分解を用いている．

8.1.2 ジャンクション木変分オートエンコーダ

ジャンクション木変分オートエンコーダ（junction tree variational auto-encoder; **JT-VAE**）と呼ばれる手法[29]は，分子グラフの木分解を変分オートエンコーダで学習する手法である．分子グラフに含まれる原子団を木頂点とするような木分解を用いて分子を表現し，その木の組上げ方を変分オートエンコーダで学習することで分子生成モデルを獲得する．この手法で用いられる木分解の例や，手法としての特性について説明した後，変分オートエンコーダと

注2 部分グラフで，その任意の頂点対について，もとのグラフでの辺の有無と部分グラフでの辺の有無が一致するものを**誘導部分グラフ**（induced subgraph）という．

注3 ハイパーグラフでは，2 つの頂点の間に定義される辺の概念を拡張し，任意の個数の頂点からなる集合を連結するものとして**超辺**（hyperedge）を用いる．

の組合せ方について説明する.

(1)　JT-VAE で用いる木分解

JT-VAE では，一般的な木分解アルゴリズムを使用せず，分子グラフの特徴を考慮して環構造を保存したような木分解を用いる．これを，カフェインに対する JT-VAE の木分解（**図8.2**）を例に用いて説明する.

カフェインは六員環と五員環の 2 つの環が連結したようなプリン環と呼ばれる構造をもつ．JT-VAE は，プリン環を構成する六員環と五員環をそれぞれ 1 つの木頂点として木分解する．このような木分解を考えるのは，環構造が 1 つの意味のある原子団であるためである^{注4}.

分子データセットに含まれる分子グラフそれぞれの木分解を求めると，それぞれの分子グラフの木表現が得られるだけでなく，原子団の集合をつくることもできる.

(2)　JT-VAE の分子生成モデル

JT-VAE では，分子生成モデルとして，変分オートエンコーダをもとに分子グラフの木表現に対応したモデルを用いる．以下，エンコーダとデコーダそれぞれについて，簡単に説明する.

このモデルのエンコーダは分子を入力として潜在ベクトルを出力とするニューラルネットワークとなるが，分子の表現として，分子グラフにもとづく表現とその木分解にもとづく表現の 2 種類があるため，それぞれの表現から潜在ベクトルをつくるエンコーダを組み合わせて最終的なエンコーダをつくる．すなわち，分子グラフから得られる潜在ベクトルを $\mathbf{z}_G$ とし，木分解から得られる潜在ベクトルを $\mathbf{z}_{\mathcal{T}}$ とすると，最終的に得られる潜在ベクトルは

$$\mathbf{z} = \begin{bmatrix} \mathbf{z}_G \\ \mathbf{z}_{\mathcal{T}} \end{bmatrix}$$

となる.

分子グラフから潜在ベクトル $\mathbf{z}_G$ を抽出するエンコーダには，グラフニュー

注4　プリン環自体も意味のある原子団であるが，JT-VAE では 2 個以下の原子を共有する環は分割して複数の木頂点とするため，図8.2(b) のようにプリン環が分割されている．なお 3 個以上の原子を共有している環は分割せずに 1 つの木頂点とする．プリン環を 1 つの原子団とするような実装も可能である.

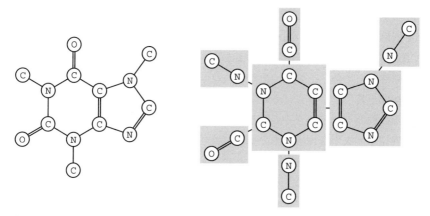

（a） カフェインの分子グラフ　　　　　　（b）　木分解の例

図 8.2 カフェインの分子グラフに対する木分解の例

（(b) の 1 つひとつの網かけ部分は 1 つの木頂点を表し，その中のグラフは木頂点のラベルを表す）

ラルネットワークの一種を用いている[9]．また，木分解から潜在ベクトル z_T を抽出するエンコーダにもグラフニューラルネットワークを用いているが，こちらは木構造を取り扱うための工夫がなされているものを用いている．具体的には，木分解の頂点の中から任意の 1 つの頂点を選んでそれを根とし，根から葉へのメッセージ伝達と葉から根へのメッセージ伝達を組み合わせて，木分解の潜在ベクトルを求めている．これら 2 つのエンコーダを用いて，2 つの潜在ベクトル z_G, z_T を得る．

　デコーダは上記の 2 つの潜在ベクトル z_G, z_T を入力として，分子グラフを出力するニューラルネットワークとなる．ここで，それぞれの潜在ベクトルは，分子グラフとその木分解の潜在ベクトルに対応しているため，それぞれの構造を生成するために用いられる．具体的には

(1)　まず木分解の潜在ベクトルである z_T を用いて木分解を生成する
(2)　次に分子グラフの潜在ベクトルである z_G と先に生成した木分解を用いて分子グラフを再構成する

という 2 段階の手順を踏むことになる．それぞれの段階について簡単に説明する．

　z_T を用いて木分解を生成するには，深さ優先探索の要領で木頂点とそのラ

ベルを逐次的に生成する．つまり，木の根から生成を始め，各木頂点でその頂点を展開するかどうかの判断をしていく．展開する場合，展開して生成された木頂点へ移り，同様に展開をするかどうかの判断をする．展開を終了するという判断をした場合，その親にあたる頂点へ戻りその親頂点を展開するか，親頂点の展開を終了し，さらにその親の頂点へ移るかの判断をする．これをすべての頂点の展開を終了するまで繰り返すことで木を生成する．

　木表現を生成するには，木の形状だけではなく木頂点のラベル（つまり，原子団）も予測する必要がある．しかし，木頂点のラベルは，各木頂点で独立に選べるわけではないため，木頂点にラベルを割り当てる際には，工夫が必要になる．具体的にいうと，ラベル割当て時に気をつけるべき制約として

(1) 生成される木が，木分解の定義を満たす
(2) 木分解から得られる分子グラフが，原子価の制約を満たす

という 2 点があげられる．例えば，ある木頂点のラベルが CC であるとき，その木頂点に隣接する木頂点のラベルには炭素原子が含まれている必要がある（制約 1）し，すべての木頂点は，原子価の制約（制約 2）より，どんなに多くとも 7 個以上の木頂点と接続することはできない．

　これらの制約を必ず満たすため，JT-VAE では木頂点を展開し新たに頂点を追加する際に，追加される木頂点に貼ってよいラベルの集合を求め，その中からラベルを選ぶようにしている．また，ラベルの集合が空集合，つまり，どのような部分グラフを貼っても上記の 2 つの制約を満たすことができない場合は，頂点の展開を取り止めることにしている．これにより，化学的にありえない構造や，木分解の定義を満たさない木を生成しないようにしている．以上の手続きにより，z_T から木分解を生成する．

　木分解が得られれば，そこからもとの分子グラフを復元することは容易に思えるが，まだ解決すべき問題がある．すなわち，木分解では，隣接する木頂点にラベル付けされているグラフをどのように接続するかについては規定されていないため，それらのグラフをどのように接続するかを決める必要がある．Jin *et al.*[29] は，ありうる接続をすべて試して分子グラフの候補集合をつくり，z_G を入力とする予測モデルを用いてそれらの分子グラフのスコアリングを行い，最もスコアが高い分子グラフを選ぶという手順を踏んでいる．

　このように，JT-VAE は分子グラフの木分解を中間表現として用いるこ

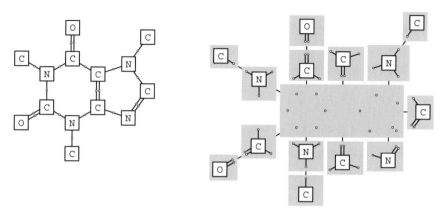

（a）カフェインの分子
　　ハイパーグラフ表現

（b）木分解の例

図 8.3 カフェインの分子ハイパーグラフ表現とその木分解の例
（丸は頂点を表し，分子中の結合に相当する．四角は超辺を表し，分子中の原子に相当する．超辺は，それと結ばれている頂点すべてをつなぐ，辺を一般化したものである．木分解の中央にある頂点のみからなるハイパーグラフがラベル付けされた木頂点が，カフェインの環構造に相当する）

とで原子価の制約を守った分子グラフを生成できる．一方，上記のとおり，SMILES を用いたモデルと比べるとかなり複雑なモデルになる．次項で説明する分子ハイパーグラフ文法変分オートエンコーダ（MHG-VAE）は，木分解を中間表現として用いる点は JT-VAE と同様だが，より単純な分子生成モデルで同様のことができることが特長である．

8.1.3 分子ハイパーグラフ文法変分オートエンコーダ

分子ハイパーグラフ文法変分オートエンコーダ（molecular hypergraph grammar variational autoencoder; **MHG-VAE**）という分子生成モデルは，グラフのかわりに，グラフの一般化にあたるハイパーグラフ（定義 8.2）を用いた分子の表現を用いる（**図 8.3** (a)）[30]．このようなハイパーグラフを用いた分子の表現を，**分子ハイパーグラフ**（molecular hypergraph）（定義 8.3）という．

定義 8.2（ハイパーグラフ）

V を頂点の集合，$E \subseteq 2^V$ を任意の要素数の頂点集合を元とする集合で定義される超辺の集合として

$$G = (V, E)$$

で定義される数理的構造 G を**ハイパーグラフ**という．

また，頂点や超辺にラベルが付いたハイパーグラフを**ラベル付きハイパーグラフ**（labeled hypergraph）という．

定義 8.3（分子ハイパーグラフ）

$\mathcal{L}_V$ を原子の集合，$\mathcal{L}_E$ を結合の集合とする．ラベル付きハイパーグラフで，その頂点のラベルが $\mathcal{L}_E$ の元で，結合のラベルが $\mathcal{L}_V$ の元となるものを**分子ハイパーグラフ**という．

MHG-VAE は，JT-VAE と同様に木分解を用いるが，木分解する対象はグラフではなくハイパーグラフである．分子ハイパーグラフの木分解の例を図 8.3（b）に示す．

このように，分子グラフのかわりに分子ハイパーグラフを用いる利点の1 つは，木分解と文脈自由文法（2.3.1 項参照）が対応付けられることである．Aguiñaga *et al.*[1] の研究によると，ハイパーグラフの木分解は**超辺置換文法**（hyperedge replacement grammar; HRG）と呼ばれるグラフに対する文脈自由文法（**グラフ文法**（graph grammar）と呼ばれる）と等価であるため，分子グラフではなく分子ハイパーグラフに対して木分解を行うことで，分子ハイパーグラフを生成するグラフ文法を獲得でき，文脈自由文法の手法を応用して分子生成を行うことができるようになる．さらに，ある性質を満たす木分解を通じてつくられた超辺置換文法は，必ず原子価の制約を満たすような分子を生成できるということが示されている[30]．このような利点があるため，Kajino[30] は分子ハイパーグラフを使用することを提案している．

以下では，超辺置換文法を導入し，ハイパーグラフの木分解と超辺置換文法との対応関係について説明し，MHG-VAE のアルゴリズムを示す．

(1)　超辺置換文法と分子ハイパーグラフ文法

超辺置換文法（定義 8.4）は文脈自由文法（定義 2.3, 35 ページ）の一種である．非終端記号に相当する超辺をハイパーグラフで置き換える操作が生成規則に相当する．この生成規則を非終端記号に繰り返し適用することで，ハイパーグラフを生成することができる．

定義 8.4（超辺置換文法）

N を非終端超辺ラベルの集合，T を終端超辺ラベルの集合，$S \in N$ を開始超辺ラベル，P を生成規則の集合としたとき，(N, T, S, P) の 4 つ組で定義される文脈自由文法を**超辺置換文法**という．

ここで，生成規則 $p = (A, R) \in P$ は，非終端超辺ラベル $A \in N$ とラベル付きハイパーグラフ R の組で，そのラベル付きハイパーグラフ R は非終端超辺ラベル，終端超辺ラベルをもち，$|A|$ 個の外部頂点をもつものからなり，A を R で置き換えるという操作に対応する．

さらに，超辺置換文法のうち，分子ハイパーグラフを常に生成できるものを**分子ハイパーグラフ文法**（molecular hypergraph grammar; MHG）という．分子ハイパーグラフ文法について，具体例（**図 8.4**，**図 8.5**）を用いて説明する．ここで，図 8.4 には，分子ハイパーグラフ文法の生成規則の一例，図 8.5 に分子ハイパーグラフ文法を用いた分子ハイパーグラフの生成例を示している．図 8.4 の例における非終端超辺ラベルの集合と終端超辺ラベルの集合は，それぞれ

$$N = \{S, \text{NT1, NT2, NT3, NT4}\}, \quad T = \{\text{C, N, O}\}$$

である．ここで，NT は non-terminal（非終端）を表し，NT の後の数字は，その超辺に含まれる頂点数を表す．例えば，図 8.4 の生成規則 p_1 は，開始記号 S を置き換える生成規則である．また，生成規則 p_2 は，NT2 という非終端超辺ラベルをもつ超辺を，p_2 の右側のハイパーグラフで置き換える生成規則である．置き換えの際には，生成規則の両辺にある黒色の頂点（これを外部頂点という）どうしを対応させて置き換える．生成規則 p_2 では，両辺それぞれに 2 つずつ外部頂点が存在するが，左辺の外部頂点それぞれは，右辺の外部頂点と対応している．左辺の超辺を右辺のハイパーグラフで置き換えるとき

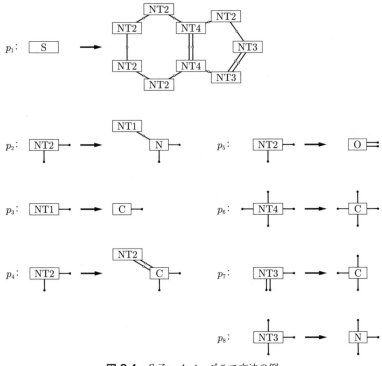

図 8.4　分子ハイパーグラフ文法の例

（図 8.3 に示すカフェインの分子ハイパーグラフから得られる分子ハイパーグラフ文法である）

(1) 対象となるハイパーグラフの NT2 という超辺の頂点を外部頂点として，印を付ける

(2) その NT2 という超辺を取り除く（このとき頂点は取り除かない）

(3) 生成規則 p_2 の右辺のハイパーグラフを追加し，生成規則の両辺で対応付けられた外部頂点の対を 1 つにまとめる

という操作を行う．

　上記の操作を繰り返して分子ハイパーグラフを生成する例を図 8.5 に示す．図 8.5 では，各時点で得られているハイパーグラフや，次に適用する生成規則および適用先の非終端記号の超辺を表している．

　まず，生成は必ず開始記号 S から始める．この例では，生成規則のうち開始記号 S に適用できる生成規則は p_1 のみであるから p_1 を適用する．p_1 適用後

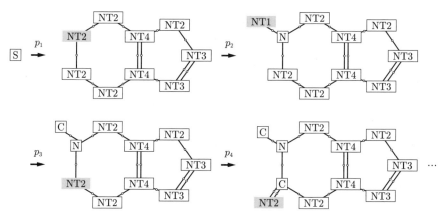

図 8.5 分子ハイパーグラフ文法の適用例

に得られるハイパーグラフが（図 8.4 p_1）の右辺である．このハイパーグラフは複数の非終端記号の超辺をもつが，それらを置き換える順番は生成規則で定義されているとする．すなわち，各生成規則（図 8.4 $p_1 \sim p_8$）の右辺に存在する非終端記号の超辺には順序が付けられており，次にどの非終端記号に生成規則を適用するかは，この順序に応じて決まるとする．この非終端記号を置き換える順番は，コンピュータ上ではスタックと呼ばれるデータ構造を用いて管理する．つまり，生成規則を適用することでハイパーグラフに新たに追加される非終端記号は，順序どおりスタックへ縦に積んでいき，次に生成規則を適用する非終端記号をとってくるときには，スタックの上から順番にとってくるようにする．この例では，NT2 とラベルの付いた超辺がスタックの最も上にあるとして，次の時刻ではその超辺に対して生成規則を適用している．

　NT2 という非終端記号に適用できる生成規則は p_2，p_4，p_5 であり，この例ではその中から p_2 を適用して次のハイパーグラフを得ている．p_2 の右辺にも非終端記号 NT1 があるため，これを新たにスタックに積み，この時刻の生成を終了している．次の時刻でも同様にスタックの最も上から非終端記号をとってくるため，次の時刻ではたったいま積んだ NT1 を置き換えることになる．これを，非終端記号がなくなるまで繰り返していくことで，分子ハイパーグラフを生成することができる．

(2)　分子ハイパーグラフ文法の構築方法

　次に，上記のような分子ハイパーグラフ文法を，分子のデータセットから構築する方法について説明する．図 8.4 に示した分子ハイパーグラフ文法の生成規則は，図 8.3 に示した分子ハイパーグラフの木分解から構築することができる．生成規則の抽出について，**図 8.6** を用いて説明する．図 8.6（a）の木分解のうち，背景を灰色にしてある 3 つの木頂点に着目してみよう．中心にある超辺を含まない木頂点を親と呼び，親と隣接する木頂点を自分，自分と隣接し親とは異なる木頂点を子と呼ぶ．なお，図 8.6（a）では子は 1 つしかないが，自分と隣接する木頂点で親以外の木頂点はすべて子であるから，一般には子は複数存在する．

　背景を灰色にしてある 3 つの木頂点は隣接しているため，木分解の定義より，それぞれの木頂点に張られたハイパーグラフは，共通の頂点をもつ．つまり，図 8.6（a）を例にすると，親と自分は頂点①，②を共通にもち，自分と子は頂点③を共通にもつ．ここで，隣接する木頂点に張られたハイパーグラフどうしは共通する頂点をもつから，それらのハイパーグラフの共通する頂点どうしを 1 つにまとめたハイパーグラフをつくれば，隣接する 2 つの木頂点を 1 つにまとめることができる．これは，上記の生成規則の適用における「外部頂点の対を 1 つにまとめる」という操作と同等である．

　この類似点に注意すると，「親のハイパーグラフに自分のハイパーグラフを張り付け，さらに，子のハイパーグラフを張り付けるための非終端記号を残しておく」という操作に対応するような生成規則をつくることができる．図 8.6（a）を例にすると，親のハイパーグラフの頂点①，②に対して NT2 という非終端記号の超辺が付いていると仮定したうえで，それを自分の木頂点のハイパーグラフで置き換え，さらに子の木頂点のハイパーグラフを頂点③に張り付けられるように非終端超辺を付け足すという操作に対応する生成規則が得られる．それが図 8.6（b）である．

　続いて，1 つ世代を下げて，先の子を自分とし，自分を親とすると図 8.6（c）の生成規則が得られる．ここで，自分に子はいないため，生成規則の右辺には非終端超辺がない．

　この手続きをすべての 3 つ組に対して行うことで，対象とする分子ハイパーグラフを再構成するのに十分な生成規則を得ることができる．これをデータセットに含まれるすべての分子に対して行うことで，そのデータセットを再構

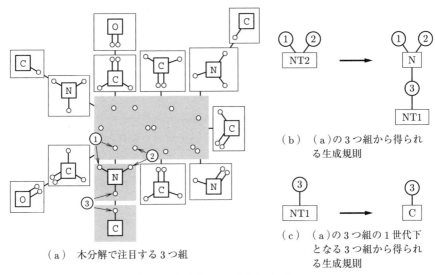

（a）　木分解で注目する 3 つ組

（b）　（a）の 3 つ組から得られ
る生成規則

（c）　（a）の 3 つ組の 1 世代下
となる 3 つ組から得られ
る生成規則

図 8.6　木分解からの生成規則の抽出

成するのに十分な（かつ，生成規則の適用順序を変えることで新規分子をつく
ることもできる）生成規則を得ることができる．

　また，このようにして得られた文法を用いてハイパーグラフを生成する際に
は，各超辺に含まれる頂点数が不変であることが証明できる[注5]．超辺に含ま
れる頂点数は対応する原子の原子価に対応するため，これは原子価が保存され
ることを意味している．よって，もとのデータに含まれる分子について原子価
の制約が満たされていれば，そこから得た分子ハイパーグラフ文法は，常に原
子価の制約を満たす分子を生成できることが証明されたことになる．繰返しに
なるが，これが分子ハイパーグラフ文法を用いる利点の 1 つである．

（3）　MHG-VAE の分子生成モデル

　MHG-VAE は，上記のようにして構築した分子ハイパーグラフ文法を用い
て分子を生成する．具体的には，分子ハイパーグラフ文法を用いると分子を生
成規則の列として表現できるため，訓練データに含まれる分子をそれぞれ生
成規則の列に変換したうえで，生成規則の列を新たに訓練データとして変分

注5　ただし，各超辺に含まれる頂点数が不変であるためには，木分解の非冗長性
　　　（irredundancy）が必要である．詳しくは原著論文[30]を参照してほしい．

オートエンコーダで学習する．ただし，生成規則は自由に並べてよいもので
はなく分子ハイパーグラフ文法の決まりにしたがって並べる必要があるため，
生成規則の列の生成時に必ず分子ハイパーグラフ文法の決まりを守るような
工夫が必要となる．これを実現する手法として，**文法変分オートエンコーダ**
(grammar variational autoencoder; **G-VAE**)[39] が知られており，MHG-VAE
でも G-VAE を用いている．G-VAE は，毎ステップでそのときに適用可能な
生成規則の中から生成規則を選ぶようになっており，これによって生成される
生成規則の列が必ず分子ハイパーグラフ文法の決まりを守ったものとなる．こ
のような変分オートエンコーダを用いることで正しい生成規則の列を生成でき
ることが保証され，さらに分子ハイパーグラフ文法にしたがって分子ハイパー
グラフをつくると，原子価の制約を守った分子を必ず生成できることが保証さ
れる．

　以上のように，分子ハイパーグラフ文法を補助的に用いることで，比較的単
純な変分オートエンコーダを用いつつも，必ず原子価の制約を守るような分子
を生成できるようになる．

8.2　分子骨格を用いた分子生成

　ここまで紹介した分子生成モデルは，いずれも生成される分子を制御するも
のとして，分子に対応する潜在ベクトル $\mathbf{z}$ のみを用いている．このようなア
プローチでは，潜在ベクトルを動かすことでさまざまな分子を生成できる一方
で，生成される分子がどのような形になるのかを潜在ベクトルから推測するこ
とは難しいため，狙った形状の分子を生成することは難しい．しかし，現実的
な実応用では，例えば**分子骨格**（3.6.4 項（4）参照）を指定したうえで，分子を
生成したいという要望がある．実際，低分子化合物を用いた創薬では，標的と
なるタンパク質の構造をもとに分子骨格を定め，その分子骨格をもつ化合物の
中でより特異的に作用するものを探索するという方針が採られることがある．
このように，分子骨格を指定できる分子生成モデルの一例として Lim *et al.*[45]
の手法を紹介する．

　Lim *et al.*[45] の分子生成モデルはオートエンコーダをもとにしている．まず
分子生成モデルの全体像を 8.2.1 項で示した後，エンコーダとデコーダをそれぞ

れ8.2.2項, 8.2.3項で説明し, 最後に学習アルゴリズムを8.2.4項で説明する.

8.2.1 分子骨格を用いた変分オートエンコーダの全体像

Lim *et al.*[45]) の手法の特長は, 任意の分子骨格を入力として, それを部分構造として含む分子を生成できる点にある. その分子生成モデルは次の入出力関係をもつエンコーダおよびデコーダから構成される (**図8.7**).

- 分子 G, その物性値ベクトル $\mathbf{y}_G$, その分子骨格の物性値ベクトル $\mathbf{y}_S$ を入力とし, 潜在ベクトル $\mathbf{z}$ を出力するエンコーダ $q_\phi(\mathbf{z} \mid G, \mathbf{y}_G, \mathbf{y}_S)$
- 分子骨格 S, その物性値ベクトル $\mathbf{y}_S$, 分子 G の物性値ベクトル $\mathbf{y}_G$, 潜在ベクトル $\mathbf{z}$ を入力とし, 分子骨格 S を部分構造としてもつ分子 G を出力するデコーダ $p_\theta(G \mid S, \mathbf{y}_S, \mathbf{y}_G, \mathbf{z})$

また, データセットとしては, 分子とその分子骨格, および, それぞれの物性値のベクトルからなる4つ組 $(G, S, \mathbf{y}_G, \mathbf{y}_S)$ を1つの事例とする. このようなデータセットにより学習したデコーダを用いると, 指定した分子骨格を部分構造としてもち, かつ指定した物性値 $\mathbf{y}_G$ をもつ分子を生成することができる[注6].

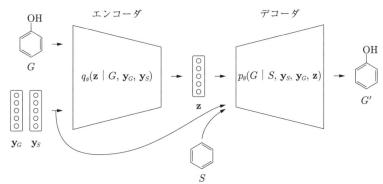

図8.7 Lim *et al.*[45]) の分子生成モデルの概念図
(分子 G とその分子骨格 S, それぞれの物性値 $\mathbf{y}_G$, $\mathbf{y}_S$ を用いて変分オートエンコーダを構成する)

注6 具体的なモデルについては Lim *et al.* の論文の補遺に詳細な説明がある.

8.2.2　エンコーダ

エンコーダは，分子のグラフ表現 $G = (V, E)$ を受け取り，その潜在ベクトルを出力するニューラルネットワークを用いてモデル化する．5.3 節で説明した SMILES を用いた変分オートエンコーダのエンコーダとは異なり，ここでは分子グラフを入力とするため，グラフニューラルネットワークの一種である interaction network を用いる．通常のグラフニューラルネットワークと同様に，各頂点の潜在ベクトル $\mathbf{h}_v$ $(v \in V)$ や，各辺の潜在ベクトル $\mathbf{h}_{uv}$ $(u, v \in V)$[注7]を用いてメッセージを計算し，それを隣接する頂点へ伝播させて潜在ベクトルを更新していくが，メッセージの計算で用いる情報が異なる．Lim *et al.*[45] のエンコーダのメッセージ伝達の特徴として，各頂点の潜在ベクトルだけではなく，物性値ベクトル $\mathbf{y}_G, \mathbf{y}_S$ も用いてメッセージを計算する点があげられる．このようにより多くの情報をエンコーダに取り込むことで，分子をより精緻に表現したような潜在ベクトルをつくることができるという期待がある．上記のようなメッセージ伝達を繰り返した後，各頂点の潜在ベクトル $\mathbf{h}_v$ の重み付き和を用いて分子グラフの特徴量ベクトル $\mathbf{h}_G$ を求める．ただし，重み付き和で用いる重みもニューラルネットワークで定義するという工夫をしている．

また，一般に変分オートエンコーダのエンコーダの出力は，多変量正規分布にしたがう確率変数の実現値とするため，ここでもこのグラフの特徴量ベクトル $\mathbf{h}_G$ をもとに，多変量正規分布にしたがう実現値をつくる．まず $\mathbf{h}_G$ をニューラルネットワークで変換して多変量正規分布の平均 $\boldsymbol{\mu}_G$ と分散共分散行列の対角成分 $\boldsymbol{\sigma}_G$ を得て，それらを用いて潜在ベクトル $\mathbf{z}$ を

$$\mathbf{z} = \boldsymbol{\mu}_G + \mathrm{diag}(\boldsymbol{\sigma}_G)\,\varepsilon$$

と計算し，$\mathbf{z}$ をエンコーダの出力とする．ここで $\varepsilon \sim \mathcal{N}(0, I)$ である．

8.2.3　デコーダ

デコーダは，分子骨格 S の分子グラフから始めて，原子と結合（つまり，グラフの頂点と辺）を逐次的に追加して新たな分子を生成する．追加する原子や

注7　入力層で用いる潜在ベクトルとしては，頂点の場合は原子の情報，辺の場合は結合の情報をベクトルとして表現したものを用いる．

結合は，デコーダに入力される潜在ベクトル $\mathbf{z}$ や，物性値ベクトル $\mathbf{y}_S$，$\mathbf{y}_G$ をもとに，ニューラルネットワークを通じて決定する．

まず，逐次的な分子生成の方法について説明する．t 回目 $(t = 0, 1, \dots)$ の繰返しにおける分子グラフを G_t と書く．ただし $G_0 = S$ とする．各繰返しでは，次の 3 つのステップにしたがって分子グラフを成長させていく．

(1) 生成過程を続けるかどうかを決める．生成を続けるならば，G_t に追加する頂点の種類（原子の種類）を選び，(2) に進む．生成過程を続けない（終了する）場合，現在の分子グラフ G_t を出力する

(2) 次に，(1) で追加した頂点と G_t の間に追加する辺の種類（結合の種類）を選ぶ

(3) 辺のもう片方の頂点を G_t の頂点集合から選択し，(1) で追加した頂点とその頂点との間に辺を結ぶ

上記の各ステップにおいて，どの選択肢を選ぶかは確率モデルにしたがって決める．例えば，原子の種類の集合を $\mathcal{L}_V$ としたとき，(1) では

$$\mathbf{p}_t^{(V)} \in \Delta(\mathcal{L}_V \cup \{\bot\})$$

という確率ベクトルを用いて

$$c_t^{(V)} \sim \mathrm{Cat}\left(\mathbf{p}_t^{(V)}\right) \tag{8.1}$$

と原子の種類 $c_t^{(V)}$ を選ぶ．ここで，$c_t^{(V)} = \bot$ の場合は生成を終了する．

式 (8.1) で用いる確率ベクトル $\mathbf{p}_t^{(V)}$ は，各繰返しにおけるグラフ G_t の特徴量ベクトル $\mathbf{h}_{G_t}$ や潜在ベクトル $\mathbf{z}$ を入力とするニューラルネットワークを用いて定義する．各繰返しで頂点や辺が追加されるため，それに応じてグラフの特徴量ベクトルが変化していくことに注意する．

8.2.4 学習アルゴリズム

Lim $et\ al.$[45] の分子生成モデルの学習は，変分オートエンコーダの学習の定式化（式 (5.19)，164 ページ）にもとづく．ただし，学習の際に，分子グラフ G とその分子骨格 S の対，ならびに，それらの物性値ベクトル $\mathbf{y}_G$，$\mathbf{y}_S$ を与える必要がある．よって，学習のために，これら 4 つ組を 1 事例とするような訓練データを用意しておく必要がある．

このような訓練データを用意する 1 つの方法として，既存の分子の訓練データ $\mathcal{D} = \{m_n \in \mathcal{M}\}_{n=1}^N$ から 4 つ組をつくる方法が考えられる．すなわち，訓練データの分子 1 つひとつについて

(1) 分子 m_n を分子グラフに変換し，分子グラフ G_n を得る
(2) 分子グラフ G_n から分子骨格 S_n を抽出する[注8]
(3) G_n, S_n それぞれに対する物性値ベクトル $\mathbf{y}_{G_n}$, $\mathbf{y}_{S_n}$ を構築する

という手続きを踏めばよい．

8.3　生成モデルの評価手法

本書でここまで説明した分子最適化手法を用いれば，問題 1.2 や問題 1.3（6 ページ）で定義された分子最適化問題を理論的には解くことができる．しかし，実際には，計算時間の制約や目的関数に関する情報不足のため，最適な分子生成モデルや最適な分子が得られるとは限らない．したがって，得られた分子モデルや分子がどの程度よいものなのかについて，その性能を別途，推定する必要がある．本書の最後に，問題 1.2 にしぼって，この性能推定の問題について説明する．

8.3.1　分子最適化手法の評価指標

ある分子最適化アルゴリズムを実行して得られた分子生成モデルを $\widehat{p} \in \Delta(\mathcal{M})$ とする．このとき，最適化したい目的関数が式 (1.1)（5 ページ）で与えられるため，得られた分子モデルや分子の性能を測る 1 つの方法として，この目的関数の値を用いることが考えられる．この考えにもとづくと

$$J(\widehat{p}) := \mathbb{E}_{M \sim \widehat{p}}\, u(f^\star(M)) \tag{8.2}$$

を用いて得られた分子モデルや分子の性能を定義することになる．ただし，式 (8.2) の値を厳密に計算するためには分子生成モデル $\widehat{p}$ から無数の分子を生成する必要があるため，一般に不可能である．よって，式 (8.2) の値を統計的に推定する方法を考える．以下では簡単のため，効用関数 u を恒等関数と

注8　例えば，Bemis and Murcko[2)]によるアルゴリズムを用いる．

する.

オンラインの設定の場合は，新たに生成された分子に対する目的関数の値が計算可能であるから，式 (8.2) の値を容易に推定できる．すなわち，分子生成モデルから得られたサンプル $\{m_1^\star, m_2^\star, \ldots, m_N^\star\} \sim \widehat{p}$ を用いて

$$J(\widehat{p}) \approx \frac{1}{N} \sum_{n=1}^{N} f(m_n^\star) \tag{8.3}$$

と推定できる．したがって，オンラインの設定の場合，得られた分子モデルや分子の性能推定は容易である．

一方，オフラインの設定の場合，新たな分子に対する目的関数値を計算できないので，式 (8.3) のようなモンテカルロ法による推定が自明でない．次節では，オフラインの設定の場合でよく使われる，式 (8.2) の値を推定する方法について説明し，その問題点を指摘する．

8.3.2 直接法による評価指標の推定方法とその問題点

オフラインの設定で式 (8.2) の値を推定する方法の 1 つが**直接法**（direct method）と呼ばれる手法である．直接法は，サンプル

$$\mathcal{D} = \{(m_n, f^\star(m_n))\}_{n=1}^{N}$$

を用いて，評価関数 $f^\star$ を近似した予測モデル $\widehat{f} \colon \mathcal{M} \to \mathbb{R}$ をつくり，これを用いて式 (8.2) の値を

$$J(\widehat{p}) \approx \frac{1}{N} \sum_{n=1}^{N} \widehat{f}(m_n^\star) \tag{8.4}$$

と推定する手法である．直接法は，分子最適化を取り扱う研究の多くで用いられている．

一見すると，直接法を用いると正しく性能を推定できるようにみえるが，そもそも式 (8.4) が統計的に適切な推定量かどうかは明らかではない．

さらに，サンプルの使い回しの問題もある．一般に，サンプル $\mathcal{D}$ の大きさは限られているから，$\widehat{f}$ の学習と分子生成モデルの学習それぞれに対して異なるサンプルを用いることが難しいので，2 つの学習において 1 つのサンプルを使い回すことがよくある．特に，1.2.2 項で説明したように，真の評価関数 $f^\star$

を予測器 $\widehat{f}$ で置き換えてオフライン分子最適化問題に取り組む場合，1 つの予測器 $\widehat{f}$ を，分子生成モデルの学習と上記の直接法での性能推定の両方に用いることになる．このような使い回しによって，性能の推定結果にどのような悪影響があるのかについては明らかではない．上記の 2 つの問題について，理論的な観点から解析してみよう．

8.3.3　直接法の 2 つのバイアス

直接法やサンプルの使い回しによる悪影響を定量的に調べるために，真の評価指標と直接法にもとづく評価指標の値の差を理論的に解析する．

まず，予測器 f を用いた直接法で分子生成モデル p の性能を推定した結果を

$$J(p, f) \coloneqq \mathbb{E}_{M \sim p} f(M)$$

と定義する．これを用いると，真の性能は $J(\widehat{p}, f^\star)$ と書け，また直接法による性能の推定値は $J(\widehat{p}, \widehat{f})$ と書ける．ここで，$\widehat{p}$ と $\widehat{f}$ は同じサンプル $\mathcal{D}$ に依存していることに注意する．よって，直接法による評価指標の推定量と真の評価指標との差分は

$$J(\widehat{p}, \widehat{f}) - J(\widehat{p}, f^\star)$$

と書ける．統計において推定量の性質を解析する際は，サンプルを確率変数とし，その確率変数について期待値をとったものを解析することが多いため，ここでもそれにならって

$$\mathbb{E}_{\mathcal{D}} \left[J(\widehat{p}, \widehat{f}) - J(\widehat{p}, f^\star) \right] \tag{8.5}$$

という量を解析することにする．これを推定量 $J(\widehat{p}, \widehat{f})$ の**バイアス** (bias) と呼ぶ．

次の定理 8.1 では，式 (8.5) のバイアスが 2 つに分解できることを示す．この結果を用いると，式 (8.5) のバイアスを直接取り扱うのではなく，それを分解して得られる 2 つのバイアスそれぞれに対応策を考えることができるため，より詳細な解析ができることが期待できる．

定理 8.1（バイアス分解[31]）

サンプルサイズが無限大のときに得られる予測器を f^∞ とすると，式 (8.5) のバイアスは次のように分解できる．

$$\mathbb{E}_{\mathcal{D}} \left[J(\widehat{p}, \widehat{f}) - J(\widehat{p}, f^\star) \right]$$

$$= \mathbb{E}_{\mathcal{D}} \left[J(\widehat{p}, \widehat{f}) - J(\widehat{p}, f^\infty) \right] + \mathbb{E}_{\mathcal{D}} \left[J(\widehat{p}, f^\infty) - J(\widehat{p}, f^\star) \right] \qquad (8.6)$$

ここで，式 (8.6) の第 1 項を**再利用バイアス**（reusing bias），第 2 項を**モデル誤設定バイアス**（model misspecification bias）と呼ぶ．第 1 項の再利用バイアスは，予測器を $\widehat{f}$ とする場合と f^∞ とする場合の差に相当し，「有限サイズのサンプルを再利用することで生じるバイアス」と解釈できる．第 2 項のモデル誤設定バイアスは，予測器を f^∞ とする場合と $f^\star$ とする場合の差に相当し，「無限個のデータがあっても予測器が真の目的関数と一致しないことに起因するバイアス」と解釈できる．以上のように，バイアスを 2 つに分解することで，原因別に対処することが可能になる．

8.3.4 再利用バイアスの性質

サンプルサイズが大きくなるにしたがって，再利用バイアスは小さくなっていくことが示せる（命題 8.1）．よって，サンプルサイズが十分大きい場合には再利用バイアスの影響は少なく，モデル誤設定バイアスにのみ気をつければよいことがわかる．

命題 8.1（再利用バイアスの大きさ[31]）

データセットの大きさを N とすると，ある仮定の下で

$$\mathbb{E}_{\mathcal{D}} \left[J(\widehat{p}, \widehat{f}) - J(\widehat{p}, f^\infty) \right] = O \left(\frac{1}{N} \right)$$

が成り立つ．

8.3.5　モデル誤設定バイアス

モデル誤設定バイアスについてより掘り下げてみよう．この期待値の中身は

$$(J(\hat{p}, f^\infty) - J(\hat{p}, f^\star))^2 = (\mathbb{E}_{M\sim\hat{p}}(f^\infty(M) - f^\star(M)))^2$$
$$\leq \mathbb{E}_{M\sim\hat{p}}(f^\infty(M) - f^\star(M))^2 \tag{8.7}$$

と上から抑えることが可能である．これはイェンセンの不等式（Jensen's inequality）からわかる．この上界（式 (8.7)）は，分子が $\hat{p}$ にしたがって生成されるときの予測器 f^∞ の期待 2 乗誤差と解釈できる．一方，サンプルに含まれる分子がしたがう分布を p とすると，予測器 f^∞ は，分子が p にしたがって生成されるときの期待 2 乗誤差を最小化するように学習することが普通であり，期待値をとる確率分布が異なることから予測器 f^∞ は，式 (8.7) を最小化するとは限らない．この問題を**共変量シフト**（covariate shift）という[61]．一般に，予測モデルのモデルクラスが真の目的関数 $f^\star$ を含まないときに共変量シフトの問題が生じる．モデル誤設定バイアスという用語名はこれに由来する．

8.3.6　直接法に存在するバイアスへの対処法

前項の説明を整理しよう．

- バイアスは，再利用バイアスとモデル誤設定バイアスの 2 つに分けられる
- 再利用バイアスはサンプルの再利用とサンプルの有限性に起因し，サンプルサイズを大きくすることで小さくできる
- モデル誤設定バイアスは，予測器の共変量シフトに起因し，サンプルサイズには依存しない

これらのバイアスを小さくするための方法について，いくつかの指針を示す．

(1)　再利用バイアスの補正

再利用バイアスについては，統計や機械学習で用いられる**情報量規準**（information criterion）[36] の手法を用いて補正することが試みられている．情報量規準とは，同じサンプルを訓練と評価に使い回した際の評価指標の推定

量のバイアスを補正する方法である注9．情報量規準で対象とするバイアスは
まさに再利用に起因するバイアスであるから，情報量規準をもとにした手法を
用いることで，再利用バイアスを補正することができると期待できる．

　分子最適化の文脈では，理論的には，**ブートストラップ法**[13] を用いた補
正注10が有用であることが示されている[31] が，ブートストラップ法には多く
の計算時間を要するため，補正にかかるコストが大きくなりがちなことが問題
となる．このような背景もあるうえに，一般に再利用バイアスよりもモデル誤
設定バイアスのほうが大きいことが多いため，実応用上は再利用バイアスはそ
のままにしておき，モデル誤設定バイアスの補正に注力するほうがよいことが
多い．

(2)　モデル誤設定バイアスの低減

　モデル誤設定バイアスについては，共変量シフトに対応するための手法であ
る**共変量シフト適応**（covariate shift adaptation）を用いてバイアスを減らす
ことが試みられている．共変量シフト適応は，データ分布と分子生成器との間
の確率分布の比を用いて損失関数を重み付けし，データ分布と比べて分子生成
器が出しやすい分子により重みを付けたり，逆に分子生成器が出しにくい分子
の重みを軽くして予測器を学習する手法である．しかし，一般にデータ分布と
分子生成器は大きく異なることが多く，この確率分布の比の値を正しく推定す
ることが難しいことが問題となり，実験的にはモデル誤設定バイアスをあまり
うまく減らせない事例が報告されている[31]．

　そのほか，分子生成器 $\hat{p}$ がデータ分布 p から離れ過ぎないように学習する
方法が試みられている．これは共変量シフトの文脈では考えられていなかった
方法であり，分子最適化問題特有の解決方法である．というのも，共変量シフ
トの問題設定では，訓練用の分布とテスト用の分布が問題設定上与えられてお
り，両者の近さを変えることはできない中で共変量シフトの問題に対処する必
要があったが，分子最適化問題においては分子生成モデルは学習により得られ

注9　3.6.2 項で説明したように，学習にあたっては訓練データと評価データを別々に用意
　　　するのが望ましい．しかし，使用できるサンプルが小さい場合には，そのサンプルに
　　　含まれるデータをすべて訓練に用いて予測器を得ると同時に，情報量規準を用いてそ
　　　の性能を推定することが行われる．

注10　ここでのブートストラップ法は統計分野で使われている手法を指しており，強化学習
　　　で使われるブートストラップとは別の概念である．

るものであるから，$\hat{p}$ と p の近さに制約を与えることが可能な問題設定となっているからである．実際，モデル誤設定バイアスは $\hat{p}$ と p の近さと密接に関係しているため，分子生成モデル $\hat{p}$ をデータ分布 p に近づけることができれば，モデル誤設定バイアスを小さくできることが理論的にわかっている．

　これを実現するための方法としては，例えば強化学習にもとづく分子最適化手法の場合，**行動複製**（behavior cloning）[17]を用いる方法が最も容易であろう．行動複製は，分子生成モデルを学習する際に，分子生成モデルをデータ分布に近づけるような正則化を施す手法である．正則化の強さを強めることで，よりデータ分布に近い分子を生成できるようになる．

　ただし，このような正則化を強めていくと，性能評価という観点では取り扱いやすくなる一方，生成される分子が既知の分子に似通ったものになってしまい，新規化合物を発見するという当初の目的を達成できないことになる．そのため，オフラインの設定で分子最適化を行う場合には，両者のトレードオフを考慮して正則化の強さを決めることが必要になる．

付録　正規分布にかかわる公式

　本書の一部では，ガウス過程を用いるが，その際には正規分布にまつわる計算を頻繁に行う．本書で用いる公式とその証明を付録として簡単に示す．

A.1　モーメント母関数

　正規分布に関する公式を導出する際には，その確率密度関数だけではなく，**モーメント母関数**（moment-generating function）を用いる．ここでは，モーメント母関数の定義を与えるほか，その性質について簡単に紹介する．

定義 A.1（モーメント母関数）

　$\boldsymbol{X}$ を D 次元（$D \in \mathbb{N}$）のベクトル値をとる確率変数としたとき

$$M_{\boldsymbol{X}}(\mathbf{t}) = \mathbb{E}_{\boldsymbol{X}}\left[\exp(\mathbf{t}^{\top}\boldsymbol{X})\right] \tag{A.1}$$

を**モーメント母関数**という．

　なお，式 (A.1) の右辺の期待値が存在しないとき（発散するとき）には，モーメント母関数は定義されない．この名前は，確率変数のモーメントの母関数であることに由来する．つまり，モーメント母関数を $\mathbf{t}$ について微分して $\mathbf{t} = \mathbf{0}$ を代入することで，さまざまな次数のモーメントを計算できる．

　以下では，次の確率分布とモーメント母関数の対応関係を用いる．

定理 A.1

　2 つのモーメント母関数 $M_{\boldsymbol{X}_1}(\mathbf{t})$，$M_{\boldsymbol{X}_2}(\mathbf{t})$ が一致するとき，これらの 2 つの確率変数 $\boldsymbol{X}_1$，$\boldsymbol{X}_2$ は同じ確率分布にしたがう．

　また，多変量正規分布を取り扱うため，多変量正規分布にしたがう確率変数 $\boldsymbol{X}$ のモーメント母関数を導出する．

命題 A.1

$\boldsymbol{\mu} \in \mathbb{R}^D$, $\Sigma \in \mathbb{R}^D$ とする. 確率変数 $\boldsymbol{X} \sim \mathcal{N}(\boldsymbol{\mu}, \Sigma)$ のモーメント母関数は

$$M_{\boldsymbol{X}}(\mathbf{t}) = \exp\left(\frac{1}{2}\mathbf{t}^{\top}\Sigma\mathbf{t} + \mathbf{t}^{\top}\boldsymbol{\mu}\right)$$

で与えられる.

証明 モーメント母関数の定義より

$$
\begin{aligned}
& M_{\boldsymbol{X}}(\mathbf{t}) \\
& = \mathbb{E}_{\boldsymbol{X}}\left[\exp(\mathbf{t}^{\top}\boldsymbol{X})\right] \\
& = C_{\Sigma}^{-1} \int \exp\left[-\frac{1}{2}(\mathbf{x}-\boldsymbol{\mu})^{\top}\Sigma^{-1}(\mathbf{x}-\boldsymbol{\mu})\right] \exp(\mathbf{t}^{\top}\mathbf{x}) \, d\mathbf{x} \\
& = C_{\Sigma}^{-1} \int \exp\left[-\frac{1}{2}(\mathbf{x}-\boldsymbol{\mu})^{\top}\Sigma^{-1}(\mathbf{x}-\boldsymbol{\mu}) + \mathbf{t}^{\top}\mathbf{x}\right] \, d\mathbf{x} \quad\quad (A.2)
\end{aligned}
$$

となる. ここで C_{Σ} は, 分散共分散行列が Σ となる多変量正規分布の正規化定数である. この指数関数の中身は

$$
\begin{aligned}
& -\frac{1}{2}(\mathbf{x}-\boldsymbol{\mu})^{\top}\Sigma^{-1}(\mathbf{x}-\boldsymbol{\mu}) + \mathbf{t}^{\top}\mathbf{x} \\
& = -\frac{1}{2}\mathbf{x}^{\top}\Sigma^{-1}\mathbf{x} + \boldsymbol{\mu}^{\top}\Sigma\mathbf{x} - \frac{1}{2}\boldsymbol{\mu}^{\top}\Sigma^{-1}\boldsymbol{\mu} + \mathbf{t}^{\top}\mathbf{x} \\
& = -\frac{1}{2}\mathbf{x}^{\top}\Sigma^{-1}\mathbf{x} + (\Sigma\boldsymbol{\mu} + \mathbf{t})^{\top}\mathbf{x} - \frac{1}{2}\boldsymbol{\mu}^{\top}\Sigma^{-1}\boldsymbol{\mu} \\
& = -\frac{1}{2}(\mathbf{x} - (\Sigma\boldsymbol{\mu} + \mathbf{t}))^{\top}\Sigma^{-1}(\mathbf{x} - (\Sigma\boldsymbol{\mu} + \mathbf{t})) + \frac{1}{2}\mathbf{t}^{\top}\Sigma\mathbf{t} + \mathbf{t}^{\top}\boldsymbol{\mu}
\end{aligned}
$$

と整理できる. これを式 (A.2) に代入すると

$$
\begin{aligned}
M_{\boldsymbol{X}}(\mathbf{t}) & = C_{\Sigma}^{-1}C_{\Sigma} \exp\left(\frac{1}{2}\mathbf{t}^{\top}\Sigma\mathbf{t} + \mathbf{t}^{\top}\boldsymbol{\mu}\right) \\
& = \exp\left(\frac{1}{2}\mathbf{t}^{\top}\Sigma\mathbf{t} + \mathbf{t}^{\top}\boldsymbol{\mu}\right)
\end{aligned}
$$

が得られる. 以上より, 命題 A.1 は示された. $\square$

A.2 線形結合

多変量正規分布にしたがう 2 つの確率変数に対して, その線形結合のしたが

う分布を定理 A.2 に与える．これは，後述のアフィン変換に関する公式（補題 A.1）と，正規分布の再生性に関する公式（補題 A.2）を用いて示すことができる．

定理 A.2（線形結合[52]）

$\boldsymbol{\mu}_x, \boldsymbol{\mu}_y \in \mathbb{R}^D$, $\Sigma_x, \Sigma_y \in \mathbb{R}^{D \times D}$ とする．2 つの独立な確率変数を

$$\mathbf{x} \sim \mathcal{N}(\boldsymbol{\mu}_x, \Sigma_x), \qquad \mathbf{y} \sim \mathcal{N}(\boldsymbol{\mu}_y, \Sigma_y)$$

としたとき，任意の $A, B \in \mathbb{R}^{D' \times D}$, $\mathbf{c} \in \mathbb{R}^{D'}$ について

$$A\mathbf{x} + B\mathbf{y} + \mathbf{c} \sim \mathcal{N}(A\boldsymbol{\mu}_x + B\boldsymbol{\mu}_y + \mathbf{c}, A\Sigma_x A^\top + B\Sigma_y B^\top)$$

が成り立つ．

証明 補題 A.1 より

$$B\mathbf{y} + \mathbf{c} \sim \mathcal{N}(B\boldsymbol{\mu}_y + \mathbf{c}, B\Sigma_y B^\top)$$

が成り立つ．また，補題 A.2 より

$$A\mathbf{x} + B\mathbf{y} + \mathbf{c} \sim \mathcal{N}(A\boldsymbol{\mu}_x + B\boldsymbol{\mu}_y + \mathbf{c}, A\Sigma_x A^\top + B\Sigma_y B^\top)$$

が成り立つ．以上より，定理 A.2 は示された． $\square$

定理 A.2 の証明で用いた補題と，その証明を与える．まず，補題 A.1 は，多変量正規分布にしたがう確率変数をアフィン変換したものがしたがう確率分布を与える．

補題 A.1（多変量正規分布にしたがう確率変数のアフィン変換）

$\boldsymbol{\mu} \in \mathbb{R}^D$, $\Sigma \in \mathbb{R}^{D \times D}$ とする．また $A \in \mathbb{R}^{D' \times D}$ とする．このとき，$\boldsymbol{X} \sim \mathcal{N}(\boldsymbol{\mu}, \Sigma)$ を多変量正規分布にしたがう確率変数とすると

$$A\boldsymbol{X} + \mathbf{b} \sim \mathcal{N}(A\boldsymbol{\mu} + \mathbf{b}, A\Sigma A^\top)$$

が成り立つ．

証明　まず確率変数 $A\boldsymbol{X} + \mathbf{b}$ のモーメント母関数を求める．モーメント母関数の定義より

$$
\begin{aligned}
M_{A\boldsymbol{X}+\mathbf{b}}(\mathbf{t}) &= \mathbb{E}_{\boldsymbol{X}}\left[\exp(\mathbf{t}^\top(A\boldsymbol{X} + \mathbf{b}))\right] \\
&= \mathbb{E}_{\boldsymbol{X}}\left[\exp((A^\top\mathbf{t})^\top\boldsymbol{X}))\right]\exp(\mathbf{t}^\top\mathbf{b})
\end{aligned}
$$

となる．ここで，$\boldsymbol{X}$ は多変量正規分布にしたがうため，命題 A.1 より

$$
\begin{aligned}
M_{A\boldsymbol{X}+\mathbf{b}}(\mathbf{t}) &= \exp\left[\frac{1}{2}(A^\top\mathbf{t})^\top\Sigma(A^\top\mathbf{t}) + (A^\top\mathbf{t})^\top\boldsymbol{\mu}\right]\exp(\mathbf{t}^\top\mathbf{b}) \\
&= \exp\left[\frac{1}{2}\mathbf{t}^\top(A\Sigma A^\top)\mathbf{t} + \mathbf{t}^\top(A\boldsymbol{\mu} + \mathbf{b})\right]
\end{aligned}
\tag{A.3}
$$

となる．

式 (A.3) は平均 $A\boldsymbol{\mu} + \mathbf{b}$，分散共分散行列 $A\Sigma A^\top$ の多変量正規分布にしたがう確率変数のモーメント母関数と同じ形をしている．

したがって，定理 A.1 より，確率変数 $A\boldsymbol{X} + \mathbf{b}$ は，平均 $A\boldsymbol{\mu} + \mathbf{b}$，分散共分散行列 $A\Sigma A^\top$ の多変量正規分布にしたがうことが示された．　　　□

また，補題 A.2 は，2 つの多変量正規分布にしたがう確率変数の和がしたがう確率分布を与える．

補題 A.2（多変量正規分布の再生性）

$\boldsymbol{\mu_X}, \boldsymbol{\mu_Y} \in \mathbb{R}^D, \Sigma_{\boldsymbol{X}}, \Sigma_{\boldsymbol{Y}} \in \mathbb{R}^{D \times D}$ に対して

$$
\boldsymbol{X} \sim \mathcal{N}(\boldsymbol{\mu_X}, \Sigma_{\boldsymbol{X}}), \qquad \boldsymbol{Y} \sim \mathcal{N}(\boldsymbol{\mu_Y}, \Sigma_{\boldsymbol{Y}})
$$

を，独立な多変量正規分布にしたがう確率変数とすると

$$
\boldsymbol{X} + \boldsymbol{Y} \sim \mathcal{N}(\boldsymbol{\mu_X} + \boldsymbol{\mu_Y}, \Sigma_{\boldsymbol{X}} + \Sigma_{\boldsymbol{Y}})
\tag{A.4}
$$

が成り立つ．

証明　確率変数 $\boldsymbol{X}$, $\boldsymbol{Y}$ の和を $\boldsymbol{Z} = \boldsymbol{X} + \boldsymbol{Y}$ とすると，そのモーメント母関数は

$$M_Z(\mathbf{t}) = \mathbb{E}_{X,Y}\left[\exp(\mathbf{t}^\top Z)\right]$$
$$= \mathbb{E}_{X,Y}\left[\exp(\mathbf{t}^\top X)\exp(\mathbf{t}^\top Y)\right]$$
$$= \mathbb{E}_X\left[\exp(\mathbf{t}^\top X)\right]\mathbb{E}_Y\left[\exp(\mathbf{t}^\top Y)\right]$$
$$= \exp\left(\frac{1}{2}\mathbf{t}^\top\Sigma_X\mathbf{t} + \mathbf{t}^\top\mu_X\right)\exp\left(\frac{1}{2}\mathbf{t}^\top\Sigma_Y\mathbf{t} + \mathbf{t}^\top\mu_Y\right)$$
$$= \exp\left(\frac{1}{2}\mathbf{t}^\top(\Sigma_X + \Sigma_Y)\mathbf{t} + \mathbf{t}^\top(\mu_X + \mu_Y)\right)$$

となる. これは, 平均が $\mu_X + \mu_Y$, 分散共分散行列が $\Sigma_X + \Sigma_Y$ の多変量正規分布にしたがう確率変数のモーメント母関数である.

よって, 式 (A.4) が成り立つことが示された. □

A.3 条件付き確率

多変量正規分布にしたがう確率変数の一部の次元が観測されたもとで, ほかの次元のしたがう条件付き確率分布は, 次の定理 A.3 によって求めることができる.

定理 A.3 (条件付き確率)

確率変数を $X \sim \mathcal{N}(\mu, \Sigma)$ が

$$X = \begin{bmatrix} X_1 \\ X_2 \end{bmatrix}, \quad \mu = \begin{bmatrix} \mu_1 \\ \mu_2 \end{bmatrix}, \quad \Sigma = \begin{bmatrix} \Sigma_{11} & \Sigma_{12} \\ \Sigma_{21} & \Sigma_{22} \end{bmatrix}$$

のように書けるとする. このとき

$$X_1 \mid X_2 = \mathbf{x}_2 \sim \mathcal{N}\left(\mu_1 + \Sigma_{12}\Sigma_{22}^{-1}(\mathbf{x}_2 - \mu_2), \Sigma_{11} - \Sigma_{12}\Sigma_{22}^{-1}\Sigma_{21}\right)$$

が成り立つ.

証明 分散共分散行列の逆行列を

$$\Lambda = \begin{bmatrix} \Lambda_{11} & \Lambda_{12} \\ \Lambda_{21} & \Lambda_{22} \end{bmatrix} = \begin{bmatrix} \Sigma_{11} & \Sigma_{12} \\ \Sigma_{21} & \Sigma_{22} \end{bmatrix}^{-1}$$

とする.

また, X_1 と X_2 の同時分布の確率密度関数を $p_{X_1,X_2}(\mathbf{x}_1, \mathbf{x}_2)$ とする. こ

のとき

$$p_{\boldsymbol{X}_1, \boldsymbol{X}_2}(\mathbf{x}_1, \mathbf{x}_2) = p_{\boldsymbol{X}_1 | \boldsymbol{X}_2}(\mathbf{x}_1 \mid \mathbf{x}_2)\, p_{\boldsymbol{X}_2}(\mathbf{x}_2)$$

であることを利用して，定理 A.3 を示す．

同時分布は

$$p_{\boldsymbol{X}_1, \boldsymbol{X}_2}(\mathbf{x}_1, \mathbf{x}_2)$$

$$\propto \exp\left(-\frac{1}{2} \begin{bmatrix} \mathbf{x}_1 - \boldsymbol{\mu}_1 \\ \mathbf{x}_2 - \boldsymbol{\mu}_2 \end{bmatrix}^\top \begin{bmatrix} \Lambda_{11} & \Lambda_{12} \\ \Lambda_{21} & \Lambda_{22} \end{bmatrix} \begin{bmatrix} \mathbf{x}_1 - \boldsymbol{\mu}_1 \\ \mathbf{x}_2 - \boldsymbol{\mu}_2 \end{bmatrix}\right)$$

$$= \exp\left(-\frac{1}{2}(\mathbf{x}_1 - \boldsymbol{\mu}_1)^\top \Lambda_{11}(\mathbf{x}_1 - \boldsymbol{\mu}_1) - (\mathbf{x}_1 - \boldsymbol{\mu}_1)^\top \Lambda_{12}(\mathbf{x}_2 - \boldsymbol{\mu}_2)\right.$$

$$\left. -\frac{1}{2}(\mathbf{x}_2 - \boldsymbol{\mu}_2)^\top \Lambda_{22}(\mathbf{x}_2 - \boldsymbol{\mu}_2)\right)$$

となる．この指数関数の中身を $\mathbf{x}_1$ について平方完成すると $p_{\boldsymbol{X}_1 | \boldsymbol{X}_2}(\mathbf{x}_1 \mid \mathbf{x}_2)$ を導出できる．

指数関数の中で $\mathbf{x}_1$ を含む項は

$$-\frac{1}{2}\mathbf{x}_1^\top \Lambda_{11}\mathbf{x}_1 + \mathbf{x}_1^\top \Lambda_{11}\boldsymbol{\mu}_1 - \mathbf{x}_1^\top \Lambda_{12}(\mathbf{x}_2 - \boldsymbol{\mu}_2)$$

$$= -\frac{1}{2}\mathbf{x}_1^\top \Lambda_{11}\mathbf{x}_1 + \mathbf{x}_1^\top (\Lambda_{11}\boldsymbol{\mu}_1 - \Lambda_{12}(\mathbf{x}_2 - \boldsymbol{\mu}_2))$$

$$= -\frac{1}{2}(\mathbf{x}_1 - (\boldsymbol{\mu}_1 - \Lambda_{11}^{-1}\Lambda_{12}(\mathbf{x}_2 - \boldsymbol{\mu}_2)))^\top \Lambda_{11}(\mathbf{x}_1 - (\boldsymbol{\mu}_1 - \Lambda_{11}^{-1}\Lambda_{12}(\mathbf{x}_2 - \boldsymbol{\mu}_2)))$$

$$+ \text{const.}$$

であるから，$p_{\boldsymbol{X}_1 | \boldsymbol{X}_2}(\mathbf{x}_1 \mid \mathbf{x}_2)$ は，平均 $\boldsymbol{\mu}_1 - \Lambda_{11}^{-1}\Lambda_{12}(\mathbf{x}_2 - \boldsymbol{\mu}_2)$，分散共分散行列 Λ_{11} の正規分布となる．

さらに，ブロック行列の逆行列の公式[52]より

$$\Lambda_{11} = \left(\Sigma_{11} - \Sigma_{12}\Sigma_{22}^{-1}\Sigma_{21}\right)^{-1}$$

$$\Lambda_{12} = -\left(\Sigma_{11} - \Sigma_{12}\Sigma_{22}^{-1}\Sigma_{21}\right)^{-1}\Sigma_{12}\Sigma_{22}^{-1} = -\Lambda_{11}\Sigma_{12}\Sigma_{22}^{-1}$$

が成り立つので，この公式を利用すると，$p_{\boldsymbol{X}_1 | \boldsymbol{X}_2}(\mathbf{x}_1 \mid \mathbf{x}_2)$ の平均は

$$\boldsymbol{\mu}_1 + \Sigma_{12}\Sigma_{22}^{-1}(\mathbf{x}_2 - \boldsymbol{\mu}_2)$$

分散共分散行列は

$$\Sigma_{11} - \Sigma_{12}\Sigma_{22}^{-1}\Sigma_{21}$$

となる. 以上より, 定理 A.3 は示された. □

参考文献

1) Salvador Aguiñaga, Rodrigo Palacios, David Chiang, and Tim Weninger. Growing graphs from hyperedge replacement graph grammars. pages 469–478. *Proceedings of the 25th ACM International on Conference on Information and Knowledge Management*, 2016.

2) Guy W. Bemis and Mark A. Murcko. The properties of known drugs. 1. molecular frameworks. *Journal of Medicinal Chemistry*, 39:2887–2893, 1 1996.

3) David M. Blei, Andrew Y. Ng, and Michael I. Jordan. Latent dirichlet allocation. *Journal of Machine Learning Research*, 3:993–1022, 2003.

4) Léon Bottou. Large-scale machine learning with stochastic gradient descent. pages 177–186. Proceedings of COMPSTAT' 2010, 2010.

5) Nathan Brown, Marco Fiscato, Marwin H. S. Segler, and Alain C. Vaucher. Guacamol: Benchmarking models for de novo molecular design. *Journal of Chemical Information and Modeling*, 59:1096–1108, 2019.

6) Ming Chen, Zhewei Wei, Zengfeng Huang, Bolin Ding, and Yaliang Li. Simple and deep graph convolutional networks. volume 119, pages 1725–1735. *Proceedings of the 37th International Conference on Machine Learning*, 2020.

7) Kyunghyun Cho, Bart van Merriënboer, Dzmitry Bahdanau, and Yoshua Bengio. On the properties of neural machine translation: Encoder–decoder approaches. *arXiv*:1409.1259, 2014.

8) Junyoung Chung, Caglar Gulcehre, Kyunghyun Cho, and Yoshua Bengio. Empirical evaluation of gated recurrent neural networks on sequence modeling. *arXiv*:1412.3555, 2014.

9) Hanjun Dai, Bo Dai, and Le Song. Discriminative embeddings of latent variable models for structured data. volume 48, pages 2702–2711. *Proceedings of the 33rd International Conference on Machine Learning*, 2016.

10) Arthur P. Dempster, Nan M. Laird, and Donald B. Rubin. Maximum likelihood from incomplete data via the EM algorithm. *Journal of the Royal Statistical Society. Series B (Methodological)*, 39:1–38, 1977.

11) John Duchi, Elad Hazan, and Yoram Singer. Adaptive subgradient methods for online learning and stochastic optimization. *Journal of Machine Learning Research*, 12:2121–2159, 2011.

12) David K. Duvenaud, Dougal Maclaurin, Jorge Iparraguirre, Rafael Bombarell, Timothy Hirzel, Alan Aspuru-Guzik, and Ryan P. Adams. Convolutional networks on graphs for learning molecular fingerprints. *Advances in Neural Information Processing Systems*, 2015.

13) Bradley Efron and Robert J. Tibshirani. *An Introduction to the Bootstrap*. CRC press, 1994.

14) Damien Ernst, Pierre Geurts, and Louis Wehenkel. Tree-based batch mode re-

inforcement learning. *Journal of Machine Learning Research*, 6:503–556, 2005.

15) Peter Ertl and Ansgar Schuffenhauer. Estimation of synthetic accessibility score of drug-like molecules based on molecular complexity and fragment contributions. *Journal of Cheminformatics*, 1:8, 2009.

16) Hao Fu, Chunyuan Li, Xiaodong Liu, Jianfeng Gao, Asli Celikyilmaz, and Lawrence Carin. Cyclical annealing schedule: A simple approach to mitigating kl vanishing. *Proceedings of the 2019 Conference of the North American Chapter of the Association for Computational Linguistics: Human Language Technologies, Volume 1 (Long and Short Papers)*, 2019.

17) Scott Fujimoto and Shixiang (Shane) Gu. A minimalist approach to offline reinforcement learning. volume 34, pages 20132–20145. *Advances in Neural Information Processing Systems*, 2021.

18) Scott Fujimoto, David Meger, and Doina Precup. Off-policy deep reinforcement learning without exploration. volume 97, pages 2052–2062. *Proceedings of the 36th International Conference on Machine Learning*, 2019.

19) Domenico Gadaleta, Giuseppe F. Mangiatordi, Marco Catto, Angelo Carotti, and Orazio Nicolotti. Applicability domain for QSAR models: Where theory meets reality. *International Journal of Quantitative Structure-Property Relationships*, 1(1):45–63, 2016.

20) Jacob R. Gardner, Geoff Pleiss, Kilian Q. Weinberger, David Bindel, and Andrew G. Wilson. GPyTorch: Blackbox matrix-matrix Gaussian process inference with GPU acceleration. *Advances in Neural Information Processing Systems*, 2018.

21) Rafael Gómez-Bombarelli, Jennifer N. Wei, David Duvenaud, José M. Hernández-Lobato, Benjamín Sánchez-Lengeling, Dennis Sheberla, Jorge Aguilera-Iparraguirre, Timothy D. Hirzel, Ryan P. Adams, and Alán Aspuru-Guzik. Automatic chemical design using a data-driven continuous representation of molecules. *ACS Central Science*, 2018.

22) Sai K. Gottipati, Boris Sattarov, Sufeng Niu, Yashaswi Pathak, Haoran Wei, Shengchao Liu, Shengchao Liu, Karam J. Thomas, Simon Blackburn, Connor W. Coley, Jian Tang, Sarath Chandar, and Yoshua Bengio. Learning to navigate the synthetically accessible chemical space using reinforcement learning. pages 3668–3679. *Proceedings of the 37th International Conference on Machine Learning*, 2020.

23) James A. Hanley and Barbara J. McNeil. The meaning and use of the area under a receiver operating characteristic (ROC) curve. *Radiology*, 143:29–36, 1982. PMID: 7063747.

24) Irina Higgins, Loic Matthey, Arka Pal, Christopher Burgess, Xavier Glorot, Matthew Botvinick, Shakir Mohamed, and Alexander Lerchner. β-VAE: Learning basic visual concepts with a constrained variational framework. *Proceedings of the Fifth International Conference on Learning Representations*, 2017.

25) Geoffrey E. Hinton, Nitish Srivastava, Alex Krizhevsky, Ilya Sutskever,

and Ruslan R. Salakhutdinov. Improving neural networks by preventing co-adaptation of feature detectors. *arXiv*:1207.0580, 2012.

26) Sepp Hochreiter and Jürgen Schmidhuber. Long short-term memory. *Neural Computation*, 9(8):1735–1780, 1997.

27) Eric Jang, Shixiang Gu, and Ben Poole. Categorical reparameterization with gumbel-softmax. *arXiv*:1611.01144, 2017.

28) Joanna Jaworska, Nina Nikolova-Jeliazkova, and Tom Aldenberg. QSAR applicability domain estimation by projection of the training set in descriptor space: A review. *Alternatives to Laboratory Animals*, 33:445–459, 2005.

29) Wengong Jin, Regina Barzilay, and Tommi Jaakkola. Junction tree variational autoencoder for molecular graph generation. pages 2323–2332. *Proceedings of the 35th International Conference on Machine Learning*, 2018.

30) Hiroshi Kajino. Molecular hypergraph grammar with its application to molecular optimization. pages 3183–3191. *Proceedings of the 36th International Conference on Machine Learning*, 2019.

31) Hiroshi Kajino, Kohei Miyaguchi, and Takayuki Osogami. Biases in evaluation of molecular optimization methods and bias reduction strategies, pages 15567–15585. *Proceedings of the 40th International Conference on Machine Learning*, 2023.

32) Diederik P. Kingma and Jimmy Ba. Adam: A method for stochastic optimization. *arXiv*:1412.6980, 2014.

33) Diederik P. Kingma and Max Welling. Auto-encoding variational Bayes. *arXiv*:1312.6114, 2013.

34) Thomas N. Kipf and Max Welling. Semi-supervised classification with graph convolutional networks. *arXiv*:1609.02907, 2017.

35) Vijay Konda and John Tsitsiklis. Actor-critic algorithms. *Advances in Neural Information Processing Systems*, 1999.

36) Sadanori Konishi and Genshiro Kitagawa. *Information Criteria and Statistical Modeling*. Springer, 2007.

37) Mario Krenn, Florian Häse, AkshatKumar Nigam, Pascal Friederich, and Alan Aspuru-Guzik. Self-referencing embedded strings (SELFIES): A 100% robust molecular string representation. *Machine Learning: Science and Technology*, 1:45024, 10 2020.

38) Aviral Kumar, Aurick Zhou, George Tucker, and Sergey Levine. Conservative Q-learning for offline reinforcement learning. pages 1179–1191. *Advances in Neural Information Processing Systems*, 2020.

39) Matt J. Kusner, Brooks Paige, and José M. Hernández-Lobato. Grammar variational autoencoder. pages 1945–1954. *Proceedings of the 34th International Conference on Machine Learning*, 2017.

40) Greg Landrum. The RDKit Book.
https://www.rdkit.org/docs/RDKit_Book.html.

41) Maxime Langevin, Rodolphe Vuilleumier, and Marc Bianciotto. Explaining and

avoiding failure modes in goal-directed generation of small molecules. *Journal of Cheminformatics*, 14:20, 2022.

42) Hoang Le, Cameron Voloshin, and Yisong Yue. Batch policy learning under constraints. pages 3703–3712. *Proceedings of the 36th International Conference on Machine Learning*, 2019.

43) Sergey Levine, Aviral Kumar, George Tucker, and Justin Fu. Offline reinforcement learning: Tutorial, review, and perspectives on open problems. *arXiv*:2005.01643, 2020.

44) Qimai Li, Zhichao Han, and Xiao ming Wu. Deeper insights into graph convolutional networks for semi-supervised learning. *Proceedings of the AAAI Conference on Artificial Intelligence*, 32(1), 2018.

45) Jaechang Lim, Sang-Yeon Hwang, Seokhyun Moon, Seungsu Kim, and Woo Y. Kim. Scaffold-based molecular design using graph generative model. *Chemical Science*, 11:1153–1164, 2020.

46) Chris J. Maddison, Andriy Mnih, and Yee W. Teh. The concrete distribution: A continuous relaxation of discrete random variables. *arXiv*:1611.00712, 2016.

47) Volodymyr Mnih, Koray Kavukcuoglu, David Silver, Andrei A. Rusu, Joel Veness, Marc G. Bellemare, Alex Graves, Martin Riedmiller, Andreas K. Fidjeland, Georg Ostrovski, Stig Petersen, Charles Beattie, Amir Sadik, Ioannis Antonoglou, Helen King, Dharshan Kumaran, Daan Wierstra, Shane Legg, and Demis Hassabis. Human-level control through deep reinforcement learning. *Nature*, 518:529–533, 2015.

48) H. L. Morgan. The generation of a unique machine description for chemical structures-A technique developed at chemical abstracts service. *Journal of Chemical Documentation*, 5:107–113, 1965.

49) Vinod Nair and Geoffrey E. Hinton. Rectified linear units improve restricted Boltzmann machines. pages 807–814. *Proceedings of the 27th International Conference on Machine Learning*, 2010.

50) Marcus Olivecrona, Thomas Blaschke, Ola Engkvist, and Hongming Chen. Molecular de-novo design through deep reinforcement learning. *Journal of Cheminformatics*, 9:48, 2017.

51) Fabian Pedregosa, Gaël Varoquaux, Alexandre Gramfort, Vincent Michel, Bertrand Thirion, Olivier Grisel, Mathieu Blondel, Peter Prettenhofer, Ron Weiss, Vincent Dubourg, Jake Vanderplas, Alexandre Passos, David Cournapeau, Matthieu Brucher, Matthieu Perrot, and Édouard Duchesnay. Scikit-learn: Machine learning in Python. *Journal of Machine Learning Research*, 12:2825–2830, 2011.

52) Kaare B. Petersen and Michael S. Pedersen. *The Matrix Cookbook*, Technical University of Denmark, 2012.

53) Geoff Pleiss, Jacob Gardner, Kilian Weinberger, and Andrew G. Wilson. Constant-time predictive distributions for Gaussian processes. pages 4114–4123. *Proceedings of the 35th International Conference on Machine Learning*,

2018.

54) Joaquin Quiñonero-Candela and Carl E. Rasmussen. A unifying view of sparse approximate Gaussian process regression. *Journal of Machine Learning Research*, 6:1939–1959, 2005.

55) Carl Edward Rasmussen and Christopher K. I. Williams. *Gaussian Processes for Machine Learning*. The MIT Press, 2005.

56) Philipp Renz, Dries van Rompaey, Jörg K. Wegner, Sepp Hochreiter, and Günter Klambauer. On failure modes in molecule generation and optimization. *Drug Discovery Today: Technologies*, 32-33:55–63, 2019. Artificial Intelligence.

57) David Rogers and Mathew Hahn. Extended-connectivity fingerprints. *Journal of Chemical Information and Modeling*, 50:742–754, 2010.

58) Gisbert Schneider and Uli Fechner. Computer-based de novo design of drug-like molecules. *Nature Reviews Drug Discovery*, 4:649–663, 2005.

59) Marwin H. S. Segler, Thierry Kogej, Christian Tyrchan, and Mark P. Waller. Generating focused molecule libraries for drug discovery with recurrent neural networks. *ACS Central Science*, 4(1):120–131, 2018.

60) Shai Shalev-Shwartz and Shai Ben-David. *Understanding Machine Learning*. Cambridge University Press, 2014.

61) Hidetoshi Shimodaira. Improving predictive inference under covariate shift by weighting the log-likelihood function. *Journal of Statistical Planning and Inference*, 90:227–244, 2000.

62) Nitish Srivastava, Geoffrey Hinton, Alex Krizhevsky, Ilya Sutskever, and Ruslan Salakhutdinov. Dropout: A simple way to prevent neural networks from overfitting. *Journal of Machine Learning Research*, 15:1929–1958, 2014.

63) Richard S. Sutton and Andrew G. Barto. *Reinforcement Learning: An Introduction*. The MIT Press, 2018.

64) Robert Tibshirani. Regression shrinkage and selection via the lasso. *Journal of the Royal Statistical Society. Series B (Methodological)*, 58:267–288, 1996.

65) David Weininger. SMILES, a chemical language and information system. 1. introduction to methodology and encoding rules. *Journal of Chemical Information and Computer Sciences*, 28:31–36, 1988.

66) Scott A. Wildman and Gordon M. Crippen. Prediction of physicochemical parameters by atomic contributions. *Journal of Chemical Information and Computer Sciences*, 39:868–873, 1999.

67) Ronald J. Williams. Simple statistical gradient-following algorithms for connectionist reinforcement learning. *Machine Learning*, 8:229–256, 1992.

68) Andrew Wilson and Hannes Nickisch. Kernel interpolation for scalable structured Gaussian processes (KISS-GP). pages 1775–1784. *Proceedings of the 32nd International Conference on Machine Learning*, 2015.

69) Zhenqin Wu, Bharath Ramsundar, Evan N. Feinberg, Joseph Gomes, Caleb Geniesse, Aneesh S. Pappu, Karl Leswing, and Vijay Pande. MoleculeNet: A benchmark for molecular machine learning. *Chemical Science*, 9(2):513–530,

2018.

70) Keyulu Xu, Chengtao Li, Yonglong Tian, Tomohiro Sonobe, Ken-ichi Kawarabayashi, and Stefanie Jegelka. Representation learning on graphs with jumping knowledge networks. pages 5453–5462. *Proceedings of the 35th International Conference on Machine Learning*, 2018.

71) Lian Yan, Robert Dodier, Michael C. Mozer, and Richard Wolniewicz. Optimizing classifier performance via an approximation to the Wilcoxon–Mann–Whitney statistic. pages 848–855. *Proceedings of the Twentieth International Conference on International Conference on Machine Learning*, 2003.

72) Jiaxuan You, Bowen Liu, Zhitao Ying, Vijay Pande, and Jure Leskovec. Graph convolutional policy network for goal-directed molecular graph generation. pages 6412–6422. *Advances in Neural Information Processing Systems 31*, 2018.

73) John Schulman, Philipp Moritz, Sergey Levine, Michael Jordan, and Pieter Abbeel. High-Dimensional Continuous Control Using Generalized Advantage Estimation. *arXiv*:1506.02438, 2015.

74) 岡谷貴之. 深層学習. 講談社, 2015.

75) 恐神貴行. オフライン強化学習の進展. 人工知能, 37(4):464–471, 2022.

76) 森村哲郎. 強化学習. 講談社, 2019.

索 引

〈著者略歴〉

梶 野　洸（かじの　ひろし）

日本アイ・ビー・エム株式会社東京基礎研究所 Staff Research Scientist
2016年3月　東京大学 大学院情報理工学系研究科 博士後期課程 修了
同年4月より現職. 博士（情報理工学）

機械学習による分子最適化
—数理と実装—

2023年10月30日　　第1版第1刷発行

著　者　梶野　洸
発行者　村上和夫
発行所　株式会社 オーム社
　　　　郵便番号　101-8460
　　　　東京都千代田区神田錦町 3-1
　　　　電話　03(3233)0641(代表)
　　　　URL　https://www.ohmsha.co.jp/

© 梶野　洸 2023

組版 Green Cherry　　印刷　三美印刷　　製本　協栄製本
ISBN978-4-274-23119-3　　Printed in Japan

本書の感想募集　https://www.ohmsha.co.jp/kansou/

本書をお読みになった感想を上記サイトまでお寄せください.
お寄せいただいた方には，抽選でプレゼントを差し上げます.